工业和信息化职业教育"十二五"规划教材

U0129680

Access数据库应用 项目教程

谭建伟　韩卫媛　主　编

李 戈　郭璐青　史立新
　　　　　　　　　　　副主编
蔡中民　韩 忠

电子工业出版社

Publishing House of Electronics Industry

北京·BEIJING

内 容 简 介

Access 2003 是 Office 2003 办公软件的一个重要组成部分，主要用于数据库管理，是目前最流行的桌面数据库管理系统。

本书以"企业人事管理"数据库为贯穿全书的实例，从 Access 2003 的基础入门开始，详尽而又通俗地介绍了 Access 2003 的主要功能和基本操作，其中包括设计数据库，创建和应用表、查询、窗体、报表、页、宏，以及保护数据库。本书采用项目教学的理念组织教材内容，以理论联系实际的方法讲解知识，介绍操作技能，叙述详尽，概念清晰。书中提供了大量的操作实例，每个项目后有习题及上机实习要求。读者可以一边学习、一边实践，以学练结合的方式学习 Access 2003。

本书可作为职业院校电子商务专业、财会电算化专业、统计专业、计算机信息管理专业及需要学习数据库课程的相关专业的教材，也可作为 Access 2003 数据库培训班的培训教材。

图书在版编目（CIP）数据

Access 数据库应用项目教程 / 谭建伟，韩卫媛主编. —北京：电子工业出版社，2013.8
工业和信息化职业教育"十二五"规划教材

ISBN 978-7-121-19536-5

Ⅰ. ①A… Ⅱ. ①谭… ②韩… Ⅲ. ①数据库系统－高等职业教育－教材 Ⅳ. ①TP311.13

中国版本图书馆 CIP 数据核字（2013）第 020146 号

策划编辑：肖博爱
责任编辑：郝黎明　文字编辑：裴　杰
印　　刷：北京季蜂印刷有限公司
装　　订：三河市皇庄路通装订厂
出版发行：电子工业出版社
　　　　　北京市海淀区万寿路 173 信箱　邮编　100036
开　　本：787×1092　1/16　印张：18.5　字数：473.6 千字
印　　次：2013 年 8 月第 1 次印刷
定　　价：35.00 元

凡所购买电子工业出版社图书有缺损问题，请向购买书店调换。若书店售缺，请与本社发行部联系，联系及邮购电话：(010) 88254888。

质量投诉请发邮件至 zlts@phei.com.cn，盗版侵权举报请发邮件至 dbqq@phei.com.cn。

服务热线：(010) 88258888。

前　　言

随着计算机技术应用的普及和深入，数据库技术已被广泛应用于各个领域，学习和掌握数据库的基本知识和基本操作技能，利用数据库系统进行各种数据的处理和管理，已成为当今许多职业院校学生必备的基本能力之一。特别是计算机信息管理、电子商务、财会电算化、统计等专业，更是把数据库应用作为必修课程。本书的教学目标是，通过本课程的学习，理解数据库的基本知识，掌握 Access 2003 的基本操作，能够根据专业中的实际问题进行数据库的设计和创建，提高使用 Access 2003 处理和管理数据的能力，并能开发出简单的数据库应用系统。

本书力求体现"以服务为宗旨，以就业为导向"的职业教育方针，体现以全面素质为基础，以能力为本位，以适应新的教学模式、教学制度需求为根本，以满足学生需求和社会需求为目标的编写指导思想。本书力求突出以下特色。

1．内容先进

本书以目前广泛使用的 Access 2003 作为学习本课程的数据库管理系统。Access 2003 是 Microsoft 公司推出的功能强大的 Office 2003 办公软件的一个重要组成部分，主要用于数据库管理，是目前世界上最流行的桌面数据库管理系统。Access 2003 不仅功能强大，而且易学易用。通过本书的学习，不仅可以理解数据库的基本概念，掌握 Access 2003 数据库的基本操作，而且能够根据实际问题进行数据库的设计和创建，提高使用 Access 2003 进行数据处理和管理的能力。

2．知识实用

结合职业院校教学实际，本书将重点放在掌握数据库的基本知识和基本操作技能上。本书是通过创建"企业人事管理"数据库系统介绍数据库的有关知识，讲解利用 Access 2003 对数据进行管理的方法和步骤。通过本书的学习，读者不仅可以掌握 Access 2003 的功能和基本操作，还将了解开发一个功能相对完善的数据库应用系统的方法和步骤。

3．突出操作

本书体现了以应用为核心，以培养学生实际动手能力为重点，力求做到学与做并重，科学性与实用性相统一，紧密联系生活、生产实际，将讲授理论知识与培养操作技能有机地结合起来。本书以创建"企业人事管理"数据库作为贯穿全书的实例，书中的所有内容都是围绕创建和使用"企业人事管理"数据库编写的，学完全书的内容后，"企业人事管理"数据库系统也就建立起来了。

4．结构合理

本书在内容编排上采用了任务引领的设计方式，符合学生心理特征和认知、技能养成规律。全书围绕一个项目——"企业人事管理"系统展开，将每一项目的知识和技能点分解成一个个的具体任务，每一个任务都按照"任务描述与分析"、"方法与步骤"、"相关知识与技能"顺序展开，这样就使得学习者带着具体任务去学习相关知识，能取得更好的学习效果。

5．教学适用性强

本书的项目包括"学习内容"、"任务（若干个）"、"拓展与提高"、"上机实训"、"总结与回顾"、"思考与练习"6 部分。"学习内容"给出项目要求掌握和了解的内容目录；"任务（若干个）"是将项目的知识点分解成若干个任务进行讲解；"拓展与提高"是介绍与项目内容相关的、相对较难的知识和操作；"上机实训"是针对项目知识和技能设计的实训内容，一般由 1~4 个实训组成；"总结与回顾"对项目的主要知识和技能点进行总结提炼；"思考与练习"是针对项目内容设计的习题，包括选择、填空、判断和简答 4 种类型，以帮助学习者巩固项目所学知识。

6．配备了教学资源包

本书配备了包括电子教案、教学指南、习题答案、与本书配套的"企业人事管理"数据库等内容的教学资源包，为老师授课和学生学习提供方便。

全书分为 11 个项目，涵盖了使用 Access 2003 设计数据库的相关概念、操作步骤和技巧。项目 1 介绍 Access 2003 最基本的操作，包括 Access 2003 的启动和退出、用户界面和帮助系统的使用；项目 2 介绍 Access 2003 数据库和表的基本概念、设计和创建方法；项目 3 介绍数据表的基本操作与修饰，包括表的修改、查找、替换、排序、筛选以及数据表格式的设置；项目 4 介绍建立表之间的关系、查询的概念、查询条件的使用、不同类型查询的创建与应用；项目 5 介绍结构化查询语言 SQL 的功能以及常用 SQL 语句的格式和使用；项目 6 介绍窗体的概念、不同类型窗体的创建、窗体的修饰及窗体的应用；项目 7 介绍报表的概念、报表的创建及报表在数据管理中的应用和报表的打印；项目 8 介绍数据访问页的概念、数据访问页的创建和应用；项目 9 介绍宏的概念、宏的创建及宏的运行和调试；项目 10 介绍保护数据库的方法，包括压缩与修复数据库、数据库的备份与还原、生成 MDE 文件、加密与解密数据库；项目 11 以"企业人事管理系统"为例，介绍了在实际工作中开发数据库系统的过程。

本书由谭建伟、韩卫媛担任主编，李戈、郭璐青、史立新、蔡中民、韩忠担任副主编。参加本书编写的还有代贤文、李晖、范晓伟、王翰钊、张燕、李白等，全书由谭建伟统稿，由李建教授主审。

由于作者水平及时间所限，书中瑕疵之处在所难免，敬请读者批评指正。

编 者

2013 年 7 月

目 录

引　言

　　在当今的信息世界中，信息分析已成为现代企业生产、经营过程中的重要工作。许多领域每天都有大量的数据信息需要处理和管理，人们一般是使用各种大型的数据库管理软件来处理大量的数据，但对于数据量相对较小的用户来说，大型数据库管理软件往往过于复杂又难于掌握，而 Access 2003 可以解决人们面临的这一问题。Access 2003 是 Microsoft Office 2003 办公软件中的一个组件，其特点是功能强大又易学易用，主要用于中小型数据库的管理。

　　人事管理系统是一个典型的计算机信息处理的管理模式。为适应现代企业管理的要求，利用计算机实现企业人事档案数据管理，使人事管理逐步走向科学化、规范化势在必行。而开发一个功能完善、实用的"企业人事管理"系统，需要做好两个方面的工作，一是要选择一个合适的数据库管理系统作为开发系统的平台，二是要了解建立企业人事管理的基本工作流程和工作要求。对于像"企业人事管理"系统这样较小型的数据库系统来说，Access 2003 无疑是最合适的系统平台。

　　本书通过创建"企业人事管理"系统工作实例，介绍数据库的有关知识，讲解利用数据库管理系统 Access 2003 对数据进行管理的方法和步骤。

项目1 认识 Access 2003

Access 2003 是目前最为流行的中小型企业数据库管理的必备软件，它简单易学且功能强大。本项目主要介绍 Access 2003 的基本使用方法，其中包括 Access 2003 的启动和退出、用户界面和数据库窗口、如何获得帮助信息、如何使用 Access 2003 提供的"罗斯文"示例数据库等，了解这些内容有助于学习者掌握 Access 2003 的相关知识，快速学会 Access 2003 的使用和操作。

学习内容

- 数据库的基本概念
- Access 2003 的启动和退出
- Access 2003 的用户界面
- 数据库及数据库对象的基本概念
- 使用 Access 2003 帮助系统

任务1 理解数据库的基本概念

任务描述与分析

数据库是计算机中存储数据的仓库，它可以为用户提供查询数据、修改数据和输出数据报表等服务。数据库究竟有什么特点？数据库系统由哪些部分组成？数据库管理系统的作用是什么？以上这些问题是学习数据库必须面对的基本问题，本任务将帮助学习者了解与数据库相关的基本概念，奠定使用数据库的理论基础。

相关知识与技能

1．数据

数据是描述客观事物特征的抽象化符号，既包括数字、字母、文字及其他特殊字符组成的文本形式的数据，还包括图形、图像、声音等形式的数据，实际上，凡是能够由计算机处理的对象都称为数据。

2．数据库

数据库是存储在计算机存储设备上、结构化的相关数据的集合。数据库不仅包含描述事物的具体数据，而且能够反映相关事物之间的关系。在 Access 数据库中，数据以二维表形式存放，表中的数据相互之间均有一定的联系，例如某公司"员工基本信息"数据库中存储的数据包含有员工编号、姓名、性别、出生日期、毕业院校、专业、职务、部门等。

3．数据库管理系统

数据库管理系统是对数据库进行管理的软件。用于数据管理的软件系统，具有信息存储、检索、修改、共享和保护功能，主要作用是统一管理、统一控制数据库的建立、使用和维护。在微机环境中，目前较流行的数据库系统有 Access、Sybase、SQL Server、Oracle、FoxPro等，它们都属于关系型数据库软件。

4．数据库系统

数据库系统是一种引入了数据库技术的计算机系统。数据库系统由计算机的软/硬件组成，它主要解决以下 3 个问题：有效组织数据（重点是对数据进行合理设计，便于计算机存储）；将数据输入到计算机中进行处理；根据用户的要求将处理后的数据从计算机中提取出来，最终满足用户使用计算机合理处理和利用数据的目的。"企业人事管理系统"就是典型的数据库系统。

数据库系统由 5 部分组成。

（1）计算机硬件系统

（2）数据库

（3）数据库管理系统及相关软件

（4）数据库管理员

（5）用户

5．数据模型

数据模型是指数据库中数据与数据之间的关系，它是数据库系统中一个关键的概念。数据模型不同，相应的数据库系统就完全不同，任何一种数据库系统都基于某种数据模型。数据库管理系统常用的数据模型有层次模型、网状模型和关系模型 3 种。

（1）层次模型

用树形结构表示数据及其联系的数据模型称为层次模型。树由结点和连线组成，结点表示数据集，连线表示数据之间的关系。通常将表示"一"的数据放在上方，称为父结点，将表示"多"的数据放在下方，称为子结点。树的最高位只有一个结点，称为根结点。层次模型的重要特征是仅有一个无父结点的根结点，而根结点以外的其他结点向上仅有一个父结点，向下有一个或若干个子结点。层次模型表示从根结点到子结点的"一对多"关系。层次模型的示意如图 1-1 所示。

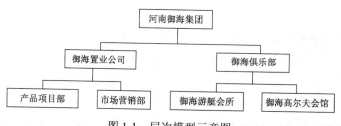

图 1-1　层次模型示意图

（2）网状模型

用网状结构表示数据及其联系的数据模型称为网状模型。网状模型是比层次模型更具普遍性的结构，它去掉了层次模型的两个限制，允许多个结点没有双亲结点，允许结点有多个双亲结点，此外它还允许两个结点之间有多种联系，因此网状模型可以更直接地描述现实世界。网状模型的示意如图1-2所示。

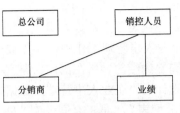

图1-2 网状模型示意图

（3）关系模型

在日常生活中遇到的许多数据都可以用二维表表示，既简单又直观。由行和列构成的二维表，在数据库理论中称为关系。用关系表示的数据模型称为关系模型。在关系模型中，实体与实体之间的联系都是用关系表示的，每一个关系就是一个二维表，即二维表中既可以存放实体本身的数据，也可存放实体间的联系。图1-3所示为一个员工基本情况表，反映了每个员工编号、姓名、性别、出生日期、入职日期、所属部门、岗位名称、联系方式等内容。

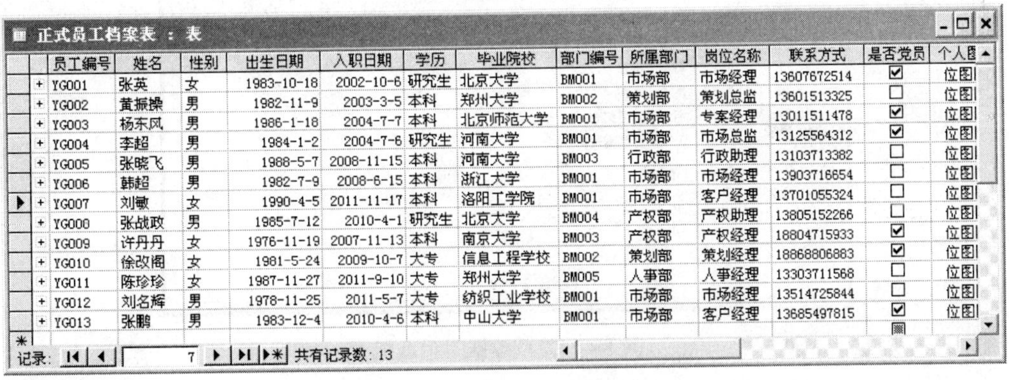

	员工编号	姓名	性别	出生日期	入职日期	学历	毕业院校	部门编号	所属部门	岗位名称	联系方式	是否党员	个人图
+	YG001	张英	女	1983-10-18	2002-10-6	研究生	北京大学	BM001	市场部	市场经理	13607672514	☑	位图
+	YG002	黄振操	男	1982-11-9	2003-3-5	本科	郑州大学	BM002	策划部	策划总监	13601513325	☐	位图
+	YG003	杨东风	男	1986-1-18	2004-7-7	本科	北京师范大学	BM001	市场部	专案经理	13011511478	☑	位图
+	YG004	李超	男	1984-1-2	2004-7-6	研究生	河南大学	BM001	市场部	市场总监	13125564312	☑	位图
+	YG005	张晓飞	男	1988-5-7	2008-11-15	本科	河南大学	BM003	行政部	行政助理	13103713382	☐	位图
+	YG006	韩超	男	1982-7-9	2008-6-15	本科	浙江大学	BM001	市场部	市场经理	13903716654	☐	位图
► +	YG007	刘敏	女	1990-4-5	2011-11-17	本科	洛阳工学院	BM001	市场部	客户经理	13701055324	☐	位图
+	YG008	张战政	男	1985-7-12	2010-4-1	研究生	北京大学	BM004	产权部	产权助理	13805152266	☐	位图
+	YG009	许丹丹	女	1976-11-19	2007-11-13	本科	南京大学	BM003	产权部	产权经理	18804715933	☑	位图
+	YG010	徐改阁	女	1981-5-24	2009-10-7	大专	信息工程学校	BM002	策划部	策划经理	18868806883	☑	位图
+	YG011	陈珍珍	女	1987-11-27	2011-9-10	大专	郑州大学	BM005	人事部	人事经理	13303711568	☐	位图
+	YG012	刘金辉	男	1978-11-25	2011-11-6	大专	纺织工业学校	BM001	市场部	市场经理	13514725844	☐	位图
+	YG013	张鹏	男	1983-12-4	2010-4-6	本科	中山大学	BM001	市场部	客户经理	13685497815	☑	位图

记录: |◄ ◄ 7 ► ►| ►* 共有记录数: 13

图1-3 关系模型示意图

关系模型建立在关系代数基础上，因而有坚实的理论基础。与层次模型和网状模型相比，关系模型具有数据结构单一，理论严密、使用方便、易学易用的特点，因此目前绝大多数数据库系统都采用关系模型。

6. 关系数据库

按照关系模型建立的数据库称为关系数据库。关系数据库中的所有数据均组织成一个个的二维表，这些表之间的联系也用二维表表示。

（1）数据元素

数据元素是关系数据库中最基本的数据单位。如在"正式员工档案表"中，员工姓名"张晓飞"，性别"男"等都为数据元素。

（2）字段

二维表中的一列称为一个字段，每一个字段均有一个唯一的名字（称为字段名），如在"正式员工档案表"中，"姓名"、"性别"、"出生日期"等都为字段名。字段有类型之分，如"姓名"字段是文本类型，"出生日期"字段是日期类型。字段也有宽度，不同数据类型对应的最大宽度也不同。

（3）记录

二维表中的每一行称为一个记录，每一个记录具有一个唯一的编号（称为记录号）。每个记录中不同字段的数据可能具有不同的数据类型，但所有记录的相同字段的数据类型一定是相同的。

（4）数据表

具有相同字段的所有记录的集合称为数据表，一个数据库往往由若干个数据表组成，每一个数据表都有一个唯一的名字（称为数据表名）。例如，在企业人事管理工作中，不仅要涉及招聘人员和正式人员的基本情况，还要涉及正式员工的调岗签约续约、所在部门、家庭情况和员工工资等，它们相互之间存在着一定的关系。如本书设计的"企业人事管理"数据库中，就包含了"招聘员工登记表"、"正式员工档案表"、"部门分配表"、"员工合同表"、"员工工资表"、"家庭信息表"和"网络账号分配表"7 个数据库表，如图 1-4 所示。

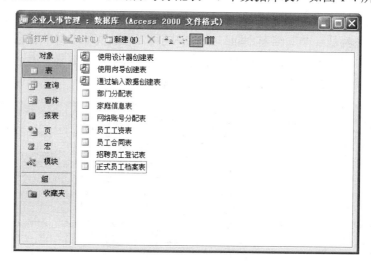

图 1-4　关系数据库示意图

■ 任务 2　启动和退出 Access 2003

 任务描述与分析

Access 2003 是 Microsoft Office 2003 办公软件中的一个组件，当计算机中以默认方式安装了 Office 2003 后，Access 2003 自然就安装到计算机上并可以使用了。Access 2003 和其他软件一样，要先启动进入操作环境后才能使用，使用完毕要正确退出。由于 Access 2003 是 Office 2003 的组件，所以启动方法与 Word 等组件类似。

方法与步骤

1．启动 Access 2003

启动 Access 2003 的常用方法有以下 3 种。

（1）通过"开始"菜单启动

选择"开始"→"所有程序"→"Microsoft Office"→"Microsoft Office Access 2003"菜单命令，即可打开 Access 2003 应用程序，启动 Access 2003 后的用户界面如图 1-5 所示。

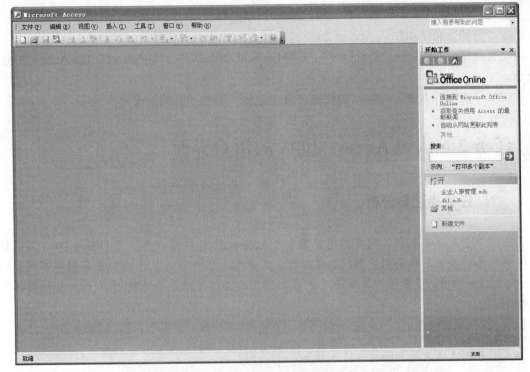

图 1-5　Access 2003 用户界面

（2）通过"开始"菜单中的 Access 2003 选项启动

如果在"开始"菜单中加入了 Access 2003 选项，直接单击"开始"菜单中的"Microsoft Office Access 2003"选项图标，即可启动 Access 2003 应用程序。

（3）通过桌面快捷方式启动

如果在桌面上创建了 Access 2003 的快捷方式，可以通过快捷方式启动。操作方法为：在桌面上双击 Access 2003 的快捷方式图标，即可启动 Access 2003 应用程序进入用户界面。

2．退出 Access 2003

退出 Access 2003 通常有以下 5 种方法。

（1）单击 Access 2003 用户界面主窗口的"关闭"按钮☒。

（2）双击 Access 2003 标题栏左面的控制菜单图标。

（3）单击 Access 2003 的控制菜单图标，在弹出的下拉菜单中选择"关闭"命令。

（4）在菜单栏中选择"文件"→"退出"菜单命令。

（5）直接按【Alt+F4】组合键。

相关知识与技能

1．在桌面上创建 Access 2003 快捷方式

在桌面上创建 Access 2003 快捷方式的步骤如下。

（1）选择"开始"→"所有程序"→"Microsoft Office"→"Microsoft Office Access 2003"命令。

（2）单击鼠标右键，在打开的快捷菜单中选择"发送到"→"桌面快捷方式"命令。

2．在"开始"菜单中加入 Access 2003 选项图标

在"开始"菜单中加入 Access 2003 选项图标有以下两种方法。

（1）选择"开始"→"所有程序"→"Microsoft Office"→"Microsoft Office Access 2003"命令。

（2）单击鼠标右键，在打开的快捷菜单中选择"附到「开始」菜单"选项。

■ 任务3　认识 Access 2003 的用户界面

◎ 任务描述与分析

任何一个软件都有自己特有的用户界面，Access 2003 的用户界面与 Office 2003 其他软件的用户界面类似，也是由标题栏、菜单栏、工具栏、工作区、状态栏和任务窗格等元素组成，如图 1-6 所示。了解用户界面中各元素的作用和操作方法是熟练使用 Access 管理数据的基础。

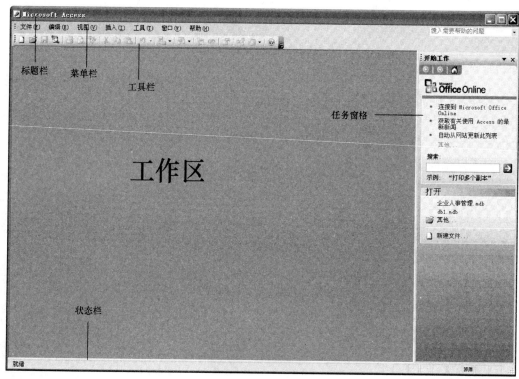

图 1-6　Access 2003 的用户界面

◎ 相关知识与技能

Access 2003 用户界面中各元素的功能如下。

1．标题栏

标题栏在 Access 主窗口的最上面，上面依次显示着"控制菜单"图标、窗口的标题

"Microsoft Access"和控制按钮 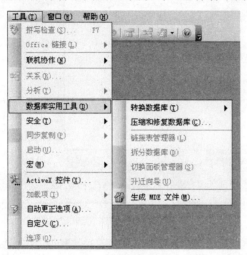。

2. 菜单栏

菜单栏位于标题栏的下面，所包含的菜单项根据当前工作状态的不同而不同，每个菜单项中所包含的项目也是根据当前工作状态的不同而不同。在刚打开 Access 2003 时，显示的是表设计状态下的菜单情况，它包含"文件"、"编辑"、"视图"、"插入"、"工具"、"窗口"和"帮助"7 个菜单项。

菜单项中各菜单命令的名称有着不同的显示方式，也有着不同的含义，如图 1-7 所示。

图 1-7　带下拉菜单的子菜单命令

（1）命令名称的右侧带有三角符号▶

将光标指向该命令或选择该命令时将打开相应的子菜单。

（2）命令名称的左侧带有图标

说明该命令已经被设置为工具栏中的按钮，单击工具按钮与执行命令的操作是一样的。

（3）命令名称的右侧带有字母

打开菜单后，在键盘上输入右侧带下画线的字母就可以执行该命令。

（4）命令名称的右侧带有省略号（…）

执行该命令后会出现对话框，需要设置对话框中的各项内容后，系统才能完成该命令的执行。

（5）命令名称显示为浅灰色

说明当前状态下该命令无效，只有进行了其他操作之后该命令才能使用。

3. 工具栏

工具栏一般位于菜单栏的下面，Access 将常用的命令以工具按钮的形式放在工具栏里，通过对工具按钮的操作，可以快速执行命令，从而提高工作效率。

刚打开 Access 系统时，仅有"数据库"工具栏显示在主窗口上。要出现其他的工具栏，则要使用"视图"菜单中的"工具栏"选项。

4. 工作区

工作区占 Access 2003 主窗口的大部分面积，对数据库的所有操作都在工作区中进行，其操作的结果也都显示在工作区中。对数据库中不同对象进行不同的处理，在工作区中显示的结果也不同。图 1-8 所示的是数据库窗口，它包含了当前处理的数据库中的全部内容；图 1-9 所示的是一个表的浏览窗口，在这里可以浏览表的详细内容。

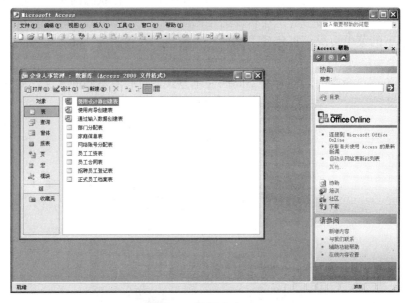

图 1-8　数据库窗口

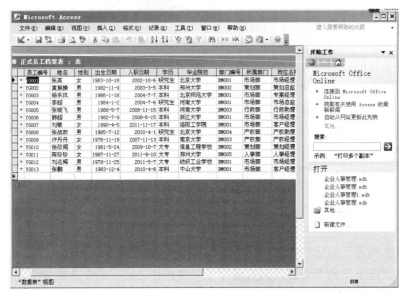

图 1-9　表的浏览窗口

5．任务窗格

"任务窗格"是 Microsoft Office 2003 所有组件中都有的功能之一。当打开 Access 2003 的主窗口时，标题为"开始工作"的"任务窗格"会自动显示在窗口的右边，如图 1-10 所示。使用"任务窗格"中提供的操作功能，可以更快捷方便地完成一些常用的操作任务。

可以通过"视图"菜单项中的"任务窗格"命令打开或关闭"任务窗格"，也可以单击"任务窗格"右上角的关闭按钮关闭"任务窗格"，以扩展工作区的显示范围。另外，如果"任务窗格"在窗口中没有显示，在工具栏上单击"新建"按钮，也会打开标题为"新建文件"的任务窗格，如图 1-11 所示。

Access 2003 中有"开始工作"、"帮助"、"搜索文件"等 7 个任务窗格，在对数据库进行操作时，单击"任务窗格"右上角的"其他任务窗格"按钮▼，则弹出"其他任务窗格"下拉菜单，如图 1-12 所示。用鼠标单击所选任务窗格标题，可打开相应的任务窗格。

图 1-10 "开始工作"任务窗格　　　图 1-11 "新建文件"任务窗格　　　图 1-12 选择其他任务窗格

■ 任务 4　认识 Access 2003 的数据库窗口

任务描述与分析

Access 把要处理的数据及主要操作内容都看成是数据库的对象，通过对这些对象的操作实现对数据库的管理，而对数据库对象的所有操作都是通过数据库窗口开始的。

当创建一个新的数据库文件或打开一个已有的数据库文件时，在 Access 2003 主窗口的工作区上就会自动打开数据库窗口。数据库窗口是 Access 2003 数据库文件的命令中心，从这里可以创建和使用 Access 2003 数据库的任何对象，数据库窗口包含了当前所处理的数据库中的全部内容。

相关知识与技能

数据库窗口包括标题栏、工具栏、数据库对象栏和对象列表窗口，如图 1-13 所示。

1．标题栏
标题栏显示数据库的名称和文件格式。

2．工具栏
工具栏列出了操作数据库对象的一些常用工具。共有"打开"、"设计"等 8 个常用工具。

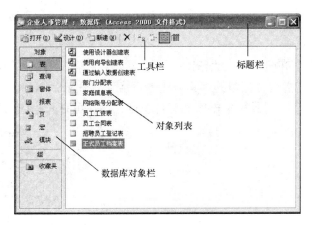

图 1-13　数据库窗口

【打开】按钮：可以打开所选择的对象进行查看。

【设计】按钮：可以对打开的对象进行编辑修改。

【新建】按钮：可以创建一个新对象。

其他 5 个按钮分别是"删除"、"图标列表（3 种）"和"属性"，将鼠标放在按钮上，可以显示该按钮的名称。

3．数据库对象栏

数据库对象栏中给出了 7 个数据库对象及"组"和"收藏夹"两个特殊对象，在对象栏中选择一种对象，则在右侧的对象列表窗口中显示相应的对象列表，从而可以对选择的对象进行操作。

4．对象列表窗口

对象列表窗口的上半部分显示新建对象的快捷方式列表，使用快捷方式可以方便、高效地创建数据库对象，创建不同的数据库对象其列表不一样。对象列表窗口的下半部分显示的是所选对象的列表。

任务 5　认识 Access 2003 的数据库对象

 任务描述与分析

数据库对象与数据库是两个不同的概念。如果数据库是一个存放数据的容器，那么数据库对象则是存放在这个容器内的数据以及对数据的处理操作。数据库对象有表、查询、窗体、报表、数据页、宏和模块 7 种，一个数据库可包括一个或若干个数据库对象。

相关知识与技能

Access 2003 数据库的对象有 7 种。

1．表

表是 Access 2003 存储数据的地方，是数据库的核心和基础，其他数据库对象的操作都是在表的基础上进行的。

Access 2003 数据库中的表是一个二维表，以行和列来组织数据，每一行称为一条记录，每一列称为一个字段。

在一个数据库中，存储着若干个表，这些表之间可以通过有相同内容的字段建立关系，表之间的关系有一对一、一对多和多对多关系。

对于表中保存的数据，可从不同的角度进行查看，如从表中查看，从查询中查看，从窗体中查看，从报表中查看，从页中查看等。当更新数据时，所有出现该数据的位置均会自动更新。"企业人事管理"数据库中的"招聘员工登记表"如图 1-14 所示。

招聘编号	姓名	性别	出生年月	所学专业	毕业院校	工作年限	初试结果	复试结果	是否入职	简历编号
YG001	张英	女	1983-10-18	市场营销	北京大学	3	同意复试	办理入职	☑	JL007
YG002	黄振操	男	1982-11-9	计算机应用	郑州大学	5	同意复试	办理入职	☑	JL009
YG003	郭刚	男	1978-2-6	企业管理	中山大学	7	PASS	待审	☐	JL012
YG004	魏清立	男	1977-10-16	国际贸易	浙江大学	7	同意复试	待审	☐	JL078
YG005	高洁	女	1988-12-24	电子商务	洛阳工学院	3	PASS	无	☐	JL023
YG006	张省	男	1966-5-7	财务会计	河南大学	4	同意复试	方案制作中	☐	JL054
YG007	黄琳	男	1987-10-13	国际贸易	浙江大学	3	PASS	方案制作中	☐	JL011
YG008	廖红卫	男	1986-11-27	工民建筑	哈尔滨工业大学	2	同意复试	PASS	☐	JL019
YG009	杨东风	男	1986-1-18	广告设计	北京师范大学	4	同意复试	办理入职	☑	JL017
YG010	同会方	女	1984-11-5	市场营销	郑州大学	4	复试待批	无	☐	JL030
YG011	徐改阁	女	1981-5-24	国际英语	解放军信息工程学	5	同意复试	办理入职	☑	JL041
YG012	陈珍珍	女	1987-11-27	计算机应用	郑州大学	2	同意复试	办理入职	☑	JL071
YG013	许丹丹	女	1976-11-19	广告设计	南京大学	8	同意复试	办理入职	☑	JL036
YG014	张战政	男	1985-7-12	金融分析	北京大学	4	同意复试	办理入职	☑	JL033
YG015	刘敏	女	1990-4-5	建筑设计	洛阳工学院	1	同意复试	办理入职	☑	JL075
YG016	韩超	男	1982-7-9	机械工程	浙江大学	6	同意复试	办理入职	☑	JL048
YG017	张晓飞	男	1988-5-7	机械工程	河南大学	2	同意复试	办理入职	☑	JL042
YG018	李超	男	1984-1-2	数控技术	河南大学	4	同意复试	办理入职	☑	JL057
YG025	张三	男	1985-11-7	电子商务	西交大	4			☐	

图 1-14 "招聘员工登记表"

2. 查询

建立数据库系统的目的不只是简单存储数据，而是要在存储数据的基础上对数据进行分析和研究。在 Access 2003 中，使用查询可以按照不同的方式查看、分析和更改数据，因此查询是 Access 2003 数据库的一个重要对象，通过查询可以筛选出所需要的记录，构成一个新的数据集合，而查询的结果又可以作为数据库中其他对象的数据来源。

在"企业人事管理"数据库中，查询"初试结果"为同意复试的女员工的结果如图 1-15 所示。

招聘编号	姓名	招聘	出生年月	所学专业	毕业院校	工作年限	招聘员工登记表	复试结果	是否入职	简历编号
YG001	张英	女	1983-10-18	市场营销	北京大学	3	同意复试	办理入职	☑	JL007
YG011	徐改阁	女	1981-5-24	国际英语	信息工程学院	5	同意复试	办理入职	☑	JL041
YG012	陈珍珍	女	1987-11-27	计算机应用	郑州大学	2	同意复试	办理入职	☑	JL071
YG013	许丹丹	女	1976-11-19	广告设计	南京大学	8	同意复试	办理入职	☑	JL036
YG015	刘敏	女	1990-4-5	建筑设计	洛阳工学院	1	同意复试	办理入职	☑	JL075

图 1-15 查询"同意复试"的女员工

3. 窗体

窗体是数据库和用户之间的主要接口，使用窗体可以方便、以更丰富多彩的形式来输入数据、编辑数据、查询数据、筛选数据和显示数据。在一个完善的数据库应用系统中，用户通过窗体对数据库中的数据进行各种操作，而不是直接对表、查询等进行操作。

"企业人事管理"数据库中的"正式员工档案表"窗口如图 1-16 所示。

图 1-16　输入员工的基本情况

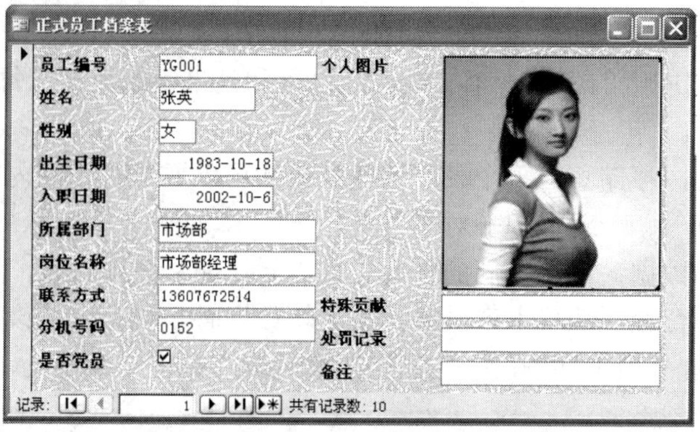

4. 报表

在许多情况下，数据库操作的结果是要打印输出的，报表就是数据库中数据打印输出的特有形式。使用报表，不仅能够以格式化的形式显示数据、输出数据，还可以利用报表对数据进行排序、分组、求和及求平均等统计计算。

"企业人事管理"数据库中的"正式员工档案表"报表如图 1-17 所示。

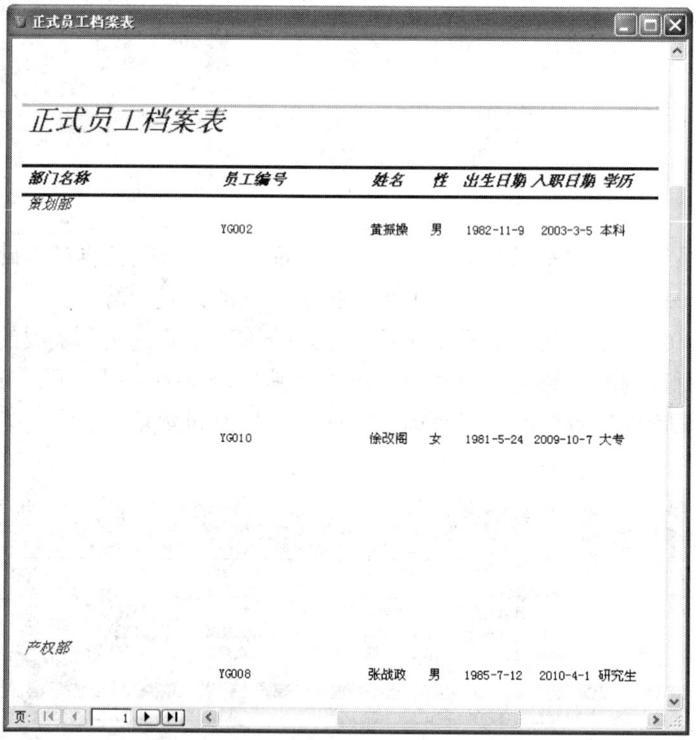

图 1-17　"正式员工档案表"报表

5. 页

页也称为数据访问页，它是 Access 2003 的一个新增功能。使用它可以查看和处理来自 Internet 上的数据，也可以将数据库中的数据发布到 Internet 上。使用数据访问页既可以在网络上静态地查看数据，也可以通过网络对数据进行输入、修改等操作。

"企业人事管理"数据库中的"员工工资表"页如图 1-18 所示。

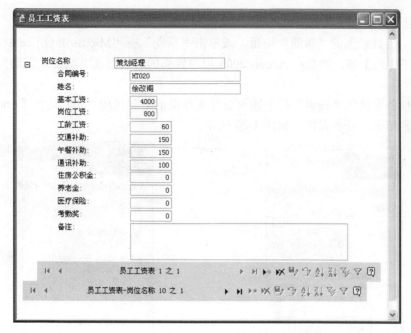

图 1-18 "员工工资表"数据访问页

6. 宏

宏虽然是 Access 2003 数据库中的一个重要对象，但与其他数据库对象不同，宏并不直接处理数据库中的数据，它是一个组织其他 5 个对象（表、查询、窗体、报表和页）的工具。例如，可以建立一个宏，通过宏可以打开某个窗体，打印某份报表等。宏可以包含一个或多个宏命令，也可以是由几个宏组成的宏组。

7. 模块

模块是用 VBA（Visual Basic for Application）语言编写的程序段，用来完成利用宏处理仍然很困难的操作。它与报表、窗体等对象相结合，可以开发出高质量、高水平的数据库应用系统。

■ 任务 6　使用 Access 2003 的帮助系统

任务描述与分析

为了能及时帮助用户解决使用过程中遇到的问题，Access 2003 提供了使用方便、功能完善的帮助系统，在帮助系统中有很多帮助示例，可以帮助用户更快地掌握 Access 2003 的使用方法。本任务将帮助学习者学会使用帮助系统，高效解决使用 Access 时遇到的各种问题。

方法与步骤

使用 Access 2003 的帮助系统主要有以下 3 种方法。

1. 使用"帮助"任务窗格

（1）单击工具栏上的"帮助"按钮，或单击"帮助"→"Microsoft Office Access 帮助"命令；或按下【F1】键，都会在 Access 2003 用户界面的右边出现"Access 帮助"任务窗格，如图 1-19 所示。

（2）在任务窗格的"搜索"栏中输入要寻求帮助的信息（如"宏"），按【Enter】键，就会打开"搜索结果"任务窗格，如图 1-20 所示。

图 1-19 "Access 帮助"任务窗格　　　　图 1-20 "搜索结果"任务窗格

（3）单击某个具体内容，如"关于宏和宏组"，就可以查看具体的帮助内容，如图 1-21 所示。

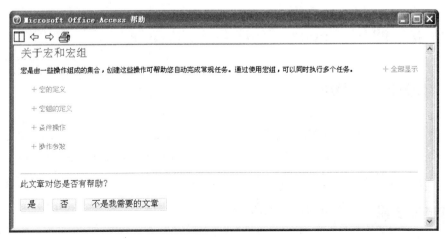

图 1-21 "关于宏和宏组"的帮助信息

2. 使用"Office 助手"

在 Access 2003 中,"Office 助手"是一个动画形象。使用"Office 助手"可以根据输入的问题关键词搜索相应的帮助信息。使用"Office 助手"的操作步骤如下。

(1)选择"帮助"→"显示 Office 助手"命令,可以显示"Office 助手"的动画形象,单击该形象,则弹出如图 1-22 所示的窗口。

(2)在文本框中输入需要帮助的关键词,单击"搜索"按钮,则可在"搜索结果"任务窗格中得到相应的帮助信息。

(3)右键单击"Office 助手"动画图像,则弹出如图 1-23 所示的菜单,从中可以选择对"Office 助手"的各种操作。

图 1-22 "帮助"窗口

图 1-23 "Office 助手"的帮助菜单

"Office 助手"帮助菜单的命令含义如下。

① 隐藏:如果不希望"Office 助手"出现在屏幕上,选择此命令可将其隐藏起来。

② 选项:单击此项,则打开"Office 助手"对话框的"选项"选项卡,如图 1-24 所示,在这里可以定义助手的工作方式和工作状态。

③ 选择助手:单击此项,则打开"Office 助手"对话框的"助手之家"选项卡,如图 1-25 所示,在这里可以选择所喜欢的"Office 助手"动画形象。

④ 动画效果:用来设置动画效果。

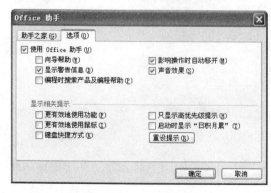

图 1-24 "选项"选项卡

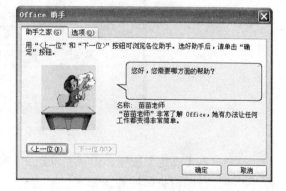

图 1-25 "助手之家"选项卡

3. 使用上下文帮助

Access 2003 在很多地方提供上下文即时帮助,比如,在窗体设计视图的工具箱中选择"标签"工具,然后按【F1】键可以立即给出关于"标签(工具箱)"的帮助信息,如图 1-26 所示。

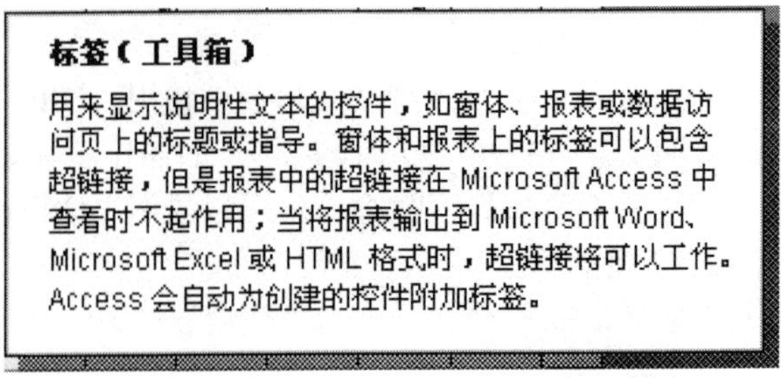

标签（工具箱）

用来显示说明性文本的控件，如窗体、报表或数据访问页上的标题或指导。窗体和报表上的标签可以包含超链接，但是报表中的超链接在 Microsoft Access 中查看时不起作用；当将报表输出到 Microsoft Word、Microsoft Excel 或 HTML 格式时，超链接将可以工作。Access 会自动为创建的控件附加标签。

图 1-26 "标签（工具箱）"的帮助信息

 拓展与提高　使用"罗斯文"示例数据库

Access 2003 自带了一个"罗斯文（Northwind）"数据库，它既是一个非常好的商贸数据库实例，又是一个帮助学习的示例。在 Access 2003 的帮助文件中，所列举的事例大都来自"罗斯文"数据库。通过它可以理解 Access 数据库的相关概念，掌握 Access 相关操作的方法。"罗斯文"示例数据库的名字为"Northwind.mdb"，通常保存在"C:\Program Files\Microsoft Offices\Offices11\Samples"文件夹中。使用"罗斯文"数据库的步骤如下。

（1）启动 Access 2003，进入用户界面。

（2）单击【打开】按钮，在"C:\Program Files\Microsoft Offices\Offices11\Samples"文件夹中双击"罗斯文"示例数据库文件名"Northwind.mdb"，出现"罗斯文"数据库的欢迎窗口，如图 1-27 所示。

图 1-27 "罗斯文"数据库的欢迎窗口

（3）单击【确定】按钮，出现"罗斯文"数据库主窗体，如图 1-28 所示。从中可以选择查看数据、打印报表等操作。

（4）在"罗斯文"数据库主窗体上的"查看产品和订单信息"栏中，单击【供应商】按钮，会弹出"供应商"窗体，如图 1-29 所示，在此可查看、增加、修改"供货商"数据。

（5）在数据库主窗体上单击【显示数据库窗口】按钮，则进入"罗斯文"数据库窗口，如图 1-30 所示。可以看出，"罗斯文"示例数据库共含有 8 个基本数据表，选择不同的对象，可查看不同的对象列表。

图 1-28 "罗斯文"数据库主窗体

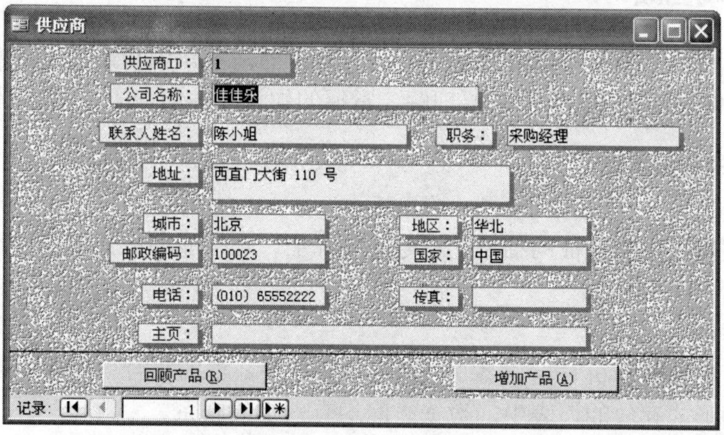

图 1-29 "罗斯文"数据库的"供应商"窗体

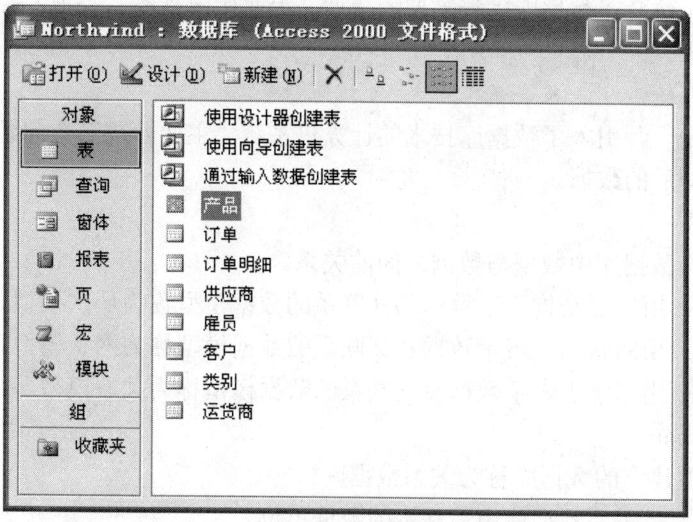

图 1-30 "罗斯文"数据库窗口

在学习 Access 2003 时，若能认真、反复阅读"罗斯文"示例数据库，模仿数据库中各对象的设置和操作方法，相信学习者会更快、更全面地掌握 Access 2003 数据库的相关知识，为使用 Access 2003 数据库管理打下坚实基础。

 **上机实训**

实训　Access 2003 的启动、退出和使用帮助系统

【实训要求】

（1）采用不同的方法启动 Access 2003。

（2）采用不同的方法退出 Access 2003。

（3）打开 Access 2003 的帮助系统，查阅如何创建空数据库，写出创建空数据库的方法与步骤。

（4）打开"罗斯文"示例数据库并查看各对象。

总结与回顾

本项目主要介绍了数据库管理系统 Access 2003 的基本知识和最基本的操作，这些内容是学习 Access 2003 的基础。具体需要理解、掌握的知识和技能如下。

1. 数据库的基本概念

（1）数据

数据是描述客观事物特征的抽象化符号。实际上，凡是能够被计算机处理的对象都称为数据。

（2）数据库

数据库是存储在计算机存储设备上、结构化的相关数据的集合。在 Access 数据库中，数据是以二维表的形式存放的，表中的数据之间均有一定的联系。

（3）数据库管理系统

数据库管理系统是对数据库进行管理的软件。主要作用是统一管理、统一控制数据库的建立、使用和维护。

（4）数据库系统

数据库系统是一种引入了数据库技术的计算机系统。主要解决三个问题：组织数据、处理数据、提取处理后的数据。

（5）数据模型

数据模型是指数据库中数据与数据之间的关系。

- 层次模型：用树形结构表示数据及其联系的数据模型称为层次模型。
- 网状模型：用网状结构表示数据及其联系的数据模型称为网状模型。
- 关系模型：用二维表表示数据及其联系的数据模型称为关系模型。

（6）关系数据库

按照关系模型建立的数据库称为关系数据库。

- 数据元素：是关系数据库中最基本的数据单位。
- 字段：二维表中的每一列称为一个字段。
- 记录：二维表中的每一行称为一个记录。
- 数据表：具有相同字段的所有记录的集合称为数据表，一个数据库往往由若干个数据表组成。

2．正确启动和退出 Access 2003

启动 Access 2003 的方法有：通过"开始"菜单启动；通过桌面快捷方式启动；通过"开始"菜单中的 Access 2003 选项启动。

退出 Access 2003 的方法有：单击主窗口的"关闭"按钮；双击控制菜单图标；单击控制菜单图标，在下拉菜单中选择"关闭"命令；选择"文件"→"退出"菜单命令；按【Alt+F4】组合键。

3．了解 Access 2003 的用户界面

Access 2003 的用户界面由标题栏、菜单栏、工具栏、工作区、任务窗格组成。

4．了解 Access 2003 的数据库窗口

Access 2003 对数据库对象的所有操作都是在数据库窗口中开始的。Access 2003 的数据库窗口由标题栏、工具栏、数据库对象栏和对象列表窗格组成。

5．理解 Access 2003 的数据库对象

数据库对象是数据库中存放的数据以及对数据的操作，Access 2003 中包括表、查询、窗体、报表、数据访问页、模块和宏 7 种对象。

（1）表

表是 Access 2003 存储数据的地方，其他数据库对象的操作都是在表的基础上进行的。Access 2003 数据库中的表是一个二维表。

一个数据库中存储着若干个表，表之间可以通过有相同内容的字段建立关系，表之间的关系有一对一、一对多和多对多关系。

（2）查询

查询是 Access 2003 数据库的重要对象，通过查询可以筛选出所需要的记录，而查询的结果又可以作为数据库中其他对象的数据来源。

（3）窗体

窗体是数据库和用户之间的主要接口，使用窗体可以更好地输入数据、编辑数据、查询数据、筛选数据和显示数据。

（4）报表

报表是数据库中数据打印输出的特有形式。报表可以以格式化的形式显示和输出数据，还可以对数据进行排序、分组、求和及求平均等统计计算。

（5）数据访问页

使用数据访问页可以查看和处理来自 Internet 上的数据，也可以将数据库中的数据发布到 Internet 上。

（6）宏

宏是组织其他对象（表、查询、窗体、报表和页）的工具。宏可以包含一个或多个宏命令，也可以是由几个宏组成的宏组。

（7）模块

模块是用 VBA（Visual Basic for Application）语言编写的程序段，利用模块可以开发出高水平的数据库应用系统。

6. Access 2003 的帮助系统

使用 Access 2003 提供的帮助系统，可以帮助用户更快地掌握 Access 2003 的使用方法。使用 Access 2003 的帮助系统主要有以下方法。

（1）使用"帮助"任务窗格。

（2）使用"Office 助手"。

（3）使用上下文帮助。

（4）使用"罗斯文"示例数据库。

思考与练习

1. 选择题

（1）Access 2003 是一种_____。

    A. 数据库   B. 数据库系统   C. 数据库管理软件   D. 数据库管理员

（2）菜单命令名称的右侧带有三角符号表示_____。

    A. 该命令已经被设置为工具栏中的按钮

    B. 将光标指向该命令时将打开相应的子菜单

    C. 当前状态下该命令无效

    D. 执行该命令后会出现对话框

（3）Access 数据库的对象包括_____。

    A. 要处理的数据   B. 主要的操作内容

    C. 要处理的数据和主要的操作内容   D. 仅为数据表

（4）Access 2003 数据库的 7 个对象中，_____是实际存放数据的地方。

    A. 表   B. 查询   C. 报表   D. 窗体

（5）Access 2003 数据库中的表是一个_____。

    A. 交叉表   B. 线型表   C. 报表   D. 二维表

（6）在一个数据库中存储着若干个表，这些表之间可以通过_____建立关系。

    A. 内容不相同的字段   B. 相同内容的字段

    C. 第一个字段   D. 最后一个字段

（7）Access 2003 中的窗体是_____之间的主要接口。

    A. 数据库和用户   B. 操作系统和数据库

    C. 用户和操作系统   D. 人和计算机

2. 填空题

（1）Access 2003 是_____中的一个组件，它能够帮助我们_____。

（2）Access 2003 的用户界面由_____、_____、_____、_____、_____和_____组成。

（3）Access 2003 数据库中的表以行和列来组织数据，每一行称为_____，每一列称为_____。

（4）Access 2003 数据库中表之间的关系有_____、_____和_____关系。

（5）查询可以按照不同的方式_____、_____和_____数据，查询也可以作为数据库中其他对象的_____。

（6）报表是把数据库中的数据_____的特有形式。

（7）数据访问页可以将数据库中的数据发布到_____上。

3．判断题

（1）数据就是能够进行运算的数字。　　　　　　　　　　　　　　　（　　）

（2）在 Access 数据库中，数据是以二维表的形式存放的。　　　　　（　　）

（3）数据库管理系统不仅可以对数据库进行管理，还可以绘图。　　（　　）

（4）"企业人事管理"系统就是一个小型的数据库系统。　　　　　　（　　）

（5）用二维表表示数据及其联系的数据模型称为关系模型。　　　　（　　）

（6）记录是关系数据库中最基本的数据单位。　　　　　　　　　　（　　）

（7）只有单击主窗口的"关闭"按钮，才能退出 Access 2003。　　　（　　）

（8）Access 2003 对数据库对象的所有操作都是在数据库窗口中开始的。（　　）

（9）Access 的数据库对象包括表、查询、窗体、报表、页、图层和通道 7 种。（　　）

（10）"罗斯文"示例数据库是一个很好的帮助示例。　　　　　　　（　　）

4．简答题

（1）启动 Access 2003 的方法有哪几种？

（2）退出 Access 2003 的方法有哪几种？

（3）使用 Access 2003 的帮助系统主要有哪几种方法？

（4）Access 2003 数据库的对象包括哪几种？

（5）Access 2003 中"罗斯文"示例数据库的作用是什么？

项目 2 创建数据库和表

数据库和表都是 Access 数据库管理系统的重要对象，Access 用数据库和表来组织、存储和管理大量的各类数据。其中数据库是一个容器，它包含着各种数据与各种数据库对象。在 Access 2003 中，只有先建立了数据库，才能创建数据库的其他对象并实现对数据库的操作，因此创建数据库是进行数据管理的基础。表是最基本的数据库对象，数据库中的数据都存储在表中，表还是查询、窗体、报表、页等数据库对象的数据源。因此，要使用 Access 2003 对数据库进行管理，应该首先创建数据库和表，然后再创建相关的查询、窗体、报表等数据库对象。本项目将通过创建"企业人事管理"系统中所用到的数据库和表，介绍创建数据库和表的基本方法和操作。

学习内容

- 使用"空数据库"创建数据库
- 使用"模板"创建数据库
- 使用"向导"创建表
- 使用"通过输入数据创建表"创建表
- 使用"表设计器"创建表
- 设置表中字段的各种属性

任务1 创建"企业人事管理"数据库

任务描述与分析

要建立"企业人事管理"系统，首先应该创建一个数据库，用于集中管理该系统所需要的所有数据表，该数据库取名为"企业人事管理"。

通过前期对企业人事管理工作的调研，了解企业人事管理的日常工作主要有以下几项。

（1）人员招聘与审评查询。

（2）正式员工档案管理与查询、修改、删除。

（3）人员劳动合同管理续约与解聘查询提醒、修改与删除。

（4）员工部门分配、岗位评定、调动等数据查询、删除、修改。

（5）员工工资表查询。

（6）根据人事管理的需要输出各种报表。

Access 2003 提供多种创建数据库的方法，如：创建一个空数据库、使用模板创建数据库、使用向导创建数据库、根据现有文件创建数据库。本任务将介绍最常用的一种，即先创建一个空数据库，然后向空数据库添加表、查询、窗体、报表等数据库对象，这是一种灵活方便的创建数据库的方法。

方法与步骤

（1）启动 Access 2003 数据库管理系统。

（2）单击工具栏上的"新建"按钮 □，或执行"文件"→"新建"命令，在主窗口右侧出现"新建文件"任务窗格，如图 2-1 所示。

图 2-1　"新建文件"任务窗格

（3）在"新建文件"任务窗格中的"新建"下，单击"空数据库"，出现"文件新建数据库"对话框，此时需要为新建的空数据库文件取一个名字，并指定它保存的位置。根据本任务的要求，可在 D 盘下创建新文件夹"企业人事管理系统"，打开该文件夹，在"文件名"列表框内输入数据库文件名"企业人事管理"，如图 2-2 所示。

图 2-2　"文件新建数据库"对话框

（4）单击【创建】按钮，此时将出现新建的空数据库窗口，如图2-3所示。

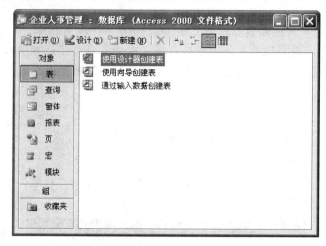

图2-3　空数据库窗口

到此，一个名为"企业人事管理"的空数据库就创建完成，然后就可以在该数据库中创建表和其他的数据库对象了。

相关知识与技能

1. 利用"本机上的模板"创建数据库

除了可以采用先创建空数据库，然后在该数据库中创建各种对象的方法创建数据库，Access 2003还提供了10个数据库模板，分别为订单、分类总账、服务请求管理、工时与账单、讲座管理、库存控制、联系人管理、支出、资产追踪和资源调度，利用这些模板，可以快速建立所需的数据库。利用"模板"创建数据库的步骤如下。

（1）打开Access 2003主界面，在主窗口右侧的"新建文件"任务窗格中选择"本机上的模板"命令项，将弹出"模板"对话框，如图2-4所示。

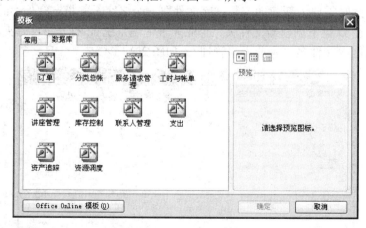

图2-4　"模板"对话框

（2）在"模板"对话框中，单击"数据库"选项卡，在出现的模板中，选中所需要的数据库模板（如"讲座管理"）后单击【确定】按钮。这时弹出"文件新建数据库"对话框，如图2-5所示。

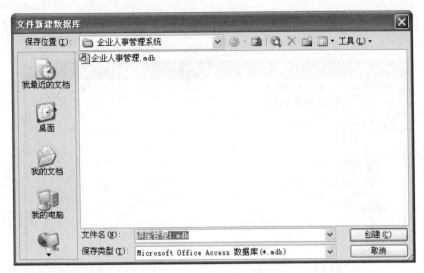

图 2-5 "文件新建数据库"对话框

（3）输入文件的保存位置（企业人事管理系统）和文件名（讲座管理），单击【创建】按钮，此时建立了"讲座管理"数据库并弹出"数据库向导"对话框，如图 2-6 所示。

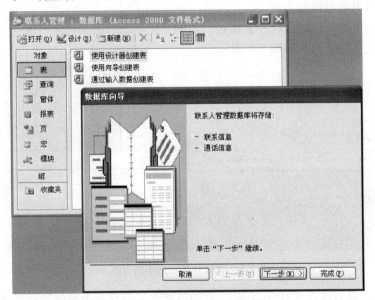

图 2-6 "数据库向导"对话框

在"数据库向导"的引导和提示下一步操作，不仅可以建立数据库，还可以建立数据库中所需要的表、窗体和报表等数据库对象，从而形成一个简单的数据库系统。

2．打开数据库

要对数据库进行操作，就要使数据库处于打开状态。刚创建完一个数据库时，它是处于打开状态的，但当数据库已关闭或刚启动 Access 2003 时，则需要打开将要被操作的数据库。

（1）打开数据库的步骤

单击工具栏中的"打开"按钮，或执行"文件"→"打开"命令，弹出"打开"对话框。在对话框的"查找范围"中选择要打开的数据库文件的存放位置（如 D:\企业人事管理系统），在主窗口内选择数据库文件名（如"企业人事管理"），然后单击【打开】按钮，如图 2-7 所示。

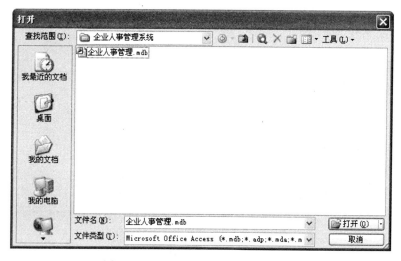

图 2-7　打开"企业人事管理"数据库

（2）选择打开数据库的方式

单击"打开"对话框的【打开】按钮右边的黑色小三角箭头，会出现一个对打开数据库给予某种限制的下拉菜单，如图 2-8 所示。

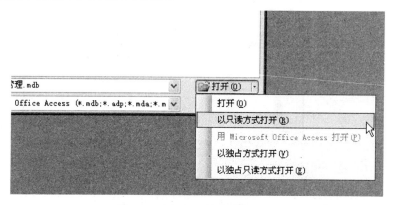

图 2-8　选择打开数据库的方式

① 若选择"以只读方式打开"，则打开的数据库只能查看不能编辑，也就是限制数据库为只读方式。

② 若选择"以独占方式打开"，则以独占方式打开数据库。独占方式是对网络共享数据库中数据的一种访问方式，以独占方式打开数据库时，也就禁止了他人打开该数据库。

③ 若选择"以独占只读方式打开"，则这时打开的数据库既要只读（只能查看，不能编辑），又要独占（他人无权打开数据库）。

④ 若没有以上几种情况的限制，则可直接单击"打开"。

3．关闭数据库

完成数据库的操作后，需要将它关闭。关闭数据库方法如下。

（1）直接单击数据库窗口右上角的"关闭"按钮 。

（2）执行"文件"→"关闭"命令。

任务 2 使用"向导"创建"招聘员工登记表"

任务描述与分析

创建了"企业人事管理"数据库后，下一步的任务就是按照"企业人事管理"工作的需求在该数据库中添加相应的表。根据前面的分析，"企业人事管理"数据库应包含"招聘员工登记表"、"正式员工登记表"、"部门分配表"、"家庭信息表"、"员工工资表"、"网络账号分配表"和"员工合同表"等 7 张表格，本任务将首先创建"招聘员工登记表"。

"招聘员工登记表"用来存放招聘员工的基本数据，包括员工编号、姓名、性别、出生年月、所学专业、毕业院校、工作年限、初试结果、复试结果、是否入职和简历编号等 11 个字段，每个字段又有数据类型和字段长度等属性。组成数据表的字段及字段的属性称为数据表的结构，因此在建立数据表时，首先要确定表的结构（字段及其属性），然后才能向表中输入具体数据内容。"招聘员工登记表"的结构设计如表 2-1 所示。

表 2-1 "招聘员工登记表"的结构

字 段 名	数 据 类 型	字 段 大 小
员工编号	文本型	6
姓名	文本型	12
性别	文本型	2
出生年月	日期/时间	短日期
所学专业	文本型	50
毕业院校	文本型	50
工作年限	数字（长整型）	2
初试结果	文本型	50
复试结果	文本型	50
是否入职	是/否	1
简历编号	文本型	50

在 Access 2003 中，创建表有 3 种方法："使用设计器创建表"、"使用向导创建表"和"通过输入数据创建表"。其中"使用向导创建表"在创建表之前无须对表进行设计，只需根据Access 的提示信息进行输入，便可轻松完成表的创建。因此"使用向导创建表"的方法十分简单，多数情况下能满足用户的要求。本任务将介绍使用"向导"创建"招聘员工登记表"的方法。

方法与步骤

（1）打开已经创建好的"企业人事管理"数据库，在数据库窗口中选择"表"对象，单击工具栏上的【新建】按钮，打开"新建表"对话框，如图 2-9 所示。

（2）在"新建表"对话框中，选择"表向导"选项，单击【确定】按钮，打开"表向导"的第一个对话框，如图 2-10 所示。

Access 数据库应用项目教程

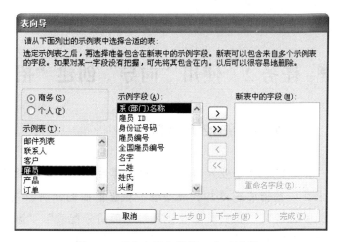

图 2-9 "新建表"对话框　　　　　　　　图 2-10 "表向导"的第一个对话框

（3）表向导中提供两类表的示例："商务"表与"个人"表，商务的示例表是与商务信息有关的表模板，如"邮件列表"、"联系人"、"客户"、"产品"、"订单"、"学生"、"学生和课程"等，个人的示例表则是与个人信息有关的表模板，如"地址"、"客人"、"家庭物品清单"等。本任务中要创建的"招聘员工登记表"属于商务用表，因此应选"商务"选项，然后在"示例表"中选"雇员"表模板。

（4）在"示例字段"中选取需要的字段，选中一个字段，单击一次 ＞ 按钮，使其添加为"新表中的字段"；＞＞ 按钮是一次将所有示例字段都添加到新表中，＜ 按钮是取消新表中的选定字段，＜＜ 按钮是取消所有新表中的字段。当新表中的字段列表中有字段时，下方的【重命名字段】按钮就变成可选，如图 2-11 所示。

（5）单击【重命名字段】按钮，弹出"重命名字段"对话框，可在其中重新给字段命名（如将"雇员编号"改为"招聘编号"），然后单击【确定】按钮，如图 2-12 所示。

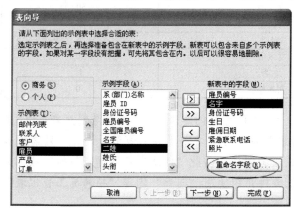

图 2-11 选取新表中的字段　　　　　　　图 2-12 "重命名字段"对话框

（6）根据表 2-1 所列的字段名称全部重新命名后，单击【下一步】按钮，打开"表向导（指定表名）"对话框，如图 2-13 所示。

（7）在"请指定表的名称"文本框中输入表名"招聘员工登记表"，并选择"是，帮我设置一个主键"单选按钮，单击【下一步】按钮，弹出"表向导"的下一个对话框，如图 2-14所示。

028

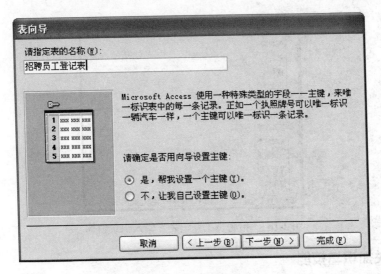

图 2-13 指定表的名称

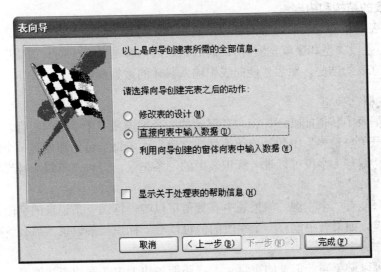

图 2-14 选择"直接向表中输入数据"

（8）在该对话框中，如果选择"直接向表中输入数据"选项，然后单击【完成】按钮，就完成了"招聘员工登记表"的创建。"招聘员工登记表"将出现在数据表视图中，此时就可以直接向"招聘员工登记表"中输入具体数据了，如图 2-15 所示。

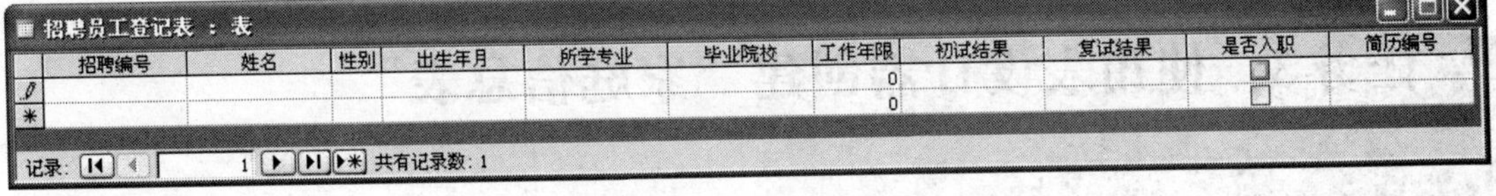

招聘编号	姓名	性别	出生年月	所学专业	毕业院校	工作年限	初试结果	复试结果	是否入职	简历编号
						0			☐	
						0				

记录: ◄ ◄ 1 ► ►► ►* 共有记录数: 1

图 2-15 "招聘员工登记表"表视图

如果选择"利用向导创建的窗体向表中输入数据"选项，然后单击【完成】按钮，则出现向"招聘员工登记表"输入数据的窗体，此时，用户就可以在窗体中逐条输入相关的具体数据，如图 2-16 所示。

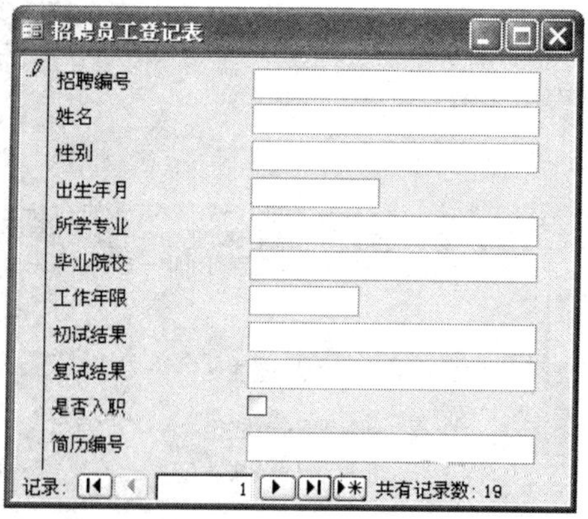

图 2-16 "招聘员工登记表"输入记录窗体

相关知识与技能

1. 数据表的结构和内容

数据表由表的结构与表的内容两部分组成。表结构是指组成数据表的字段及其字段属性（包括字段名、字段类型和字段宽度等），而数据表的内容是指表中的具体数据。建立数据表时，首先要建立表的结构，然后才能向表中输入具体的数据内容。

2. 主键的概念

主键是数据表中其值能唯一标识一条记录的一个字段或多个字段的组合。

如"招聘员工登记表"中的"招聘编号"字段，由于每个员工都要有一个编号且不能相同，因此"招聘编号"字段可以唯一标识表中的一条记录，可将"招聘编号"字段设为该表中的主键。

一个表中只能有一个主键。如果表中有其值可以唯一标识一条记录的字段，就可以将该字段指定为主键。如果表中没有一个字段的值可以唯一标识一条记录，那么就要选择多个字段组合在一起作为主键。

使用主键可以避免同一记录的重复录入，还能加快表中数据的查找速度。

3. 自动编号

在使用表向导创建表时，如果在"表向导"对话框中，选择"是，帮我设置一个主键"选项，则 Access 2003 会自动将表的第一个字段设置为主键，并在输入窗口该字段处显示"自动编号"字样，当输入数据内容时，该字段自动填入阿拉伯序列数字。

任务 3 使用表设计器创建"家庭信息表"

任务描述与分析

虽然使用表向导创建表的过程很简单，但结果并不一定能满足用户的要求，且存在一定的局限性，如字段的类型，宽度都是固定的，并不能由用户自己定义。例如在任务 1 中，虽然将字段名"雇员编号"改成了"招聘编号"，但"雇员编号"的字段类型是数字型的，而

"招聘编号"的字段类型应为文本型，因此利用表向导创建了表以后，还需要对表的结构进行修改。而使用表设计器创建表就灵活得多。

使用设计器创建表可以根据用户的需要设计表的字段和各种属性。本任务将使用表设计器创建"家庭信息表"。"家庭信息表"的结构设计如表2-2所示。

表2-2 "家庭信息表"的结构

字 段 名	数 据 类 型	字 段 大 小
员工编号	文本型	6
姓名	文本型	12
籍贯	文本型	10
民族	文本型	10
政治面貌	文本型	8
身份证号码	文本型	18
家庭联系电话	文本型	15
家庭住址	文本型	50
家庭邮编	文本型	6
紧急联系人	文本型	12
紧急联系电话	文本型	15
非农否	是/否型	1
家庭年收入	数字型	6

方法与步骤

（1）打开已经创建好的"企业人事管理"数据库，在数据库窗口中选择"表"对象，单击工具栏上的"新建"按钮，打开"新建表"对话框，如图2-17所示。

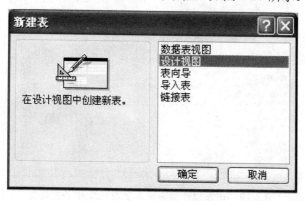

图2-17 "新建表"对话框

（2）在"新建表"对话框中，选择"设计视图"选项，单击【确定】按钮，打开表设计器窗口（在"企业人事管理"数据库窗口中双击"使用设计器创建表"选项，可以直接打开表设计器窗口），如图2-18所示。

（3）在表设计器中的"字段名称"列输入各个字段的名称，在"数据类型"列单击下拉列表框按钮，选择各个字段的数据类型，在"说明"的下方为某些字段添加说明，如图2-19所示。

（4）在表设计器下方的"常规"选项卡设置字段属性，如将"非农否"字段的默认值属性设置为"yes"。有关字段属性的设置见本项目任务5。

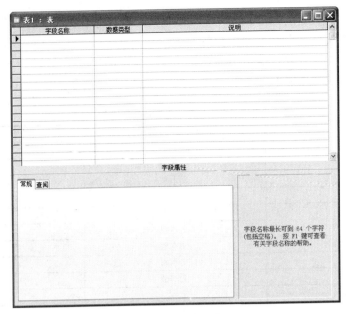

图 2-18　表设计器窗口

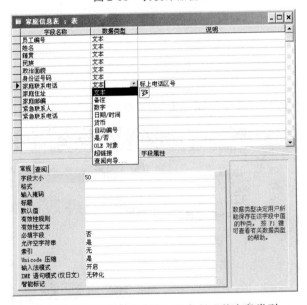

图 2-19　在表设计器中输入字段名及其字段类型

（5）设计好每个字段后，单击工具栏中的【保存】按钮，打开"另存为"对话框，输入表的名称"家庭信息表"，保存类型为"表"，如图 2-20 所示。

图 2-20　输入表名"家庭信息表"

（6）单击【确定】按钮，此时会弹出"尚未定义主键"提示对话框，如图 2-21 所示。

图 2-21　提示"尚未定义主键"

（7）单击【否】按钮，暂不为该表定义主键。到此，"家庭信息表"结构创建完毕。

（8）如果要向"家庭信息表"输入数据，在表设计器视图中选择"视图"→"数据表视图"命令，可打开"家庭信息表"的数据表视图，输入数据，如图 2-22 所示。

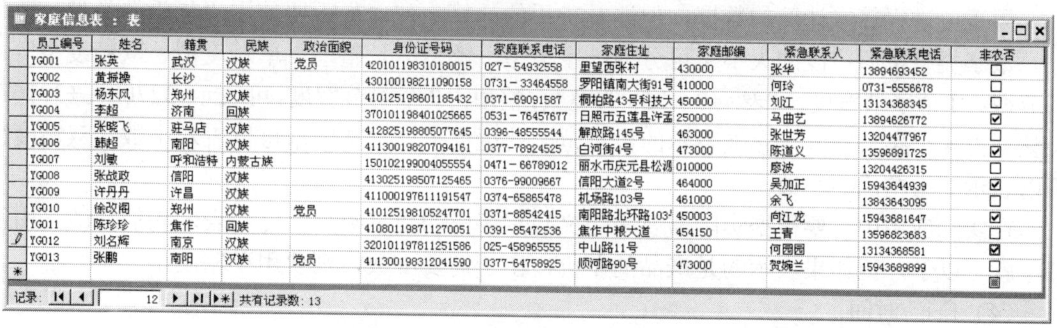

员工编号	姓名	籍贯	民族	政治面貌	身份证号码	家庭联系电话	家庭住址	家庭邮编	紧急联系人	紧急联系电话	非农否
YG001	张英	武汉	汉族	党员	420101198310180015	027－54932558	里望西张村	430000	张华	13894693452	☐
YG002	黄振操	长沙	汉族		430100198211090158	0731－33484558	罗田镇南大街91号	410000	何玲	0731－6556678	☐
YG003	杨东凤	郑州	汉族		410125198601185432	0371－69091587	桐柏路43号科技大	450000	刘江	13134368345	☐
YG004	李超	济南	回族		370101198401025665	0531－76457677	日照市五莲县许孟	250000	马曲艺	13894626772	☑
YG005	张晓飞	驻马店	汉族		412825198805077645	0396－48555544	解放路145号	463000	张世芳	13204477967	☐
YG006	韩超	南阳	汉族		411300198207094161	0377－78924525	白河街4号	473000	陈道义	13596891725	☑
YG007	刘敏	呼和浩特	内蒙古族		150102199004055554	0471－66789012	丽水市庆元县松源	470000	廖波	13204426315	☐
YG008	张战政	信阳	汉族		413025198507125465	0376－99009667	信阳大道2号	464000	吴加正	15943644939	☑
YG009	许丹丹	许昌	汉族		411000197811191547	0374－65865478	机场路103号	460000	余飞	13843643095	☐
YG010	徐改阁	郑州	汉族	党员	410125198105247701	0371－88542415	南阳路北环路103号	450003	向江龙	15943681647	☐
YG011	陈珍珍	焦作	回族		410801198711270051	0391－85472536	焦作中粮大道	454150	王青	13596823683	☐
YG012	刘名辉	南京	汉族		320101197811251586	025－458965555	中山路11号	210000	何圆圆	13134368581	☑
YG013	张鹏	南阳	汉族	党员	411300198312041590	0377－64758925	顺河路90号	473000	贺婉兰	15943689899	☐
*											☐

记录：|◄ ◄ 　12 　► ►| ►* 　共有记录数：13

图 2-22　输入"家庭信息表"的数据

如需要将"员工编号"字段设置为主键，则应在设计视图中右键单击"员工编号"字段，在弹出的快捷菜单中选择"主键"选项，如图 2-23 所示。

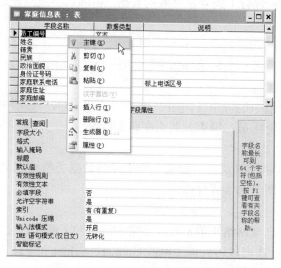

图 2-23　设置"员工信息"为主键

相关知识与技能

1. 数据类型

在数据库中创建数据表，首先要确定该表所包含的字段，然后要根据需要定义表中各个字段的数据类型。Access 2003 数据表的字段有 10 种数据类型。

（1）文本型

用于文字或文字与数字的组合，例如，姓名、政治面貌、家庭地址等；或者用于不需要计算的数字，例如，身份证号码、员工编号、电话号码、家庭邮编等。

文本类型的字段最多允许存储 255 个字符，即当一个字段被定义成文本类型，那么这个字段的宽度不能超过 255 个字符。

（2）备注型

由于文本类型可以表示的长度有限，对于内容较多的信息就要选用备注类型，它最多能存储 65,536 个字符。备注类型主要用于长文本，例如注释或说明信息。

（3）数字

用于要进行算术计算的数据，但涉及货币的计算除外（货币要使用"货币"类型）。

数字类型按照字段的大小又可分为：字节型、整型、长整型、单精度型、双精度型等。字节型占 1 个字节宽度，可表示 0～255 的整数；整型占 2 个字节宽度，可表示 –32768～+32767；长整型占 4 个字节宽度，它能表示的数字范围就更大了。单精度型可以表示小数，双精度型可以表示更为精确的小数。

在实际应用中，要根据实际需要来定义数字字段的数字类型。比如表示人的年龄，用字节型就可以了，但如果表示的是产品的单价，由于需要小数，则要用单精度型。

（4）日期/时间

用于表示日期和时间。这种类型的数据有多种格式可选，如常规日期（yyyy-mm-dd hh:mm:ss）、长日期（yyyy 年 mm 月 dd 日）、长时间（hh:mm:ss）等。

（5）货币

用于表示货币值，是带有 1 到 4 位小数的数据，精确到小数点左边 15 位和小数点右边 4 位。

（6）自动编号

在添加记录时自动给每一个记录插入唯一顺序（每次递增 1）或随机编号。

（7）是/否

用于只可能是两个值中的一个（例如"是/否"、"真/假"、"开/关"）的数据。用这种数据类型可以表示是否团员、婚否、是否在职等情况。

（8）OLE 对象

OLE 是对象嵌入与链接的简称，如果一个字段的数据类型被定义为 OLE 对象类型，则该字段中可保存声音、图像等多媒体信息。

（9）超链接

用于存放链接到本地或网络上的地址（是带有颜色和下画线的文字或图形，单击后可以转向 Intranet 上的网页，还可以转到新闻组或 Gopher、Telnet 和 FTP 站点）。

（10）查阅向导

用于实现查阅另外表中的数据，它允许用户选择来自其他表或列表的值。

2．设置主键的方法

（1）将表中的一个字段设置为主键

如果要设置表中的一个字段为主键，可以打开表的设计视图，用鼠标右击要设置的字段所在的行，在弹出的快捷菜单中选择"主键"，那么该字段左侧的按钮上就会出现钥匙形的主键图标🔑。

（2）将表中的多个字段组合设置为主键

如果要设置表中的多个字段组合为主键，则要在按住【Ctrl】键的同时，用鼠标分别单击字段左侧的按钮，当选中的字段行变黑时，用鼠标右击黑条，在弹出的快捷菜单中选择"主键"，这时所有被选择的字段左侧的按钮上都会出现钥匙形的主键图标🔑。

3．使用"表设计器"创建表的基本步骤

（1）双击"使用设计器创建表"，打开表设计器。

（2）在表设计器中，输入各个字段的名称，在"数据类型"下单击下拉列表框按钮，选择各个字段的数据类型，并设置各字段相关属性。

（3）设计好每个字段后，单击工具栏中的【保存】按钮，在打开的"另存为"对话框中，输入表的名称，单击【确定】。

（4）创建完表的结构后，选择"视图"→"数据表视图"命令，打开表的数据表视图，输入数据。

任务 4 使用"通过输入数据创建表"创建"正式员工档案表"

任务描述与分析

员工工资与员工档案有直接关系，因此在企业人事管理数据库中需要有一张"员工档案表"，该表应包括员工的基本信息。"正式员工档案表"的数据结构如表 2-3 所示。

表 2-3 "正式员工档案表"的结构

字 段 名	数 据 类 型	字 段 大 小
员工编号	文本型	6
部门编号	文本型	8
部门名称	文本型	10
姓名	文本型	4
性别	文本型	2
出生日期	日期时间型（短日期）	10
入职日期	日期时间型（短日期）	10
学历	文本型	10
毕业院校	文本型	20
党员否	是/否型	10
岗位名称	文本型	10
特殊贡献	文本型	50
个人图片	OLE 对象	
合同编号	文本型	10
联系方式	文本型	15

本任务将采用"通过输入数据创建表"的方法创建"正式员工档案表"。这种方法比较

简单，用户可直接在数据表视图中输入数据。保存表时，Access 会自动分析数据并为每一个字段选择适当的数据类型。但是值得注意的是，在创建表的过程中如果没有为该表定义主键，在保存时，系统会提示用户创建主键。下面介绍如何使用"通过输入数据创建表"创建"正式员工档案表"。

方法与步骤

（1）在数据库设计窗口中选择"表"对象，双击"通过输入数据创建表"，弹出数据表视图，新建的空表默认表名为"表 1"，共有 10 个字段，字段名分别为字段 1、字段 2、……等，如图 2-24 所示。

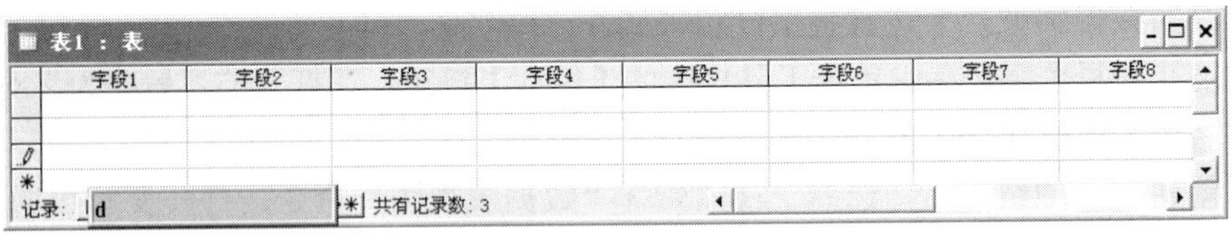

图 2-24　数据表视图

（2）在"字段 1"上双击，将字段名修改为"员工编号"，在"字段 2"上双击，将字段名修改为"姓名"，以此可重定义每一个字段的名称。

（3）在字段名的下面输入数据，如图 2-25 所示。

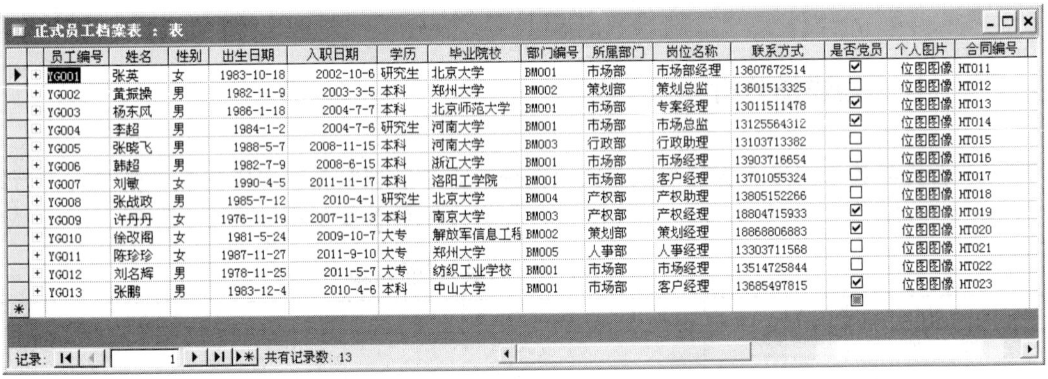

员工编号	姓名	性别	出生日期	入职日期	学历	毕业院校	部门编号	所属部门	岗位名称	联系方式	是否党员	个人图片	合同编号
YG001	张英	女	1983-10-18	2002-10-6	研究生	北京大学	BM001	市场部	市场部经理	13607672514	☑	位图图像	HT011
YG002	黄燕艳	男	1982-11-9	2003-3-5	本科	郑州大学	BM002	策划部	策划总监	13601513325	☐	位图图像	HT012
YG003	杨东风	男	1986-1-18	2004-7-7	本科	北京师范大学	BM001	市场部	专案经理	13011511478	☑	位图图像	HT013
YG004	李超	男	1984-1-2	2004-7-6	研究生	河南大学	BM001	市场部	市场总监	13125564312	☐	位图图像	HT014
YG005	张晓飞	男	1988-5-7	2008-11-15	本科	河南大学	BM003	行政部	行政助理	13103713382	☐	位图图像	HT015
YG006	韩超	男	1982-7-9	2008-6-15	本科	浙江大学	BM001	市场部	客户经理	13903716654	☐	位图图像	HT016
YG007	刘敏	女	1990-4-5	2011-11-17	本科	洛阳工学院	BM001	市场部	客户经理	13701055324	☐	位图图像	HT017
YG008	张战政	男	1985-7-12	2010-4-1	研究生	南京大学	BM004	产权部	产权助理	13805152266	☐	位图图像	HT018
YG009	许丹丹	女	1976-11-19	2007-11-13	本科	南京大学	BM003	产权部	产权经理	18804715933	☑	位图图像	HT019
YG010	徐改阁	女	1981-5-24	2009-10-7	大专	解放军信息工程	BM002	策划部	策划员	18868806883	☑	位图图像	HT020
YG011	陈珍珍	女	1987-11-27	2011-9-10	大专	郑州大学	BM005	人事部	人事经理	13303711568	☐	位图图像	HT021
YG012	刘名辉	男	1978-11-25	2011-5-7	大专	纺织工业学校	BM001	市场部	人事经理	13514725844	☐	位图图像	HT022
YG013	张鹏	男	1983-12-4	2010-4-6	本科	中山大学	BM001	市场部	客户经理	13685497815	☑	位图图像	HT023

图 2-25　输入"正式员工档案表"的数据

（4）单击工具栏上的"保存"按钮，打开"另存为"对话框，输入表名为"正式员工档案表"，在弹出的"创建主键"提示框中，单击【是】按钮，设置"员工编号"字段为主键。

到此，"正式员工档案表"创建完毕。但需要注意的是，这种方法创建的数据表不能对字段的数据类型和属性进行设置，字段的数据类型是系统根据输入的数据确定的，属性都采用默认值，因此，一般在创建了表之后，还需要通过表的"设计"视图进行修改。

相关知识与技能

1．创建数据表的方法

创建数据表包括定义表结构和录入数据两部分，通常是先定义表的结构，然后再录入数据。

在打开的数据库窗口选择了表对象，主窗口内显示的内容分两部分。前 3 行显示的是创建表的 3 种方法，下面显示的是当前数据库中已定义的表。创建表的 3 种方法如下。

（1）使用表设计器创建表

"使用表设计器创建表"是指使用设计视图创建表，创建的只是表的结构，数据需要在表的数据视图中输入。

（2）使用向导创建表

"使用向导创建表"就是用 Access 2003 预置的多种类型的表模板来创建表，所以用这种方法创建的表往往还需要对表中字段的名称、类型、属性进行修改，使之符合实际需要。

（3）通过输入数据创建表

"通过输入数据创建表"是指在数据表视图中直接创建表。这种方法可以直接根据需要在数据表视图中命名字段和输入数据，非常方便。但这种方法创建的数据表也不能对字段的数据类型和属性进行设置，还需要通过表的"设计"视图进行修改。

2. 数据表的视图及其切换

数据表有两种视图：设计视图和数据表视图。

（1）设计视图

设计视图是用来编辑表结构的视图，在设计视图中，可以输入、编辑、修改数据表的字段名称、字段类型、字段说明和设置字段的各种属性。在数据库窗口的表对象窗口中选择一个表，单击工具栏上的"设计"工具按钮 设计(D)，则打开该表的设计视图。图 2-26 所示的是"招聘员工登记表"的设计视图。

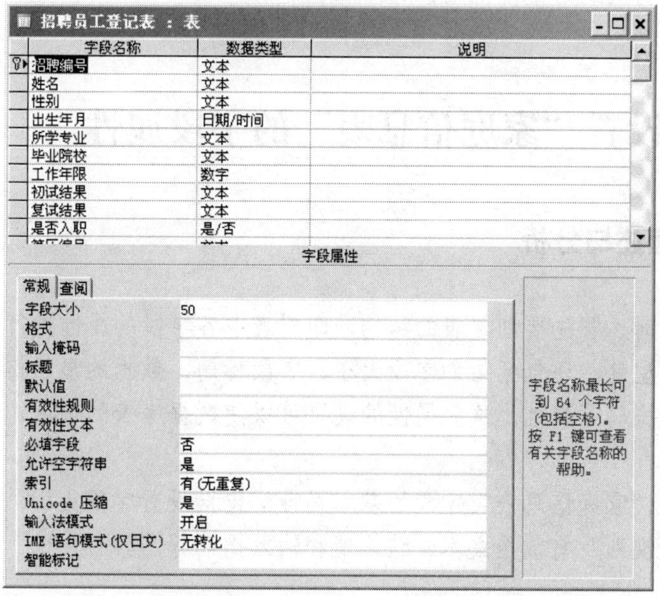

图 2-26 "招聘员工登记表"的设计视图

（2）数据表视图

数据表视图是用来浏览和编辑数据表数据内容的视图。在数据表视图中，不仅可对数据表进行数据的输入、编辑和修改，还可以查找和替换数据、对记录进行插入、删除的操作，还可以对数据表按某个字段、某种方式进行排序和筛选，设置数据表的显示格式。在数据库窗口的表对象窗口中选择一个表，单击工具栏上的"打开"工具按钮，则打开该表的数据表视图。图 2-27 所示的是"招聘员工登记表"的数据表视图。

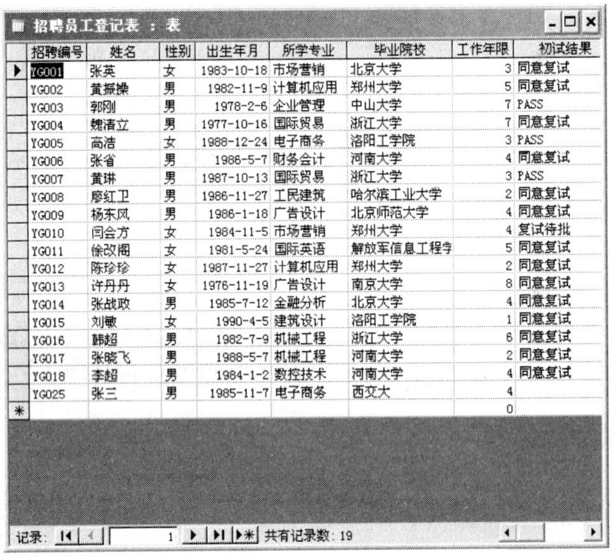

招聘编号	姓名	性别	出生年月	所学专业	毕业院校	工作年限	初试结果
YG001	张英	女	1983-10-18	市场营销	北京大学	3	同意复试
YG002	黄振操	男	1982-11-9	计算机应用	郑州大学	5	同意复试
YG003	郭刚	男	1978-2-6	企业管理	中山大学	7	PASS
YG004	魏清立	男	1977-10-16	国际贸易	浙江大学	7	同意复试
YG005	高洁	女	1988-12-24	电子商务	洛阳工学院	3	PASS
YG006	张省	男	1986-5-7	财务会计	河南大学	4	同意复试
YG007	黄琳	男	1987-10-13	国际贸易	浙江大学	3	PASS
YG008	廖红卫	男	1986-11-27	工民建筑	哈尔滨工业大学	2	同意复试
YG009	杨东风	男	1986-1-18	广告设计	北京师范大学	4	同意复试
YG010	闫会方	女	1984-11-5	市场营销	郑州大学	4	复试待批
YG011	徐改阁	女	1981-5-24	国际英语	解放军信息工程学	5	同意复试
YG012	陈珍珍	女	1987-11-27	计算机应用	郑州大学	2	同意复试
YG013	许丹丹	女	1976-11-19	广告设计	南京大学	8	同意复试
YG014	张战政	男	1985-7-12	金融分析	北京大学	2	同意复试
YG015	刘敏	女	1990-4-5	建筑设计	洛阳工学院	1	同意复试
YG016	韩超	男	1982-7-9	机械工程	浙江大学	6	同意复试
YG017	张晓飞	男	1988-5-7	机械工程	河南大学	2	同意复试
YG018	李超	男	1984-1-2	数控技术	河南大学	4	同意复试
YG025	张三	男	1985-11-7	电子商务	西交大	4	

图 2-27 "招聘员工登记表"的数据表视图

（3）数据表视图的转换

无论是在设计视图下还是在数据表视图下，右键单击该视图的标题栏，在弹出的快捷菜单中进行选择，可切换到另一种视图。还可以选择 Access 2003 窗口的"视图"菜单，在下拉菜单中进行切换。

任务 5　设置"家庭信息表"的字段属性

任务描述与分析

在创建数据表时，首先要创建表的结构，即对表中各字段的属性进行设置，字段的属性除了包括名称、类型外，还包括诸如字段大小、字段标题、数据的显示格式、字段默认值、有效性规则和输入掩码等属性。这些属性的设置可以使数据库表的输入、管理和使用更加方便、安全和快捷。

本任务将设置"家庭信息表"字段的基本属性，包括设置字段大小、字段标题、数据的显示格式、有效性规则及有效性文本、默认值和输入掩码等。

方法与步骤

1. 设置"姓名"字段的大小为 4 个字符

（1）打开"家庭信息表"的设计视图，选中"姓名"字段。

（2）在"常规"选项卡中的"字段大小"一行中输入"4"，如图 2-28 所示。

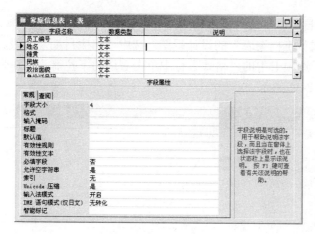

图 2-28　设置字段大小

（3）关闭并保存对"家庭信息表"的修改（设置了字段大小）。切换到数据表视图，此时"姓名"字段只能输入 4 个汉字（或字符）。

2. 设置"姓名"字段的标题为"员工姓名"

（1）打开"家庭信息表"的设计视图，选中"姓名"字段。

（2）在"常规"选项卡中的"标题"一行中输入"员工姓名"，如图 2-29 所示。

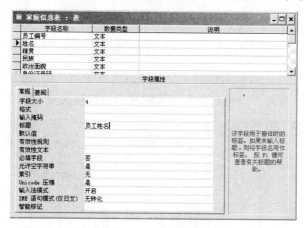

图 2-29　设置字段标题

（3）关闭并保存对"家庭信息表"的修改（设置了字段标题）。切换到数据表视图，可以看到"姓名"字段的标题被修改为"员工姓名"，如图 2-30 所示。注意：并未修改数据表结构中的字段名。

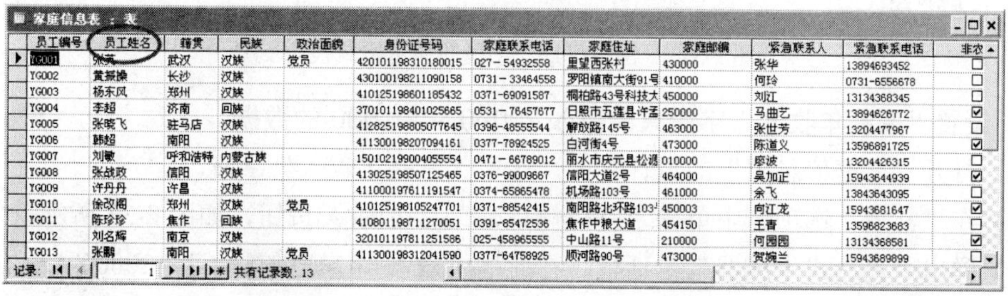

图 2-30　已经修改了"姓名"字段的标题

3. 设置"出生日期"字段的显示格式为"长日期"格式

（1）打开"正式员工档案表"的设计视图，选中"出生日期"字段。

（2）在"常规"选项卡中的"格式"行中单击右边的下拉箭头，在弹出的下拉菜单中选择"长日期"，如图 2-31 所示。

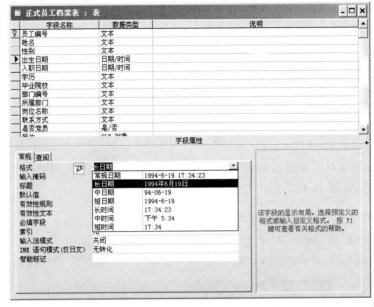

图 2-31 "出生日期"的格式选择"长日期"

（3）关闭并保存对"正式员工档案表"的修改（改变了"出生日期"的显示格式）。切换到数据表视图，可以看到"出生日期"字段的显示格式被改变了，如图 2-32 所示。

	员工编号	姓名	性别	出生日期	入职日期	学历	毕业院校	部门编号	所属部门	
▶ +	YG001	张英	女	1983年10月18日	2002-10-6	研究生	北京大学	BM001	市场部	市
+	YG002	黄振操	男	1982年11月9日	2003-3-5	本科	郑州大学	BM002	策划部	策
+	YG003	杨东风	男	1986年1月18日	2004-7-7	本科	北京师范大学	BM001	市场部	专
+	YG004	李超	男	1984年1月2日	2004-7-6	研究生	河南大学	BM001	市场部	市
+	YG005	张晓飞	男	1988年5月7日	2008-11-15	本科	河南大学	BM003	行政部	行
+	YG006	韩超	男	1982年9月7日	2008-6-15	本科	浙江大学	BM001	市场部	市
+	YG007	刘敏	女	1990年4月5日	2011-11-17	本科	洛阳工学院	BM001	市场部	客
+	YG008	张战政	男	1985年7月12日	2010-4-1	研究生	北京大学	BM004	产权部	产
+	YG009	许丹丹	女	1976年11月19日	2007-11-13	本科	南京大学	BM003	产权部	产
+	YG010	徐改阁	女	1981年5月24日	2009-10-7	大专	解放军信息工程	BM002	策划部	策
+	YG011	陈珍珍	女	1987年11月27日	2011-9-10	大专	郑州大学	BM005	人事部	人
+	YG012	刘名辉	男	1978年11月25日	2011-5-7	大专	纺织工业学校	BM001	市场部	市
+	YG013	张鹏	男	1983年12月4日	2010-4-6	本科	中山大学	BM001	市场部	客

记录：|◀ ◀ | 1 | ▶ ▶| ▶* | 共有记录数：13

图 2-32 "出生日期"字段的显示格式被改变

4. 设置"家庭年收入"字段只能输入 20000～200000 的数据

（1）打开"家庭信息表"的设计视图，选中"家庭年收入"字段。

（2）在"常规"选项卡中单击"有效性规则"右边的按钮，如图 2-33 所示。

（3）弹出"表达式生成器"对话框，在此框内输入"[家庭年收入]>=20000 And [家庭年收入]<=200000"，然后单击【确定】按钮，如图 2-34 所示。

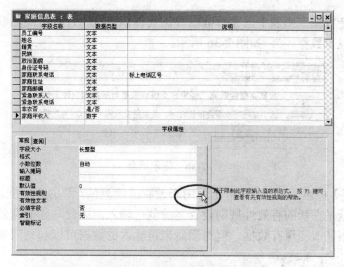

图 2-33 "有效性规则"设置

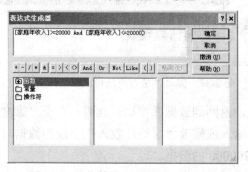

图 2-34 有效性规则的表达式生成器

（4）回到表设计视图，在"常规"选项卡的"有效性文本"框内输入"只能输入 20000～200000 之间的数据"提示信息，如图 2-35 所示。

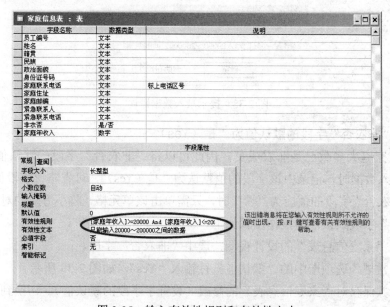

图 2-35 输入有效性规则和有效性文本

（5）关闭设计视图。当表中已存有数据时，会提示"这个过程可能需要很长时间。是否用新规则来测试现有数据？"，如图 2-36 所示。

图 2-36　提示信息

（6）单击【是】按钮，又会出现"是否用新设置继续测试？"的提示框，如图 2-37 所示。这是因为现有数据是在新的有效性规则设置之前就已输入，因此与新的有效性规则有冲突。新的有效性规则不能改变现有数据，但对于后来再输入的数据可以起到限制作用。

图 2-37　提示"是否用新设置继续测试？"

（7）单击【是】按钮，返回到数据库窗口。此时，对于"家庭年收入"字段，新的有效性规则已经设置，以后再输入或修改"家庭年收入"字段的数据时，将会对输入内容进行限制，即只能输入 20000～200000 的数据。

（8）打开"家庭信息表"的数据表视图，在第 1 条记录的"家庭年收入"字段处修改数据为"19000"，回车后会发现输不进去，并弹出提示对话框，其中显示"有效性文本"中设置的内容，如图 2-38 所示。这是由于输入的数据不符合"家庭年收入"字段的有效性规则。

图 2-38　提示录入数据错误

5. 设置"非农否"字段的默认值为"是（Yes）"

由于现在家庭大多数已是非农成员，因此可以将"非农否"字段的默认值设置为"是（Yes）"，当录入数据时，记录中该字段的值默认为"是（Yes）"，可省略该字段值的录入。当新记录的"非农否"字段的值应为"否"时，只需单击该单元格，将小方块的对号去掉即可。设置"非农否"字段默认值的操作步骤如下。

（1）打开"家庭信息表"的设计视图，选中"非农否"字段。

（2）在"常规"选项卡中的"默认值"行输入"Yes"，如图 2-39 所示。

（3）关闭并保存对"家庭信息表"的修改（设置了字段的默认值）。切换到数据表视图，再输入数据时，会发现"非农否"字段的默认值为"是"。

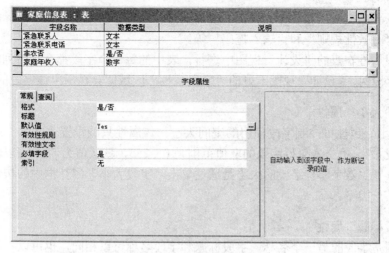

图 2-39 设置"非农否"字段的默认值为"是（Yes）"

6. 设置"身份证号码"字段只能输入 18 位阿拉伯数字

（1）打开"家庭信息表"的设计视图，选中"身份证号码"字段。

（2）在"常规"选项卡中的"输入掩码"行输入"000000000000000000"，如图 2-40 所示。

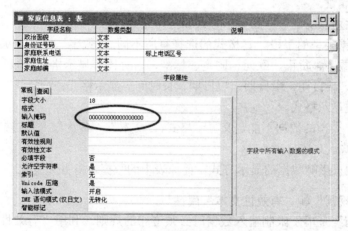

图 2-40 设置输入掩码

（3）保存对表字段的更改，然后打开表的数据视图，会发现"身份证号码"字段只能输入 18 位阿拉伯数字，否则将出现提示出错提示框，如图 2-41 所示。

图 2-41 出错提示

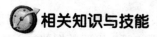 **相关知识与技能**

在完成了表结构的设置以后，还需要对表中各字段的属性值进行设置，目的是减少输入

错误，方便操作，提高工作效率。设置字段的属性包括"字段大小"、"字段标题"、"数据的显示格式"、"有效性规则"和"输入掩码"等。

设置字段属性在表的"设计"视图中进行，表中的每一个字段都有一系列的属性描述。当选定某个字段时，"设计"视图下方的"字段属性"区域便会显示出该字段的相关属性。

1."字段大小"属性

"字段大小"属性可控制字段使用的空间大小。该属性只能设置"文本"或"数字"数据类型的字段大小。"文本"型字段的取值范围是 0～255，默认值为 50，可以输入取值范围内的整数；设置"数字"型字段的大小是通过单击"字段大小"属性框中的按钮，从下拉列表框中选取某一类型。

2."字段标题"属性

字段标题是字段的另一个名称，字段标题和字段名称可以相同，也可以不同。当未指定字段标题时，标题默认为字段名。

字段名称通常用于系统内部的引用，而字段标题通常用来显示给用户看。在表的数据视图中，显示的是字段标题，在窗体和报表中，相应字段的标签显示的也是字段标题。而在表的"设计"视图中，显示的是字段名称。

3."格式"属性

"格式"属性用以确定数据的显示方式和打印方式。

对于不同数据类型的字段，其格式的选择有所不同。"数字"、"自动编号"、"货币"类型的数据有常规数字、货币、欧元、固定、标准、百分比等显示格式；"日期/时间"类型的数据有常规日期、长日期、中日期、短日期、长时间等显示格式；"是/否"类型的数据有真/假、是/否、开/关显示格式。

"OLE 对象"类型的数据不能定义显示格式，"文本"、"备注"、"超链接"类型的数据没有特殊的显示格式。

"格式"属性只影响数据的显示方式，而原表中的数据本身并无变化。

4."有效性规则"和"有效性文本"属性

"有效性规则"是用于限制输入数据时必须遵守的规则。利用"有效性规则"属性可限制字段的取值范围，确保输入数据的合理性并防止非法数据输入。

"有效性规则"要用 Access 2003 表达式来描述，Access 2003 表达式将在项目 4 中介绍。

"有效性文本"用来配合"有效性规则"使用，当输入的数据违反了"有效性规则"，系统会用设置的"有效性文本"提示出错。

5."默认值"属性

在一个数据库中往往有一些字段的数据内容相同或相似，将这样的字段的值设置成默认值可以简化输入，提高效率。

6."输入掩码"属性

"输入掩码"是一种输入格式，由字面显示字符（如括号、句号或连字符）和掩码字符（用于指定可以输入数据的位置及数据种类、字符数量等）构成，用于设置数据的输入格式。"输入掩码"可以在输入数据时保持统一的格式，还可以检查输入错误。使用 Access 提供的

"输入掩码向导"可以为"文本"和"日期型"字段设置"输入掩码"。

例如，要设置"正式员工档案表"中的"入职日期"的"输入掩码"属性，使"入职日期"字段的输入格式为"短日期（如：1980-8-30）"格式的操作步骤如下。

（1）打开"正式员工档案表"的设计视图，选中"入职日期"字段。

（2）在"常规"选项卡中单击"输入掩码"右边的 按钮，如图 2-42 所示。

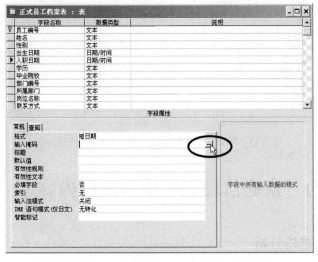

图 2-42 单击"输入掩码"属性右边的按钮

（3）打开"输入掩码向导"的第一个对话框，在"输入掩码"列表中选择"短日期"选项，如图 2-43 所示。

（4）单击【下一步】按钮，打开"输入掩码向导"的第二个对话框，在对话框中输入确定的掩码方式和分割符，如图 2-44 所示。

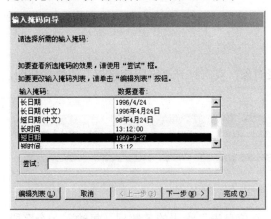

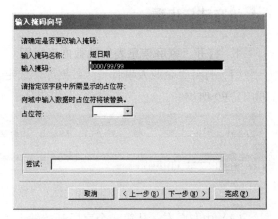

图 2-43 "输入掩码向导"的第一个对话框　　图 2-44 "输入掩码向导"的第二个对话框

这里对"参加工作时间"指定的掩码格式为："0000/99/99"。"0"表示此处只能输入一个数，且必须输入；"9"表示此处只能输入一个数，但并非必须输入；"/"表示分隔符，可直接跳过。

（5）单击【下一步】按钮，在"输入掩码向导"的最后一个对话框中单击【完成】按钮，设置结果如图 2-45 所示。

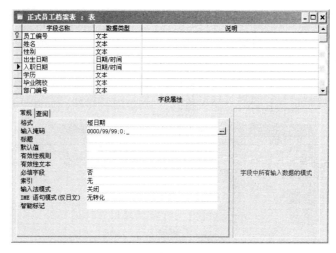

图 2-45 "入职日期"字段"输入掩码"设置结果

任务 6 为"家庭信息表"输入数据内容

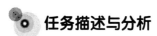 **任务描述与分析**

在任务 3 中已经使用"表设计器"创建了"家庭信息表"的结构，在任务 5 中，又为"家庭信息表"的字段设置了属性，本任务将向"家庭信息表"中输入数据。实际上，创建数据库表都要分两步进行：一是建立表的结构，即对组成表的各字段的属性进行设置，二是向表中输入数据。

方法与步骤

1. 打开"家庭信息表"的数据表视图

（1）打开"企业人事管理"数据库，选定表对象，双击打开"家庭信息表"的数据视图，如图 2-46 所示。

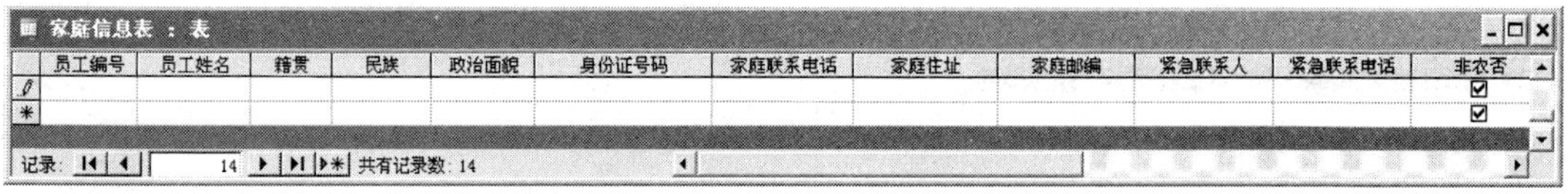

员工编号	员工姓名	籍贯	民族	政治面貌	身份证号码	家庭联系电话	家庭住址	家庭邮编	紧急联系人	紧急联系电话	非农否

图 2-46 打开"家庭信息表"的数据表视图

（2）由左至右，从第一个字段开始输入"家庭信息表"给出的各数据。每输入一个字段值后按【Enter】键或【Tab】键，就可顺序输入下一个字段值了。

（3）在输入"非农否"字段这类"是否型"数据时，只需在复选框中单击鼠标左键，即可出现一个对钩"√"符号，表示该员工是非农。如果已设置该字段的默认值为"Yes"，则该字段处会自动出现对钩"√"，如果该员工是非农，则无须再做任何操作，如果该员工不是非农，则需要去掉对钩"√"。

（4）备注型字段用以输入较长的文本内容，主要存放诸如"简历"、"说明"等内容。

（5）在输入"照片"字段等 OLE 对象类型字段的数据时，单击鼠标右键，在弹出的快捷菜单中选择"插入对象"命令，打开"插入对象"对话框，如图 2-47 所示。

图 2-47 "插入对象"对话框

（6）在"插入对象"对话框中有两个选项，"新建"和"由文件创建"。如果选择"新建"，则创建一个文件插到表中，这个文件可以是位图、Excel 图表、PowerPoint 幻灯片、Word 图片等；如果选择"由文件创建"则要求插入的图片保存在计算机中。若员工的照片已经保存在计算机中了，应选择"由文件创建"，然后在地址栏输入照片保存的位置"D:\企业人事管理系统\员工照片\"，此时对话框如图 2-48 所示。

图 2-48 在"插入对象"对话框中选择"由文件创建"

（7）单击【浏览】按钮，打开保存照片的文件夹，选择要插入的图片，如图 2-49 所示。

图 2-49 选择要插入的员工照片

（8）单击【确定】按钮，即将选择的员工照片保存到"家庭信息表"的"照片"字段，此时"家庭信息表"的照片字段显示的是"位图图像"。在"照片"字段中双击鼠标，可打开该图片文件进行查看，如图 2-50 所示。

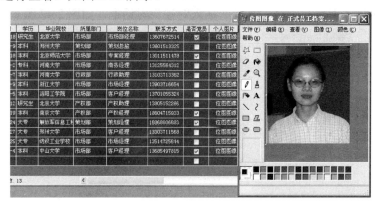

图 2-50　打开插入的员工照片进行查看

（9）将第一条记录的所有内容都输入结束后，按【Enter】键或【Tab】键，就可以输入第二条记录的内容。以此类推，即可将"家庭信息表"的所有记录输入完毕。

（10）所有的记录都输入完毕后，单击系统工具栏的【保存】按钮，保存输入结果。

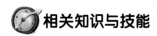 **相关知识与技能**

给数据表输入记录数据是建立表的重要步骤，工作量大，尤其需要认真、细心，尽量不出错。输入数据时通常需要注意以下几点。

（1）每次输入一条记录时，表会自动添加一条新的空记录，并在该记录最左方的"选择器"中显示出一个"*"号，表示这是一条新记录。

（2）对于选定准备输入的记录，其最左方的"选择器"中显示出一个箭头符号▶，表示该记录为当前记录。

（3）对于正在输入的记录，其最左方的"选择器"中显示出一个铅笔符号 ，表示该记录正处在输入或编辑状态中。

（4）Access 2003 的 OLE 对象字段中可以是位图、Excel 图表、PowerPoint 幻灯片、Word图片等；插入图片类型可以是 BMP、JPG 等，但只有 BMP（位图）格式可以在窗体中正常显示，因此在插入照片之前，应将照片文件转化为 BMP（位图）格式。

拓展与提高　利用"Office Online 模板"创建数据库

如果计算机已经与互联网相连，可以利用 Microsoft Office 网站提供的数据库模板建立所需的数据库。利用"Office Online 模板"创建数据库的步骤如下。

（1）打开 Access 2003，在主窗口右侧的"新建文件"任务窗格中选择"Office Online 模板"命令，计算机将在 Internet 上搜索并打开 Microsoft Office 网站，如图 2-51 所示。

（2）在 Microsoft Office 网站中找到所需要的数据库模板（如"俱乐部会员数据库"），如图 2-52 所示。

（3）在"俱乐部会员数据库"模板上单击，将出现"俱乐部会员数据库"模板的下载页面，如图 2-53 所示。

图 2-51 Microsoft Office 网站

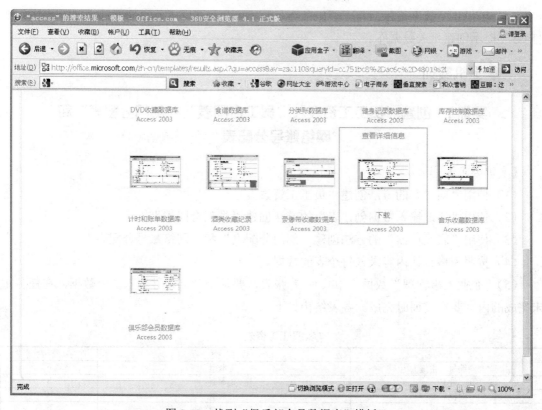

图 2-52 找到"俱乐部会员数据库"模板

图 2-53　下载"俱乐部会员数据库"模板

（4）单击"下载"按钮，将"俱乐部会员数据库"模板下载到本地机上，然后可以按照"向导"提示创建相关数据库。

上机实训

实训1　创建"员工工资表"、"员工合同表"、"部门分配表"和"网络账号分配表"

【实训要求】

（1）使用"向导"的方法创建"员工工资表"。

（2）使用"通过输入数据创建表"的方法创建"员工合同表"。

（3）使用"表设计器"的方法创建"部门分配表"和"网络账号分配表"。

（4）按照表格设计内容录入每个表的数据。

（5）"企业人事管理"数据库中共有 7 张表，要求全部创建并输入部分数据，在任务中未完成的内容要在实训时完成。各表结构如下。

员工工资表

字　段　名	数　据　类　型	字　段　大　小
合同编号（主键）	文本型	6
姓名	文本型	8
岗位名称	文本型	10
基本工资	数字型（长整型）	6

字 段 名	数 据 类 型	字段大小
岗位工资	数字型（长整型）	6
工龄工资	数字型（长整型）	6
交通补助	数字型（长整型）	6
午餐补助	数字型（长整型）	6
通信补助	数字型（长整型）	6
住房公积金	数字型（长整型）	6
养老金	数字型（长整型）	6
医疗保险	数字型（长整型）	6
考勤奖	数字型（长整型）	6

员工合同表

字 段 名	数 据 类 型	字 段 大 小
员工编号（主键）	文本型	6
合同编号（主键）	文本型	6
合同开始日期	日期/时间型（短日期）	10
续约期	数字型（单精度）	1
是否自动续约	是/否型	1
调岗变动记录		50
是否同意调岗	是/否型	1
是否离职	是/否型	1
离职日期	日期/时间型（短日期）	10
备注		

部门分配表

字 段 名	数 据 类 型	字 段 大 小
部门编号（主键）	文本型	6
部门名称	文本型	10
部门地址	文本型	50
部门负责人	文本型	10
部门电话	文本型	12
部门传真	文本型	12
部门群号	文本型	8
上级部门	文本型	10

网络账号分配表

字 段 名	数 据 类 型	字 段 大 小
员工编号（主键）	文本型	6
网络登录账号	文本型	12
网络登录密码	文本型	2
分配邮箱账号	文本型	20
邮箱密码	文本型	10
使用机器编号	文本型	6
坐位编号	文本型	6

实训 2 设置各表的字段属性并建立表间关系

【实训要求】

1. 设置"员工工资表"中各字段的属性

（1）设置"考勤奖"字段标题为"全勤奖"。

（2）设置"交通补助"字段的显示格式为"000.0"。

（3）设置"通信补助"字段有效性规则为"通信补助小于或等于 300"及有效性文本为"补助封顶每月 300 元"。

（4）设置"员工编号"字段默认值为"YG001"。

2．设置"正式员工档案表"中各字段的属性

（1）设置"学历"字段标题为"最高学历"。

（2）设置"入职日期"字段的显示格式为"长日期"。

（3）设置"岗位名称"字段有效性规则为"只能输入市场专员、市场经理和市场总监"及有效性文本为"输入岗位名称错误"。

（4）设置"是否党员"字段默认值为"Yes"。

（5）设置"员工编号"字段只能输入 5 位数字。

3．设计并设置各表中字段属性

要求学习者自己设计并设置各表的字段属性和输入掩码，将 7 张表的属性全部设置完善。

总结与回顾

本项目主要介绍了如何使用 Access 2003 创建数据库和表的方法及相关技能。需要理解掌握的知识、技能如下。

1．创建数据库的方法

创建数据库的方法有创建空数据库、使用本机带的模板和从网上下载的模板 3 种方法。其中最常用的方法是先创建一个空数据库，然后向数据库中添加表。

2．创建表的方法

创建表的方法主要有表向导、使用表设计器和通过输入数据创建表 3 种方法。其中最常用的方法是使用表设计器创建表。

3．表的组成

数据表由表的结构与表的内容两部分组成。表结构是指组成数据表的字段及其字段属性（包括字段名、字段类型和字段宽度等），而数据表的内容是指表中的具体数据。建立数据表时，首先要建立表的结构，然后才能向表中输入具体的数据内容。

4．表的两种视图

表有两种视图，一是设计视图，在这个视图中可实现表结构的定义和修改；二是数据表视图，在这种视图中可以看到表中的数据内容，也可以进行增加、删除、修改记录等操作。

无论是在设计视图还是在数据表视图，用鼠标右击该视图的标题栏，可切换到另一种视图。

5．表的字段类型

（1）文本型

（2）备注型

（3）数字

（4）日期/时间

（5）货币

（6）自动编号

（7）是/否

（8）OLE 对象

（9）超链接

（10）查阅向导

6．主键

主键是数据表中其值能唯一标识一条记录的一个字段或多个字段的组合。使用主键可以避免同一条记录的重复录入。还能加快表中数据的查找速度。一个表中只能有一个主键。

7．字段属性

（1）字段大小

（2）字段标题

（3）数据的显示格式

（4）有效性规则及有效性文本

（5）默认值

（6）输入掩码

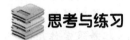 **思考与练习**

1．选择题

（1）在表的结构中，一个字段由_____组成。

　　A．字段名称　　　　　B．数据类型　　　　　C．字段属性　　　　D．以上都是

（2）在 Access 2003 的表中，字段数据类型不包括_____。

　　A．文本型　　　　　　B．数字型　　　　　　C．窗口型　　　　　D．货币型

（3）在 Access 2003 的表中，_____不可以定义为主键。

　　A．自动编号　　　　　B．单字段　　　　　　C．多字段　　　　　D．OLE 对象

（4）可以设置"字段大小"属性的数据类型是_____。

　　A．备注　　　　　　　B．日期/时间　　　　　C．文本　　　　　　D．上述皆可

（5）在表的设计视图中，不能完成的操作是_____。

　　A．修改字段的名称　　　　　　　　　　B．删除一个字段

　　C．修改字段的属性　　　　　　　　　　D．删除一条记录

（6）关于主键，下列说法错误的是_____。

　　A．Access 2003 并不要求在每一个表中都必须包含一个主键

　　B．在一个表中只能指定一个字段为主键

　　C．在输入数据或对数据进行修改时，不能向主键的字段输入相同的值

　　D．利用主键可以加快数据的查找速度

（7）如果一个字段在多数情况下取一个固定的值，可以将这个值设置成字段的_____。

　　A．关键字　　　　　　B．默认值　　　　　　C．有效性文本　　　D．输入掩码

2．填空题

（1）_____是为了实现一定的目的按某种规则组织起来的数据的集合。

（2）在 Access 2003 中表有两种视图，即_____视图和_____视图。

（3）如果一张数据表中含有"照片"字段，那么"照片"字段的数据类型应定义为_____。

（4）如果字段的取值只有两种可能，字段的数据类型应选用_____类型。

（5）_____是数据表中其值能唯一标识一条记录的一个字段或多个字段组成的一个组合。

（6）如果字段的值只能是 4 位数字，则该字段的输入掩码的定义应为_____。

3. 判断题

（1）要使用数据库必须先打开数据库。 （　　）

（2）使用"文件"→"关闭"菜单命令可退出 Access 2003 应用程序。 （　　）

（3）最常用的创建表的方法是使用表设计器。 （　　）

（4）表设计视图中显示的是字段标题。 （　　）

（5）在表的设计视图中也可以进行增加、删除、修改记录的操作。 （　　）

（6）要修改表的字段属性，只能在表的设计视图中进行。 （　　）

（7）文本类型的字段只能用于英文字母和汉字及其组合。 （　　）

（8）字段名称通常用于系统内部的引用，而字段标题通常用来显示给用户看。 （　　）

（9）如果一个字段要保存照片，该字段的数据类型应被定义为"图像"类型。 （　　）

（10）"有效性规则"用来防止非法数据输入到表中，对数据输入起着限定作用。

（　　）

4. 简答题

（1）创建数据库和表的方法有哪些？

（2）简述使用"表设计器"创建表的基本步骤。

（3）什么是主键？

（4）"有效性文本"的作用是什么？

项目 3 了解数据表的基本操作

在实际应用中，用户完成建立数据表工作后，还需要根据用户的要求对数据表的字段和记录数据进行添加、删除和修改，也可能需要对数据表进行一些诸如查找、替换、排序、筛选等操作。本项目主要学习数据表常用的基本操作，重点学习数据表的编辑修改、查找替换、数据的排序筛选及数据表的格式设置。

学习内容

- 表结构的添加、删除和编辑修改
- 数据记录的添加、删除和编辑修改
- 数据的查找与替换
- 数据的排序与筛选
- 数据表的修饰

任务 1 对"正式员工档案表"进行表结构的编辑修改

任务描述与分析

在使用"企业人事管理"数据库的过程中，可能会发现原来设计的表不能满足管理工作的要求，需要对表中的字段进行添加、删除和修改等操作。如"正式员工档案表"中原来的字段较少，信息量不够，需要增加字段，而有些字段又因为在管理工作中使用不多而需要删除，还有些字段需要修改字段名称、数据类型和字段属性。编辑修改字段也称为修改表结构，一般在表的设计视图中进行，但有些操作也可以在表的数据视图中进行。本任务将对"正式员工档案表"的表结构进行修改。

方法与步骤

1. 将"正式员工档案表"的"岗位名称"字段的名称修改为"职务名称"

若仅修改字段的名称可以在表的数据视图中进行，操作步骤如下。

（1）打开"企业人事管理"数据库中的"正式员工档案表"的数据视图。

（2）将鼠标移到需要修改字段（岗位名称）的列选定器上。

（3）双击鼠标，此时字段处于编辑状态，将字段名称"岗位名称"修改为"职务名称"，然后按【Enter】键确认，如图 3-1 所示。

员工编号	姓名	性别	出生日期	入职日期	所属部门	岗位名称	联系方式	分机号码	是否党员
YG001	张英	女	1983-10-18	2002-10-6	市场部	市场部经理	13607672514	0152	☑
YG002	黄振操	男	1982-11-9	2002-3-5	策划部	策划总监	13601513325	0153	☐
YG003	杨东凤	男	1986-1-18	2004-7-7	市场部	专案经理	13011511478	0154	☑
YG004	李超	男	1984-1-2	2004-7-6	市场部	商务经理	13125564312	0155	☐
YG005	张晓飞	男	1988-5-7	2008-11-15	行政部	行政助理	13103713382	0163	☐
YG006	韩超	男	1982-7-9	2008-6-15	市场部	市场经理	13903716654	0152	☐
YG007	刘敏	女	1990-4-5	2011-11-17	行政部	行政专员	13701055324	0139	☐
YG008	张战政	男	1985-7-12	2010-4-1	产权部	产权助理	13805152266	0158	☐
YG009	许丹丹	女	1976-11-19	2007-11-13	产权部	产权经理	18804715936	0136	☑
YGU10	徐改闲	女	1981-5-24	2009-10-7	策划部	策划经理	18868806884	0166	☐
*									▣

图 3-1　在表的数据视图中修改字段名称

2．将"正式员工档案表"的"出生日期"字段修改为"年龄"

"出生日期"是日期型字段，而"年龄"是数字型字段，即不仅要修改数据表的字段名称，还需要修改字段类型，这样的修改最好在表的设计视图中进行，操作步骤如下。

（1）打开"企业人事管理"数据库中的"正式员工档案表"的设计视图。

（2）在"字段名称"列上单击需要修改名称的字段名（出生日期），将字段名称修改为所需名称（年龄）。

（3）单击该字段"数据类型"列向下的小黑箭头，在下拉列表框中选择新的数据类型（数字）。

（4）在表的设计视图窗口下方的"字段属性"选项卡的"字段大小"中单击向下的小黑箭头，将该字段的大小修改为"整型"，如图 3-2 所示。

字段名称	数据类型
员工编号	文本
姓名	文本
性别	文本
年龄	数字
入职日期	日期/时间
所属部门	文本
岗位名称	文本
联系方式	文本
分机号码	文本
是否党员	是/否
照片	OLE 对象
特殊贡献	文本
处罚记录	文本
备注	文本

常规　查阅

字段大小	整型
格式	
小数位数	自动
输入掩码	
标题	
默认值	0
有效性规则	
有效性文本	
必填字段	否
索引	无
智能标记	

图 3-2　在表设计器中修改字段名、字段类型等

3．改变字段的顺序

数据表字段的最初排列位置与数据表创建时字段的输入顺序是一致的。如果要改变字段的排列位置，只需要移动字段位置即可。

（1）在表的数据视图中可以移动字段的位置。操作方法是：将鼠标指针移到字段的列选定器上，单击鼠标选中字段列，然后拖动选中的字段到合适的位置即可，如图 3-3 所示。

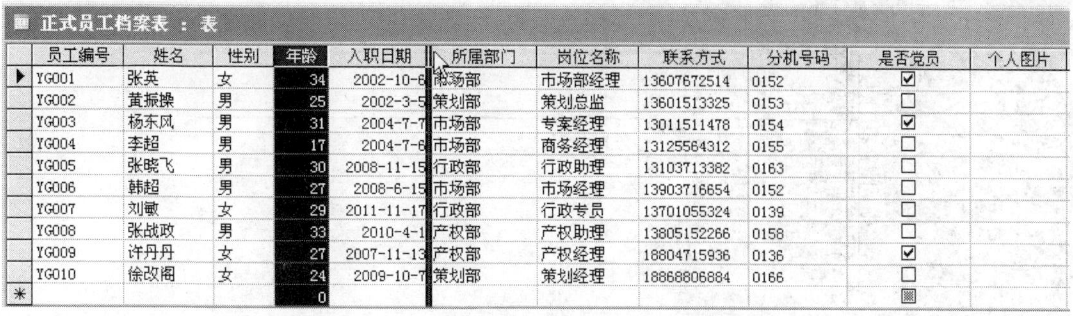

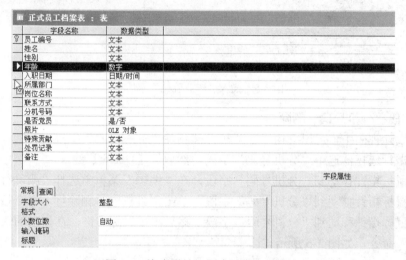

图 3-3　在表的数据视图中改变字段顺序

（2）在表的设计视图中也可以移动字段的位置。操作方法是：单击要移动字段的行选择器，然后拖动其到合适的位置即可，如图 3-4 所示。

图 3-4　在表设计视图中改变字段顺序

4．在"正式员工档案表"的"所属部门"字段之前添加"毕业院校"字段

（1）打开表的设计视图。

（2）将鼠标指针移到"所属部门"字段上单击，在"插入"菜单中选择"行"命令，或者单击工具栏上的"插入行"命令按钮 ，在"所属部门"字段前就添加了一个新的空字段，而该位置原来的字段自动向下移动。

（3）在空字段中输入字段名称（毕业院校）、选择数据类型（文本）和设置字段的属性（字段长度等），如图 3-5 所示。

> **提示**
>
> （1）在数据视图中也可以添加字段，选择要添加字段的位置，单击鼠标右键，在弹出的快捷菜单中选择"插入列"选项即可插入一个空列，但这种情况只能添加字段名称，而不能设置数据类型和字段属性。
>
> （2）插入一个新的字段不会影响其他字段，如果在查询、窗体或报表中已经使用该表，则需要将添加的字段也增加到这些对象中去。

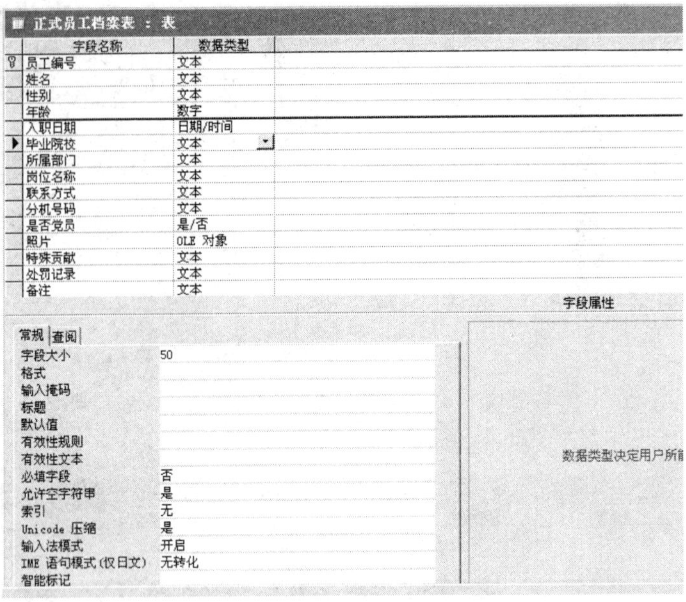

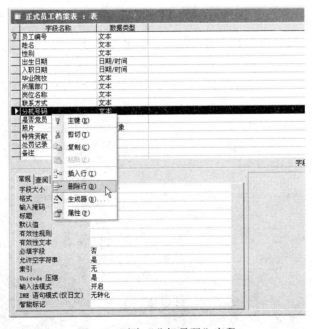

图 3-5　插入"毕业院校"字段

5．将字段"分机号码"删除

在表的设计视图中，可以使用以下 4 种方法删除"分机号码"字段。

（1）单击行选择器选中"分机号码"字段，然后按【Delete】键。

（2）将鼠标指针移动到"分机号码"字段，在"编辑"菜单中选择"删除行"命令。

（3）将鼠标指针移动到"分机号码"字段，单击工具栏中"删除行"命令按钮。

（4）将鼠标指针移动到"分机号码"字段，然后单击鼠标右键，在弹出的快捷菜单中选择"删除行"命令，如图 3-6 所示。

图 3-6　删除"分机号码"字段

当删除的字段包含数据时，则系统会出现一个警告信息对话框，提示用户将丢失此字段的数据，如图 3-7 所示。如果表是空的，则不会出现警告信息对话框。

相关知识与技能

1．修改表的结构

创建完成数据库表之后，可以修改表的结构，包括修改字段名称、数据类型和字段属性等。修改表的结构还包括添加字段、删除字段和改变字段的顺序等。

2．修改表的主关键字

如果需要改变数据表中原有的主关键字，可以重新设置主关键字，操作步骤如下。

（1）打开表设计器。

（2）选择新的主关键字的字段名。

（3）在该字段上单击鼠标右键，从弹出的快捷菜单中选择"主键"命令，就可将该字段重新设置为主关键字。

由于一个数据表中只能有一个主关键字，一旦重新设置了新的主关键字，数据表中原有的主关键字将被取代。

如果该数据表已与别的数据表建立了关系，则重新设置主关键字时，会弹出如图 3-8 所示的提示对话框，提示要先取消关系，然后才能重设主键。

图 3-7　删除字段警告信息对话框

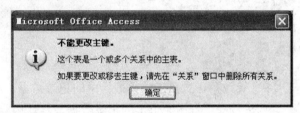

图 3-8　提示不能更改主键对话框

■ 任务2　修改"正式员工档案表"的记录数据

任务描述与分析

随着时间的推移和情况的变化，可能需要不断对应用中的数据表的数据内容进行修改。如"正式员工档案表"在公司进了新员工时，需要增加新记录，调走或离职了员工后，需要删除记录，员工的工龄、职务发生了变化，工作进行了调整以及员工入党等，都要对记录进行修改。所有对表内容的编辑操作，均在数据表视图中进行。

方法与步骤

1．在"正式员工档案表"中添加新员工的记录

（1）打开"正式员工档案表"的数据视图。

（2）把光标定位在表的最后一行。

（3）输入新的数据，在每个数据后按【Tab】键（或【Enter】键）跳至下一个字段。

（4）在记录末尾，按【Tab】键（或【Enter】键）转至下一个记录。

提示

在表的数据视图中把光标定位在最后一行有 4 种方法：

（1）直接用鼠标在最后一行单击。

（2）右击记录行最左边的记录指示器，在弹出的快捷菜单中选择“新记录”命令。

（3）在工具栏上单击“新记录”按钮▶*。

（4）选择“插入”→“新记录”命令,如图 3-9 所示。

把光标定位在最后一行后，相当于增加了一条新记录，但记录的每个字段都为空，光标定位在第一个字段，如图 3-10 所示。

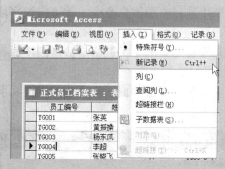

图 3-9　选择“插入”→“新记录”命令

正式员工档案表 : 表

员工编号	姓名	性别	出生日期	入职日期	毕业院校	所属部门
YG001	张英	女	1983-10-18	2002-10-6	北京大学	市场部
YG002	黄振操	男	1982-11-9	2002-3-5	郑州大学	策划部
YG003	杨东风	男	1986-1-18	2004-7-7	北京师范大学	市场部
YG004	李超	男	1984-1-2	2004-7-6	河南大学	市场部
YG005	张晓飞	男	1988-5-7	2008-11-15	河南大学	行政部
YG006	韩超	男	1982-7-9	2008-6-15	浙江大学	市场部
YG007	刘敏	女	1990-4-5	2011-11-17	洛阳工学院	行政部
YG008	张战政	男	1985-7-12	2010-4-1	北京大学	产权部
YG009	许丹丹	女	1976-11-19	2007-11-13	南京大学	产权部
YG010	徐改阁	女	1981-5-24	2009-10-7	解放军信息工程学	策划部
YG011	陈珍珍	女	1987-11-27	2011-9-10	郑州大学	市场部
YG012						

记录：12　共有记录数：12

图 3-10　在数据视图末尾增加一条新记录

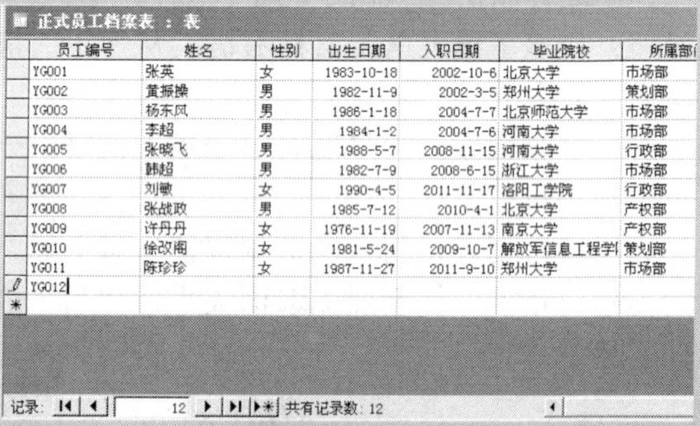

2. 修改“正式员工档案表”中的记录数据

要求修改“刘敏”员工的记录数据，具体内容为所属部门由“行政部”改为“市场部”，岗位名称由“行政专员”改为“客户经理”。操作步骤如下。

（1）打开“正式员工档案表”的数据视图。

（2）把光标定位在“刘敏”（第七条记录）的“所属部门”字段上双击，输入“市场部”。

（3）再将光标移到“岗位名称”字段上双击，输入“客户经理”，如图 3-11 所示。

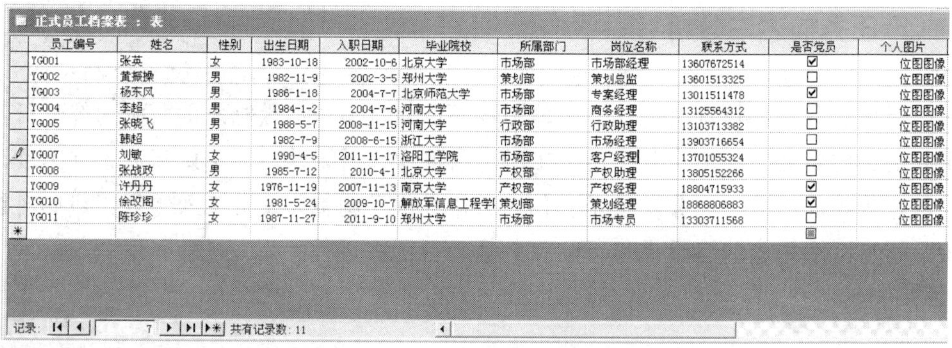

正式员工档案表 : 表

员工编号	姓名	性别	出生日期	入职日期	毕业院校	所属部门	岗位名称	联系方式	是否党员	个人图片
YG001	张英	女	1983-10-18	2002-10-6	北京大学	市场部	市场部经理	13607672514	☑	位图图像
YG002	黄振操	男	1982-11-9	2002-3-5	郑州大学	策划部	策划总监	13601513325	☐	位图图像
YG003	杨东风	男	1986-1-18	2004-7-7	北京师范大学	市场部	专案经理	13011511478	☑	位图图像
YG004	李超	男	1984-1-2	2004-7-6	河南大学	市场部	商务经理	13125564312	☐	位图图像
YG005	张晓飞	男	1988-5-7	2008-11-15	河南大学	行政部	行政助理	13103713382	☐	位图图像
YG006	韩超	男	1982-7-9	2008-6-15	浙江大学	市场部	市场经理	13903716654	☐	位图图像
YG007	刘敏	女	1990-4-5	2011-11-17	洛阳工学院	市场部	客户经理	13701055324	☐	位图图像
YG008	张战政	男	1985-7-12	2010-4-1	北京大学	产权部	产权助理	13805152266	☐	位图图像
YG009	许丹丹	女	1976-11-19	2007-11-13	南京大学	产权部	产权经理	18804715933	☑	位图图像
YG010	徐改阁	女	1981-5-24	2009-10-7	解放军信息工程学	策划部	策划经理	18868806883	☑	位图图像
YG011	陈珍珍	女	1987-11-27	2011-9-10	郑州大学	市场部	市场专员	13303711568	☐	位图图像

记录：7　共有记录数：11

图 3-11　修改“刘敏”的“所属部门及岗位名称”字段的值

3. 删除“正式员工档案表”中的部分记录

删除记录的过程分两步进行，先选定要删除的（一条或多条）记录，然后将其删除。操作步骤如下。

（1）单击要删除的首记录的记录选定器，拖曳鼠标到尾记录的记录选定器。

（2）选择"编辑"→"删除记录"命令；或直接单击工具栏上的"删除记录"命令按钮 ⊠；也可以右键单击记录的区域，在弹出的快捷菜单中选择"删除记录"命令，如图 3-12 所示。

（3）系统弹出警告对话框，如图 3-13 所示，单击【是】按钮，删除完成。

图 3-12　删除记录　　　　　　图 3-13　删除警告对话框

提示

如果其他表中包含相关记录则不能删除。为了避免删除错误，在删除记录前最好对表进行备份。

相关知识与技能

修改数据表的操作主要包括添加记录、删除记录和更改记录数据，修改数据表在数据表视图中进行。

当数据表中有部分数据相同或相似时，可以利用复制和粘贴操作来简化输入，提高输入速度。操作步骤如下。

（1）选中要复制的字段。

（2）单击工具栏上的【复制】按钮或执行"编辑"→"复制"命令。

（3）单击需要粘贴的字段。

（4）单击工具栏上的【粘贴】按钮或执行"编辑"→"粘贴"命令，就能将所复制的字段内容粘贴到指定的字段处。

完成所有对表内容的编辑操作后，执行"文件"→"保存"命令，保存数据。

任务 3　查找和替换"正式员工档案表"中的记录数据

任务描述与分析

在数据表中查找特定的数据，或者用给定的数据来替换某些数据是数据管理中常用的操作之一，本任务将查找"正式员工档案表"中学历为"研究生"的记录；将"岗位名称"字段中的"市场专员"替换为"客户经理"。查找和替换操作也都在表的数据视图中进行。

方法与步骤

1. 在"正式员工档案表"中查找"学历"字段为"研究生"的记录

（1）打开"企业人事管理"数据库中"正式员工档案表"的数据视图。

（2）单击"学历"字段选定器，将"学历"字段全部选中。

（3）选择"编辑"→"查找"命令，打开"查找和替换"对话框的"查找"选项卡。

（4）在"查找内容"框中输入"研究生"，其他设置不变，单击【查找下一个】按钮，则将第一个学历为"研究生"的记录找到，找到的结果反白显示，如图 3-14 所示。

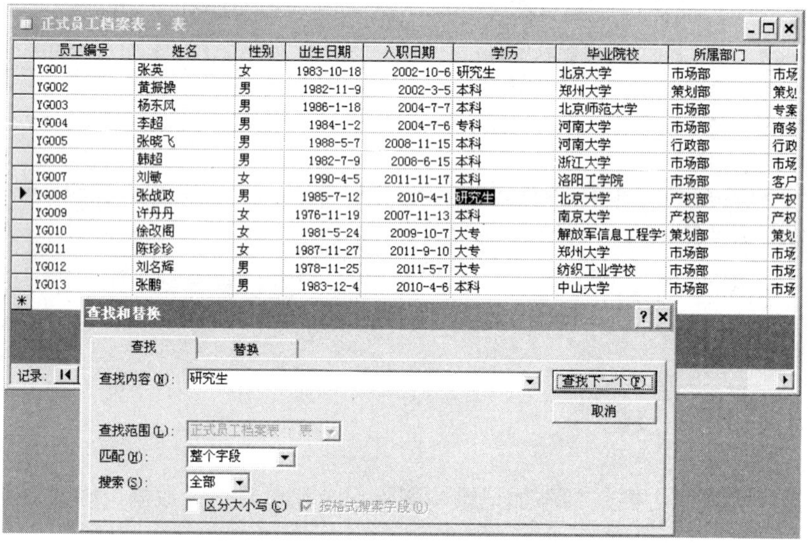

图 3-14　查找学历为"研究生"的记录

（5）再一次单击【查找下一个】按钮，则将下一个学历为"研究生"的记录找到，以次类推。

如果在数据表中没有查找到指定的内容或所有的查找已经完成，系统会出现一个提示框，告知搜索任务结束，如图 3-15 所示。

2. 将"正式员工档案表"中的"市场专员"全部替换为"客户经理"

（1）打开"企业人事管理"数据库中"正式员工档案表"的数据视图。

（2）单击"岗位名称"字段选定器，选中"岗位名称"字段的所有内容。

图 3-15 搜索完成提示框

（3）选择"编辑"→"替换"命令，打开"查找和替换"对话框中的"替换"选项卡。

（4）在"查找内容"文本框中输入"市场专员"，"替换为"文本框中输入"客户经理"，"匹配"下拉列表中选择"整个字段"，其他设置不变，单击【全部替换】按钮，如图 3-16 所示。

图 3-16 将"岗位名称"字段中的"市场专员"替换为"客户经理"

（5）可以看到，"岗位名称"字段中的"市场专员"已全部替换为"客户经理"，并打开信息提示框，提示用户替换操作不能撤销，单击【是】按钮，完成替换操作。

相关知识与技能

1．"查找和替换"对话框中的选项

在"查找和替换"对话框中，"查找范围"列表框用来确定是在整个表还是在哪个字段中查找数据；"匹配"列表框用来确定匹配方式，包括"整个字段"、"字段的任何部分"和"字段开头"3 种方式。"搜索"列表框用于确定搜索方式，包括"向上"、"向下"和"全部"3 种方式。

2．查找中使用通配符

在查找中可以使用通配符进行更快捷的搜索，通配符的含义如表 3-1 所示。

3．"记录导航"工具栏的使用

表的数据视图下面的状态栏上有"记录导航"工具栏，如图 3-17 所示。上面有一些工具

按钮和文本框，这些按钮用来移动当前记录的位置，依次是"第一条记录"、"上一条记录"、"记录编号"、"下一条记录"、"最后一条记录"、"到新记录"。

表 3-1　通配符的含义

字符	含　　义	示　　例
*	与任何个数的字符匹配。在字符串中，它可以当作第一个或最后一个字符使用	St* 可以找到 Start、Student 等所有以 St 开始的字符串数据
?	与单个数的字符匹配	B?ll 可以找到 ball、bell、bill 等
[]	与方括号内任何单个字符匹配	B[ae]ll 可以找到 ball 和 bell，但是找不到 bill
!	匹配任何不在方括号之内的字符	B[!ae]ll 可以找到 bill，但是找不到 ball 和 bell
-	与某个范围内的任何一个字符匹配，必须按升序指定范围	B[a-c]d 可以找到 bad、bbd、bcd
#	与任何单个数字字符匹配	2#0 可以找到 200、210、220 等

记录: ｜◀ ◀ ｜　　1　▶ ▶｜ ▶※ 共有记录数: 13　　　　◀

图 3-17　"记录导航"工具栏

任务 4　排序数据表中的记录数据

任务描述与分析

在向 Access 的数据表中输入数据时，一般是按照输入记录的先后顺序排列。但在实际应用中，可能需要将记录按照不同要求重新排列顺序。本任务将对"员工工资表"和"员工档案表"按照要求重新排列记录的顺序。对于"员工工资表"将按照"基本工资"从高到低重新排列顺序；对于"员工档案表"先按照"参加工作时间"从低到高排列，参加工作时间相同者，再按照"出生日期"从低到高排列。排序操作也是在数据视图中完成的。

方法与步骤

1. 对"员工工资表"，按照"基本工资"从高到低排序

（1）打开"员工工资表"的数据视图。

（2）单击"基本工资"字段选定器，将"基本工资"字段全部选中。

（3）单击工具栏中的降序按钮（若从低到高排序，按升序按钮），排序完成。排序后的结果如图 3-18 所示。

员工编号	姓名	岗位名称	基本工资	岗位工资	工龄工资	交通补助	午餐补助	通讯补助
YG002	黄振操	策划总监	5000	1000	270	300	150	200
YG001	张英	市场总监	5000	2000	300	300	150	200
YG010	徐改阁	策划经理	4000	800	60	150	150	100
YG003	杨东风	专案经理	4000	1000	240	200	150	100
YG012	刘名辉	市场经理	3000	800	0	100	150	100
YG009	许丹丹	产权经理	3000	800	120	100	150	100
YG006	鞠超	市场经理	3000	800	90	100	150	80
YG004	李超	商务经理	3000	800	240	100	150	80
YG008	张战政	产权助理	2200	600	60	100	150	50
YG013	张鹏	客户经理	1800	600	1	100	150	100
YG011	陈珍珍	客户经理	1800	600	0	100	150	100
YG007	刘敏	客户经理	1700	600	0	100	150	80
YG005	张晓飞	行政助理	1500	400	90	100	150	50
*			0	0	0	0	0	0

图 3-18　对"基本工资"降序排序结果

2. 对"正式员工档案表",先按照"入职日期"升序排序,参加工作时间相同者,再按照"出生日期"升序排序

这是多字段排序。首先根据第一个字段的指定顺序进行排序,当第一个字段具有相同的值时,再按照第二个字段的值进行排序,以此类推,直到完成全部字段排序。操作步骤如下。

(1)打开"正式员工档案表"的数据视图。

(2)选择"记录"→"筛选"→"高级筛选/排序"命令,打开"筛选"设计窗口。

(3)在筛选网格第一列字段的下拉列表中选择"入职日期",排序下拉列表选择"升序",在第二列的字段下拉列表中选择"出生日期",第二列的排序下拉列表选择"降序",如图 3-19 所示。

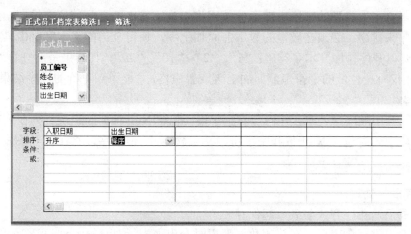

图 3-19 "筛选"设计窗口

(4)选择"筛选"→"应用筛选/排序"命令,得到排序后的结果,如图 3-20 所示。

员工编号	姓名	性别	出生日期	入职日期	学历	毕业院校	所属部门	岗位名称
YG001	张英	女	1983-10-18	2002-10-6	研究生	北京大学	市场部	市场部经理
YG002	黄振操	男	1982-11-9	2003-3-5	本科	郑州大学	策划部	策划总监
YG004	李超	男	1984-1-2	2004-7-6	专科	河南大学	商务部	商务经理
YG003	杨东风	男	1986-1-18	2004-7-7	本科	北京师范大学	市场部	专案经理
YG009	许丹丹	女	1976-11-19	2007-11-13	本科	南京大学	产权部	产权经理
YG006	韩超	男	1982-7-9	2008-6-15	本科	浙江大学	市场部	市场经理
YG005	张晓飞	男	1988-5-7	2008-11-15	本科	河南大学	行政部	行政助理
YG010	徐改阁	女	1981-5-24	2009-10-7	大专	解放军信息工程学	策划部	策划经理
YG008	张战政	男	1985-7-12	2010-4-1	研究生	北京大学	产权部	产权助理
YG013	张鹏	男	1983-12-4	2010-4-6	本科	中山大学	市场部	客户经理
YG012	刘名辉	男	1978-11-25	2011-5-7	大专	纺织工业学校	市场部	市场经理
YG011	陈珍珍	女	1987-11-27	2011-9-10	大专	郑州大学	市场部	客户经理
YG007	刘敏	女	1990-4-5	2011-11-17	本科	洛阳工学院	市场部	客户经理

图 3-20 多字段排序后的结果

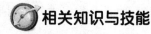 相关知识与技能

1. 排序的概念

"排序"是将表中的记录按照一个字段或多个字段的值重新排列。若排列的字段值是从小到大排列的,称为"升序";若排序的字段值是从大到小排列的,称为"降序"。对于不同的字段类型,有不同的排序规则。

2．排序的规则

（1）数字按大小排序，升序时从小到大排序，降序时从大到小排序。

（2）英文字母按照 26 个字母的顺序排序（大小写视为相同），升序时按 A→Z 排序，降序时按 Z→A 排序。

（3）中文按照汉语拼音字母的顺序排序，升序时按 a→z 排序，降序时按 z→a 排序。

（4）日期和时间字段，是按日期值的顺序排序，升序排序按日期时间值从小到大，降序排序按日期时间值由大到小。

（5）数据类型为备注、超级链接或 OLE 对象的字段不能排序（Access 2003 版备注型可以排序）。

（6）在"文本"类型的字段中保存的数字将作为字符串而不是数值来排序。因此，如果要以数值顺序来排序，必须在较短的数字前面加上零，使得全部的文本字符串具有相同的长度。例如，要以升序排序文本字符串："1"、"2"、"10"、"20"，其结果是："1"、"10"、"2"、"20"。必须在仅有一位数的字符串前面加上零或者空格，才能得到正确的排序结果，如："01"、"02"、"10"、"20"。

（7）在以升序顺序排列时，任何含有空字段（包含 Null 值）的记录将列在列表中的第一条。如果字段中同时包含 Null 值和空字符串，包含 Null 值的字段将在第一条显示，紧接着是空字符串。

3．排序后的处理

（1）排序后，排序方式与表一起保存。

（2）当对表进行排序后，在关闭数据库表时会出现提示对话框，询问是否保存对表的布局更改，单击【是】按钮将保存更改结果。

▉ 任务5　对"正式员工档案表"的记录数据进行各种筛选

任务描述与分析

在实际应用中，常需要从数据表中找出满足一定条件的记录进行处理。例如，从"正式员工档案表"中查找某些员工，为他们晋升职务；从"员工工资表"中查找岗位工资低于 800 的员工，为他们上调工资；从"部门分配表"找出部门类别为"部门地点"进行更换等。类似这样的操作被称为"筛选"。凡是经过筛选的表中，只有满足条件的记录可以显示出来，而不满足条件的记录将被隐藏。

Access 2003 提供了 5 种筛选方式：按选定内容筛选、按窗体筛选、按筛选目标筛选、内容排除筛选和高级筛选/排序。本任务将通过对"正式员工档案表"的记录数据进行不同要求的筛选，系统学习这 5 种筛选方式的操作。

方法与步骤

1．按选定内容筛选：在"正式员工档案表"中，筛选出所有女同事的记录

这是一种简单的筛选方式，只需将光标定位在需要筛选出来的字段值中，然后执行"筛

选"命令即可，这时在数据表中仅保留选定内容所在的记录。

（1）打开"正式员工档案表"的数据视图。

（2）把光标定位在"性别"列中任意一个值为"女"的单元格中，选择"记录"→"筛选"→"按选定内容筛选"命令，如图 3-21 所示。筛选结果如图 3-22 所示。

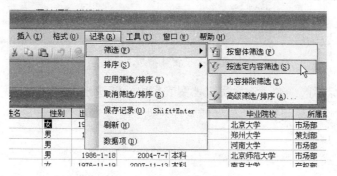

图 3-21　按选定内容筛选

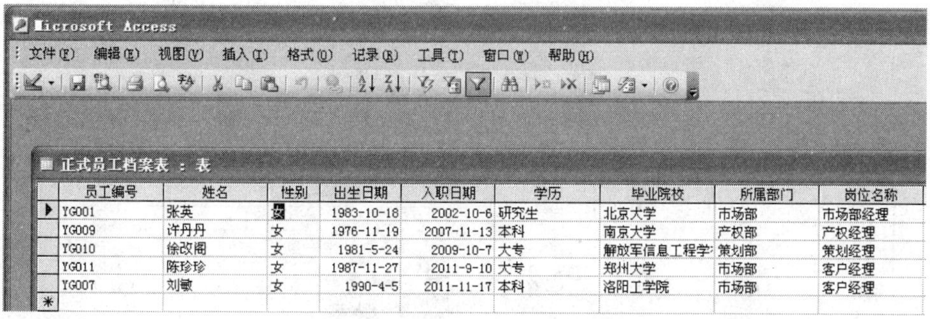

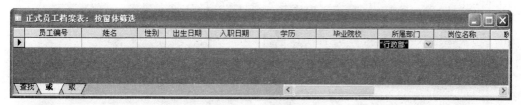

图 3-22　按选定内容筛选的结果

2．按窗体筛选：在"正式员工档案表"中，筛选出所属部门为"产权部"和"行政部"的员工

这是一种快速筛选的方法，并且可以对两个以上字段的值进行筛选。按窗体筛选时，数据表转变为一个记录形式，并且在每个字段上都出现一个下拉列表框，可以从每个列表框中选取一个值作为筛选的内容。

（1）打开"正式员工档案表"的数据视图。

（2）选择"记录"→"筛选"→"按窗体筛选"命令，或者单击工具栏上"按窗体筛选"按钮，这时表的数据视图只有一条记录，在"所属部门"的下拉列表中选择"产权部"。然后单击表下方的"或"选项卡，再在"所属部门"的下拉列表中选择"行政部"，如图 3-23 所示。

![按窗体筛选界面]

图 3-23　按窗体筛选

（3）选择"筛选"→"应用筛选/排序"命令或单击工具栏上的"应用筛选"按钮，则显示如图 3-24 所示的筛选结果。

图 3-24　按窗体筛选的结果

3. 按筛选目标筛选：在"正式员工档案表"中，筛选出 2005 年以后入职的员工

按筛选目标筛选是使用输入的值（或条件表达式）来查找仅包含该值的记录（或满足该条件表达式的记录）。

（1）打开"正式员工档案表"的数据视图。

（2）在"入职日期"列中单击鼠标右键，在弹出的快捷菜单的"筛选目标"框中，输入筛选条件">=2005/1/1"，如图 3-25 所示。然后按【Enter】键得到筛选结果，如图 3-26 所示。

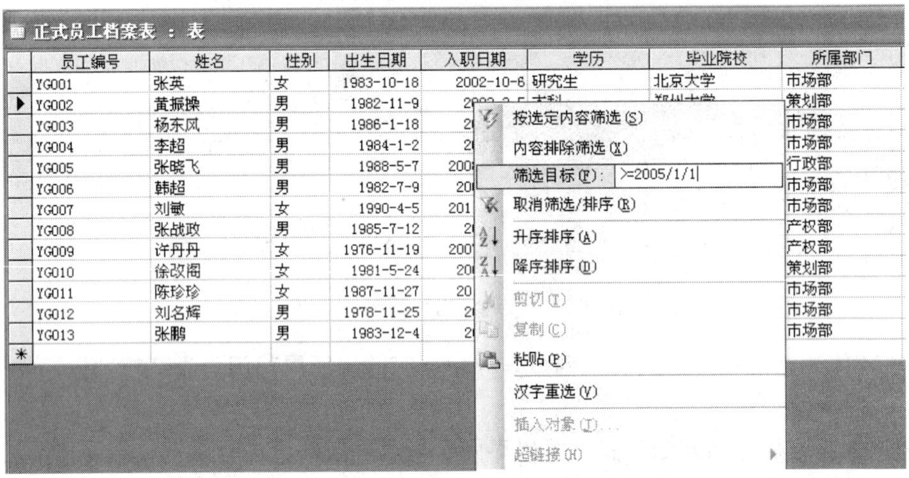

图 3-25　按筛选目标筛选

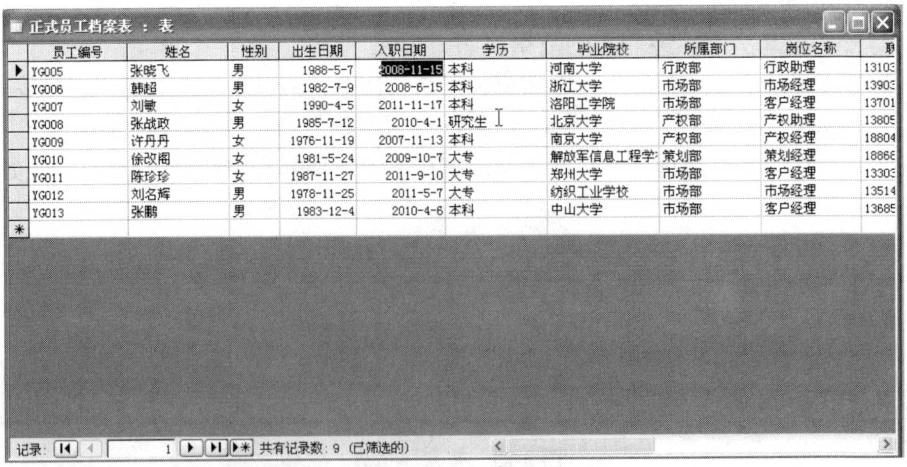

图 3-26　按筛选目标筛选的结果

4. 内容排除筛选：在"正式员工档案表"中，筛选出除"研究生"以外的其他员工记录

内容排除筛选是指在数据表中保留与选定内容不同的记录。

（1）打开"正式员工档案表"的数据视图。

（2）把光标定位在"学历"列任意一个值为"研究生"的单元格中，选择"记录"→"筛选"→"内容排除筛选"命令，则显示出除"研究生"以外的其他记录，如图 3-27 所示。

员工编号	姓名	性别	出生日期	入职日期	学历	毕业院校	所属部门	岗位名称	联系方
YG002	黄振燥	男	1982-11-9	2003-3-5	本科	郑州大学	策划部	策划总监	136015133
YG003	杨东风	男	1986-1-18	2004-7-7	本科	北京师范大学	市场部	专案经理	130115114
YG004	李超	男	1984-1-2	2004-7-6	专科	河南大学	市场部	商务经理	131255643
YG005	张晓飞	男	1988-5-7	2008-11-15	本科	河南大学	行政部	行政助理	131037133
YG006	韩超	男	1982-7-9	2008-6-15	本科	浙江大学	市场部	市场经理	139037166
YG007	刘敏	女	1990-4-5	2011-11-17	本科	洛阳工学院	市场部	客户经理	137010553
YG009	许丹丹	女	1976-11-19	2007-11-13	本科	南京大学	产权部	产权经理	188047159
YG010	徐改阁	女	1981-5-24	2009-10-7	大专	解放军信息工程学	策划部	策划经理	188688068
YG011	陈珍珍	女	1987-11-27	2011-9-10	大专	郑州大学	市场部	客户经理	133037115
YG012	刘名辉	男	1978-11-25	2011-5-7	大专	纺织工业学校	市场部	市场经理	135147258
YG013	张鹏	男	1983-12-4	2010-4-6	本科	中山大学	市场部	客户经理	136854978

图 3-27　筛选出除"研究生"外的其他记录

5. 高级筛选：在"正式员工档案表"中，筛选出"毕业院校"为"河南大学"的员工，并按入职日期先后排序

前面 4 种筛选都属于简单筛选，而使用"高级筛选/排序"可以根据较复杂的条件对数据进行筛选并且排序。

（1）打开"正式员工档案表"的数据视图。

（2）光标定位在"毕业院校"列任一个为"河南大学"的单元格中，选择"记录"→"筛选"→"按选定内容筛选"，然后选择"记录"→"筛选"→"高级筛选/排序"命令，弹出"筛选"窗口，如图 3-28 所示。

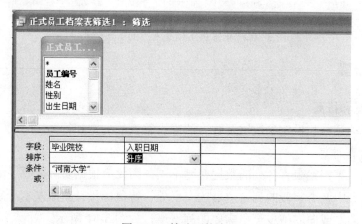

图 3-28　筛选网格窗口

（3）在筛选设计网格第一列字段下拉列表中选择"毕业院校"，"条件"中输入""河南大学""，注意这里的引号是西文字符，在第二列确定排序依据，在字段下拉列表中选择"入职日期"，在排序中选择"升序"。

（4）单击工具栏上的"应用筛选"按钮 ，完成高级筛选，筛选后的结果如图 3-29 所示。

正式员工档案表：表									
员工编号	姓名	性别	出生日期	入职日期	学历	毕业院校	所属部门	岗位名称	联系方式
▶ YG004	李超	男	1984-1-2	2004-7-6	专科	河南大学	市场部	商务经理	13125564312
YG005	张晓飞	男	1988-5-7	2008-11-15	本科	河南大学	行政部	行政助理	13103713382
*									

图 3-29　筛选出"毕业院校"为"河南大学"的员工，并按入职日期先后排序

任务6　设置"正式员工档案表"的格式

任务描述与分析

如果不进行格式设置，表数据视图的格式是 Access 2003 的默认格式，如图 3-30 所示就是"正式员工档案表"的默认格式，若用户对这种默认格式不满意，可以自己设置格式。本任务将通过对"正式员工档案表"格式的设置，学习在表数据视图中调整表的外观，包括修改数据表的格式、设置字体及字号、改变行高和列宽、添加背景色彩等。

正式员工档案表：表											
员工编号	姓名	性别	出生日期	入职日期	学历	毕业院校	所属部门	岗位名称	联系方式	是否党员	个人图片
▶ YG001	张英	女	1983-10-18	2002-10-6	研究生	北京大学	市场部	市场部经理	13607672514	☑	位图图像
YG002	黄振操	男	1982-11-9	2003-3-5	本科	郑州师范大学	策划部	策划总监	13601513325	☐	位图图像
YG003	杨东风	男	1986-1-18	2004-7-7	本科	北京师范大学	市场部	专案经理	13011511478	☑	位图图像
YG004	李超	男	1984-1-2	2004-7-6	专科	河南大学	市场部	商务经理	13125564312	☐	位图图像
YG005	张晓飞	男	1988-5-7	2008-11-15	本科	河南大学	行政部	行政助理	13103713382	☐	位图图像
YG006	韩超	男	1982-7-9	2008-6-15	本科	浙江大学	市场部	市场经理	13903716654	☐	位图图像
YG007	刘敏	女	1990-4-5	2011-11-17	本科	洛阳工学院	市场部	客户经理	13701055324	☐	位图图像
YG008	张战政	男	1985-7-12	2010-4-1	研究生	北京大学	产权部	产权助理	13805152266	☐	位图图像
YG009	许丹丹	女	1976-11-19	2007-11-13	本科	南京大学	产权部	产权经理	18804715933	☑	位图图像
YG010	徐改阁	女	1981-5-24	2009-10-7	大专	解放军信息工	策划部	策划经理	18868806883	☑	位图图像
YG011	陈珍珍	女	1987-11-27	2011-9-10	大专	郑州大学	市场部	客户经理	13303711568	☐	位图图像
YG012	刘名辉	男	1978-11-25	2011-5-7	大专	纺织工业学校	市场部	市场经理	13514725844	☐	位图图像
YG013	张鹏	男	1983-12-4	2010-4-6	本科	中山大学	市场部	客户经理	13685497815	☑	位图图像
*										☐	

图 3-30　"正式员工档案表"的默认格式

方法与步骤

1．设置列宽和行高

可以通过手动调节和设定参数这两种方法来设置表的列宽和行高。

（1）手动调节列宽

由于"正式员工档案表"各列的数据宽度不同，因此应根据实际需要手动调节列宽。将鼠标指针移动到表中两个字段的列定位器的交界处，待鼠标指针变成左右十字箭头形状后，按下鼠标左键，向左或向右拖曳至所需要的列宽度，如图 3-31 所示。

（2）设定参数调节行高

由于"正式员工档案表"各行的高度应该相同，因此可以通过设定参数来调节行高。选择"格式"→"行高"命令，弹出"行高"对话框，如图 3-32 所示。

在对话框中输入行高的参数（如"15"），单击【确定】按钮。设置了行高参数为"15"以后的"正式员工档案表"，如图 3-33 所示。

员工编号	姓名	性别		出生日期	入职日期	学历	毕业院校	所属部门	岗位名称
YG001	张英	女		1983-10-18	2002-10-6	研究生	北京大学	市场部	市场部经理
YG002	黄振操	男		1982-11-9	2003-3-5	本科	郑州大学	策划部	策划总监
YG003	杨东风	男		1986-1-18	2004-7-7	本科	北京师范大学	市场部	专案经理
YG004	李超	男		1984-1-2	2004-7-6	专科	河南大学	市场部	商务经理
YG005	张晓飞	男		1988-5-7	2008-11-15	本科	河南大学	行政部	行政助理
YG006	韩超	男		1982-7-9	2008-6-15	本科	浙江大学	市场部	市场经理
YG007	刘敏	女		1990-4-5	2011-11-17	本科	洛阳工学院	市场部	客户经理
YG008	张战政	男		1985-7-12	2010-4-1	研究生	北京大学	产权部	产权助理
YG009	许丹丹	女		1976-11-19	2007-11-13	本科	南京大学	产权部	产权经理
YG010	徐改阁	女		1981-5-24	2009-10-7	大专	解放军信息工	策划部	策划经理
YG011	陈珍珍	女		1987-11-27	2011-9-10	大专	郑州大学	市场部	客户经理
YG012	刘名辉	男		1978-11-25	2011-5-7	大专	纺织工业学校	市场部	市场经理
YG013	张鹏	男		1983-12-4	2010-4-6	本科	中山大学	市场部	客户经理

图 3-31　手动调节列宽

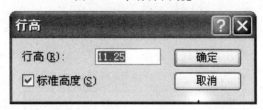

图 3-32　"行高"对话框

员工编号	姓名	性别	出生日期	入职日期	学历	毕业院校	所属部门	岗位名称	联系方式
YG001	张英	女	1983-10-18	2002-10-6	研究生	北京大学	市场部	市场部经理	13607672514
YG002	黄振操	男	1982-11-9	2003-3-5	本科	郑州大学	策划部	策划总监	13601513325
YG003	杨东风	男	1986-1-18	2004-7-7	本科	北京师范大学	市场部	专案经理	13011511478
YG004	李超	男	1984-1-2	2004-7-6	专科	河南大学	市场部	商务经理	13125564312
YG005	张晓飞	男	1988-5-7	2008-11-15	本科	河南大学	行政部	行政助理	13103713382
YG006	韩超	男	1982-7-9	2008-6-15	本科	浙江大学	市场部	市场经理	13903716654
YG007	刘敏	女	1990-4-5	2011-11-17	本科	洛阳工学院	市场部	客户经理	13701055324
YG008	张战政	男	1985-7-12	2010-4-1	研究生	北京大学	产权部	产权助理	13805152266
YG009	许丹丹	女	1976-11-19	2007-11-13	本科	南京大学	产权部	产权经理	18804715933
YG010	徐改阁	女	1981-5-24	2009-10-7	大专	解放军信息工	策划部	策划经理	18868806883
YG011	陈珍珍	女	1987-11-27	2011-9-10	大专	郑州大学	市场部	客户经理	13303711568
YG012	刘名辉	男	1978-11-25	2011-5-7	大专	纺织工业学校	市场部	市场经理	13514725844
YG013	张鹏	男	1983-12-4	2010-4-6	本科	中山大学	市场部	客户经理	13685497815

图 3-33　设置行高参数为 "15" 的 "正式员工档案表"

2. 隐藏列/取消隐藏列

将 "正式员工档案表" 中的 "入职日期" 列暂时隐藏起来的操作步骤如下。

（1）打开 "正式员工档案表" 的数据视图。

（2）单击 "入职日期" 字段的列选定器选中该列，选择 "格式" → "隐藏列" 命令，或单击鼠标右键，在弹出的快捷菜单中选择 "隐藏列" 命令，如图 3-34 所示。则 "入职日期" 字段被隐藏起来。

　说明

在 "设置表的列宽" 操作时，若拖动字段列右边界的分隔线超过左边界，也可以隐藏该列。

图 3-34 选择"隐藏列"命令

如果要将隐藏的列重新显示出来，可进行以下操作。

（1）选择"格式"→"取消隐藏列"命令，打开"取消隐藏列"对话框，如图 3-35 所示。

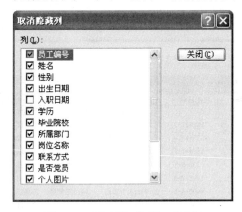

图 3-35 "取消隐藏列"对话框

（2）在"列"列表框中，选中"入职日期"复选框，单击【关闭】按钮，则"入职日期"字段就在数据表中重新显示出来。

> **说明**
>
> 隐藏列是将数据表中的某些列隐藏起来，在数据表中不显示。隐藏列并没有将这些列删除，这样做的目的是为了在数据表中只显示需要的数据。撤销隐藏列是将隐藏的列显示出来。

3. 冻结/取消冻结列

在实际应用中，有的数据表的字段较多，数据表显得很宽，屏幕不能把数据表的所有字段都显示出来，只能通过水平滚动条移动显示，若要比对两个或多个间隔较远的字段时，很不方便。此时可以利用"冻结列"的功能将表中的一部分重要的字段固定在屏幕上。所有冻结的列将自动连续排列于表的左端。

如果要冻结"正式员工档案表"中的"员工编号"和"姓名"字段，可进行以下操作。

（1）打开"正式员工档案表"的数据视图。

（2）选定"员工编号"和"姓名"两列，选择"格式"→"冻结列"命令，或单击鼠标右键，在弹出的快捷菜单中选择"冻结列"命令，则这两列就被显示在表格的最左边，如图 3-36 所示。

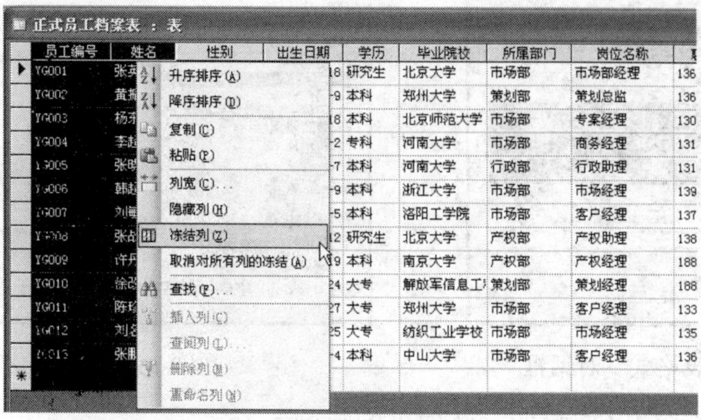

图 3-36　选择"冻结列"命令

此时拖动水平滚动条，这两个字段始终显示在窗口的最左边，如图 3-37 所示。

员工编号	姓名	学历	毕业院校	所属部门	岗位名称	联系方式	是否党员	个人图片
YG001	张英	研究生	北京大学	市场部	市场部经理	13607672514	☑	位图图像
YG002	黄振操	本科	郑州大学	策划部	策划总监	13601513325	☐	位图图像
YG003	杨东风	本科	北京师范大学	市场部	专案经理	13011511478	☑	位图图像
YG004	李超	专科	河南大学	市场部	商务经理	13125564312	☐	位图图像
YG005	张晓飞	本科	河南大学	行政部	行政助理	13103713382	☐	位图图像
YG006	韩超	本科	浙江大学	市场部	市场经理	13903716654	☐	位图图像
YG007	刘敏	本科	洛阳工学院	市场部	客户经理	13701055324	☐	位图图像
YG008	张战政	研究生	北京大学	产权部	产权助理	13805152266	☐	位图图像
YG009	许丹丹	本科	南京大学	产权部	产权经理	18804715933	☑	位图图像
YG010	徐改阁	大专	解放军信息工	策划部	策划经理	18868806883	☑	位图图像
YG011	陈珍珍	大专	郑州大学	市场部	客户经理	13303711568	☐	位图图像
YG012	刘名辉	大专	纺织工业学校	市场部	市场经理	13514725844	☐	位图图像
YG013	张鹏	本科	中山大学	市场部	客户经理	13685497815	☑	位图图像

图 3-37　冻结了"员工编号"和"姓名"列以后的效果

如果要取消冻结列，只需选择"格式"→"取消对所有列的冻结"命令即可。

4．设置"正式员工档案表"的格式

表数据视图默认的表格样式是白底、黑字、细表格线形式，若根据需改变表数据视图的样式，可以使表格变得更加多样化，更加美观。

（1）打开"正式员工档案表"的数据视图。

（2）选择"格式"→"数据表"命令，打开"设置数据表格式"对话框。设置"正式员工档案表"的表格格式：单元格效果（平面）、背景色（蓝色）、网格线颜色（白色）、边框（实线）、水平和垂直下划线（点线）等，然后单击【确定】按钮，如图 3-38 所示。

5．设置"正式员工档案表"的字体

（1）打开"正式员工档案表"的数据视图。

（2）选择"格式"→"字体"命令，打开"字体"对话框，选择字体、字号（字的颜色

（白色）等，然后单击【确定】按钮，如图 3-39 所示。

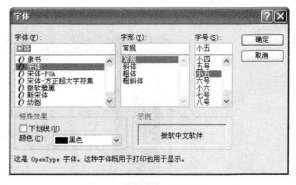

图 3-38 "设置数据表格式"对话框　　　　　　　　　图 3-39 "字体"对话框

设置了格式和字体的"员工"表数据视图如图 3-40 所示。

员工编号	姓名	学历	毕业院校	所属部门	岗位名称	联系方式	是否党员	个人图片	特殊贡献
YG001	张英	研究生	北京大学	市场部	市场部经理	13607672514	☑	位图图像	
YG002	黄振操	本科	郑州大学	策划部	策划总监	13601513325	☐	位图图像	
YG003	杨乔凤	本科	北京师范大学	市场部	专案经理	13011511478	☑	位图图像	
YG004	李超	专科	河南大学	市场部	商务经理	13125564312	☐	位图图像	
YG005	张晓飞	本科	河南大学	行政部	行政助理	13103713382	☐	位图图像	
YG006	韩超	本科	浙江大学	市场部	市场经理	13903716654	☐	位图图像	
YG007	刘敏	本科	洛阳工学院	市场部	客户经理	13701055324	☐	位图图像	
YG008	张战政	研究生	北京大学	产权部	产权助理	13805152266	☐	位图图像	
YG009	许丹丹	本科	南京大学	产权部	产权经理	18804715933	☑	位图图像	
YG010	徐改阁	大专	解放军信息部	策划部	策划经理	18868806883	☑	位图图像	
YG011	陈珍珍	大专	郑州大学	市场部	客户经理	13303711588	☐	位图图像	
YG012	刘名辉	大专	纺织工业学校	市场部	市场经理	13514725844	☐	位图图像	
YG013	张鹏	本科	中山大学	市场部	客户经理	13685497815	☑	位图图像	
*							☐		

图 3-40　设置了格式和字体的"员工"表数据视图

相关知识与技能

1. 设置表数据视图格式的意义

如果不进行格式设置，表数据视图的格式是 Access 2003 默认的格式，这种默认格式往往不能令人满意。因此在建立了数据表以后，需要调整表的外观。设置表数据视图格式包括设置数据表的样式、设置字体及字号，改变行高和列宽，调整字段的排列次序和背景色彩等。

2. 调整表的列宽和行高

调整表的列宽和行高有用手动调节和设定参数两种方法。

（1）手动调节：将鼠标指针移动到表中两个字段的列定位器（或两条记录的行定位器）的交界处，待鼠标指针变成左右（上下）十字箭头形状后，按下鼠标左键，向左右（上下）拖曳至所需要的列宽度（行高度）。

（2）设定参数调节：选择"格式"→"行高"（或"列宽"）命令，弹出"行高"（或"列宽"）对话框，在对话框中输入行高（或列宽）的参数，单击【确定】按钮。

（3）可以通过双击字段的右边界，改变列的宽度大小，并使之达到最佳设置，这时列的宽度与字段中最长的数据宽度相同。

（4）不会因为重新设定列的宽窄，而改变表中字段的"字段大小"属性所允许的字符长度，它只是简单改变字段列在表数据视图中显示区域的宽度。

3．隐藏列/取消隐藏列

当一个数据表的字段较多，使得屏幕宽度无法全部显示表中所有字段时，可以将不需要显示的列暂时隐藏起来。

隐藏不是删除，只是在屏幕上不显示出来而已，当需要再显示时，还可以取消隐藏恢复显示。

隐藏列的方法是：选中要隐藏的列，选择"格式"→"隐藏列"命令，即可以隐藏所选择的列。

取消隐藏列的方法是：选择"格式"→"取消隐藏列"命令，在打开的"取消隐藏列"对话框选中要取消隐藏的列的复选框，单击【关闭】按钮。

在使用鼠标拖动来改变列宽时，当拖动列右边界的分隔线超过左边界时，也可以隐藏该列。

4．冻结/取消冻结列

对于较宽的数据表而言，在屏幕上无法显示出全部字段内容，给查看和输入数据带来不便。此时可以利用"冻结列"的功能将表中的一部分重要的字段固定在屏幕上。

冻结列的方法是：选定要冻结的列，选择"格式"→"冻结列"命令，则选中的列就被"冻结"在表格的最左边。

取消冻结列的方法是：选择"格式"→"取消对所有列的冻结"命令。

5．设置数据表样式

设置表数据视图样式的目的，是为了使表格变得更加多样化，更加美观。数据表的样式包括单元格效果、网格线、背景、边框、字体、字形、字号和字的颜色等。

 拓展与提高　保存筛选条件

在实际应用中，经常需要按照某种条件对数据表进行筛选。当退出 Access 后，若希望下次还能使用这个筛选条件，就需要保存筛选条件。

1．保存高级筛选中的条件

当退出"筛选"窗口时，系统会提示用户是否保存对表的更改，如图 3-41 所示。

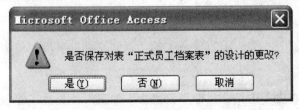

图 3-41　保存筛选

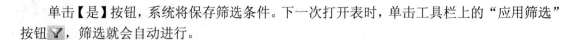

单击【是】按钮，系统将保存筛选条件。下一次打开表时，单击工具栏上的"应用筛选"按钮 ，筛选就会自动进行。

2. 保存多个筛选

在一个表上已经建立好一个筛选，如果又建立了一个新的筛选，最初的筛选条件就会被覆盖。如果想在一个表上建立多个筛选，而且想把这些筛选都保存下来，可以选择"文件"菜单中的"保存为查询"命令。操作步骤如下。

（1）在建立高级筛选的"筛选"窗口中，选择"文件"菜单中的"另存为查询"命令，打开"另存为查询"对话框，如图 3-42 所示。

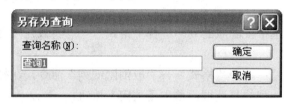

图 3-42 "另存为查询"对话框

（2）输入要保存筛选的名称，单击【确定】按钮。

下次想使用这个筛选时，可以打开这个查询运行。

上机实训

实训 1 表的修改、查找与替换

【实训要求】

1. 插入字段

在"企业人事管理"数据库的"正式员工档案表"中，添加"家庭地址"字段，其字段属性为（文本，20），并自拟数据输入。

2. 添加记录

（1）为"正式员工档案表"添加 2 条记录，数据自拟。
（2）为"招聘员工登记表"添加 2 条记录，数据自拟。
（3）为"员工工资表"添加 2 条记录，数据自拟。

3. 修改字段

在"正式员工档案表"的"学时数"字段后面插入"政治面貌"字段，类型为"文本"，并将"政治面貌"字段的标题属性设置为"文本"，然后为一些记录添加备注内容。

4. 修改记录

在"正式员工档案表"中，将每位员工的"入职日期"字段的值增加一年。

5. 查找数据

在"正式员工档案表"中，查找性别为"女"的记录；查找"姓名"中包含"张"的记录；查找在 1981 年以前出生的记录。

6. 替换数据

在"正式员工档案表"中，将所有性别为女的记录的"岗位名称"字段都替换为"销售主管"。

实训 2　记录数据的排序、筛选与表的修饰

【实训要求】

1. 记录数据的排序

（1）在"招聘员工登记表"中，按"姓名"字段升序排序，要注意汉字排序的规则。

（2）在"招聘员工登记表"中，按"出生日期"从小到大排序。

（3）在"招聘员工登记表"中，按"简历编号"和"出生日期"两个字段进行排序，出生日期相同者，再按工作年限从小到大排序。

2. 记录数据的筛选

（1）在"招聘员工登记表"中，筛选显示出所有"工作年限"高于 5 的员工。

（2）在"招聘员工登记表"中，筛选显示出所有初试结果为"同意复试"的记录。（注意：在进行重新筛选之前，要取消原来的筛选）。

3. 表的修饰

对"招聘员工登记表"的数据视图进行修饰，要求设置表数据视图的单元格效果、网格线、背景、边框、字体、字形、字号和字的颜色等。

总结与回顾

本项目主要学习数据表常用的基本操作，重点学习数据表的编辑修改、查找替换、数据的排序筛选及数据表的格式设置。需要理解掌握的知识、技能如下。

1. 表结构的添加、删除和编辑修改

表结构的修改既包括字段名称、数据类型和字段属性修改，还包括添加字段、删除字段、改变字段的顺序等内容。修改表的结构在表的设计视图中完成。

2. 修改表的主关键字

如果需要改变数据表中原有的主关键字，一般采用重新设置主关键字的方法。

一个数据表中只能有一个主关键字，因此重新设置了新的主关键字以后，原有的主关键字将被新的主关键字取代。

如果该数据表已与别的数据表建立了关系，则要先取消关系，然后才能重设主键。

3. 数据表的编辑修改

数据表的编辑主要包括添加记录，删除记录和修改记录。修改数据表是在数据表视图中进行的。

4. 数据的查找与替换

查找和替换操作也都在表的数据视图中进行。先选择要查找和替换的内容，在"查找和替换"对话框中确定查找范围和查找方式，即可完成查找和替换操作。

5. 数据的排序

"排序"是将表中的记录按照一个字段或多个字段的值重新排列。有"升序"和"降序"两种排列方式。

排序规则：

（1）数字按大小排序。

（2）英文字母按照 26 个字母的顺序排序（大小写视为相同）。

（3）中文按照汉语拼音字母的顺序排序。

（4）日期和时间字段按日期值的顺序排序。

（5）数据类型为备注、超级链接或 OLE 对象的字段不能排序。

（6）"文本"类型的数字作为字符串排序。

6. 数据的筛选

（1）筛选的概念

从数据表中找出满足一定条件的记录称为"筛选"。

（2）5 种筛选方式

- 按选定内容筛选
- 按窗体筛选
- 按筛选目标筛选
- 内容排除筛选
- 高级筛选/排序

7. 设置数据表的格式

设置数据表格式的目的是为了使数据表醒目美观，更加符合用户的要求。

设置表数据格式包括设置数据表的样式、字体及字号，调整行高和列宽，对字段排列次序和设置背景色彩等。

思考与练习

1. 选择题

（1）在表的设计视图的"字段属性"框中，默认的"标题"属性是_____。

    A. 字段名   B. 空   C. 字段类型   D. NULL

（2）在表的设计视图中，要插入一个新字段，应将光标移动到位于插入字段之后的字段上，在"插入"菜单中选择_____命令。

    A. 新记录   B. 新字段   C. 行   D. 列

（3）在表的数据视图中把光标定位在最后一行，可以单击"插入"菜单，选取_____命令。

    A. 新记录   B. 新字段   C. 行   D. 列

（4）在对某字符型字段进行升序排序时，假设该字段存在这样 4 个值："100"、"22"、"18"和"3"，则最后排序结果是_____。

    A. "100"、"22"、"18"、"3"   B. "3"、"18"、"22"、"100"

    C. "100"、"18"、"22"、"3"   D. "18"、"100"、"22"、"3"

（5）在对某字符型字段进行升序排序时，假设该字段存在这样4个值："中国"、"美国"、"俄罗斯"和"日本"，则最后排序结果是_____。

    A. "中国"、"美国"、"俄罗斯"、"日本"

    B. "俄罗斯"、"日本"、"美国"、"中国"

    C. "中国"、"日本"、"俄罗斯"、"美国"

    D. "俄罗斯"、"美国"、"日本"、"中国"

（6）在查找和替换操作中，可以使用通配符，下列不是通配符的是_____。

    A. *　　　　　　B. ?　　　　　　C. !　　　　　　D. @

2. 填空题

（1）对表的修改分为对_____的修改和对_____的修改。

（2）在"查找和替换"对话框中，"查找范围"列表框用来确定在哪个字段中查找数据，"匹配"列表框用来确定匹配方式，包括_____、_____和_____3种方式。

（3）在查找时，如果确定了查找内容的范围，可以通过设置_____来减少查找的范围。

（4）数据类型为_____、_____或_____的字段不能排序。

（5）设置表的数据视图列宽时，若拖动字段列右边界的分隔线超过左边界，会_____该列。

（6）数据检索是组织数据表中数据的操作，它包括_____和_____等。

（7）当冻结某个或某些字段后，无论怎样水平滚动窗口，这些被冻结的字段列总是固定可见的，并且显示在窗口的_____。

（8）Access 2003 提供了_____、_____、_____、_____、_____5种筛选方式。

3. 判断题

（1）编辑修改表的字段（也称为修改表结构），一般是在表的设计视图中进行的。

                                                       （　　　）

（2）修改字段名时不影响该字段的数据内容，也不会影响其他基于该表创建的数据库对象。　　　　　　　　　　　　　　　　　　　　　　　　　　　　　　　　　（　　　）

（3）数据表字段的最初排列顺序与数据表创建时字段的输入顺序是一致的。　　（　　　）

（4）一个数据表中可以有多个主关键字。　　　　　　　　　　　　　　　　　（　　　）

（5）删除记录的过程分两步进行。先选定要删除的记录，然后将其删除。　　（　　　）

（6）查找和替换操作是在表的数据视图中进行的。　　　　　　　　　　　　（　　　）

（7）在 Access 中进行排序，英文字母是按照字母的 ASCII 码顺序排序的。　（　　　）

（8）隐藏列的目的是为了在数据表中只显示那些需要的数据，而并没有删除该列。

                                                       （　　　）

4. 简答题

（1）修改字段的数据类型会出现什么问题？如何解决？

（2）简述多字段排序的排序过程。

（3）在 Access 2003 中，排序记录时对中文、英文和数字的排序规则是什么？

（4）简述使用鼠标拖动隐藏字段列的方法。

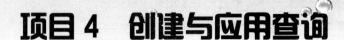

项目 4　创建与应用查询

　　建立数据库的目的，是在数据库中保存大量的数据，并能够按照一定的条件从数据库中检索出需要的信息。在 Access 2003 中，进行数据检索是通过创建查询并运行查询来实现的。查询是 Access 2003 数据库的主要对象，是 Access 2003 数据库中一项重要的操作。使用查询可以迅速从数据表中获得需要的数据，还可以通过查询对表中的数据进行添加、删除和修改操作，查询结果还可以作为窗体、报表、查询和页的数据来源，从而增加数据库设计的灵活性。就"企业人事管理"数据库来说，我们需要检索员工的基本信息，查询员工家庭信息、统计员工工资等，这些工作的本质都是查询。本项目主要是以已经建立的"企业人事管理"数据库为例，介绍创建各种查询的方法和步骤。

学习内容

- 表间关系的概念，学会定义表间关系
- 查询的概念及作用
- 使用查询向导创建各种查询
- 查询设计视图的使用方法
- 在查询设计网格中添加字段、设置查询条件
- 计算查询、参数查询、交叉表查询的创建方法
- 操作查询的设计、创建方法

■ 任务 1　定义"企业人事管理"数据库的表间关系

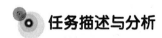　任务描述与分析

　　在"企业人事管理"数据库中，不同表内的数据并不是孤立的，而是有着各种各样的关联，如：不同部门需要管理本部门的员工；不同学历、不同工龄需要发放各种不同的工资；每个员工又要根据岗位不同分配不同的网络账号；人事部还要根据员工的合同信息组织培训、发工资等。因此，数据之间需要一种"关系"联结起来，形成一种"有用的"数据集合。这种"关系"的建立是基于不同的字段来联结的。"正式员工档案表"和"部门分配表"通过"部门编号"建立"关系"，进而可以获得员工所在部门的详细信息；"正式员工档案表"、"员工工资表"基于"员工合同表"中的"员工编号"、"合同编号"字段联结起来，形成一

个新的数据集合。"正式员工档案表"、"家庭信息表"、"网络账号分配表"基于表中的"员工编号"和"姓名"字段建立 3 个表的关系,由此可以获得每个员工的完整信息。

方法与步骤

1. 建立关系

(1)打开"企业人事管理"数据库,单击主窗口工具栏的"关系"按钮▣,弹出"关系"设置对话框,同时打开"显示表"对话框,框内显示数据库中所有的表,如图 4-1 所示。

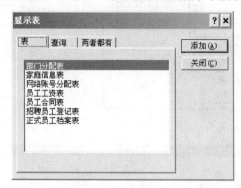

图 4-1 添加表

(2)将数据库中的表添加到"关系"窗口中,添加后的结果如图 4-2 所示。

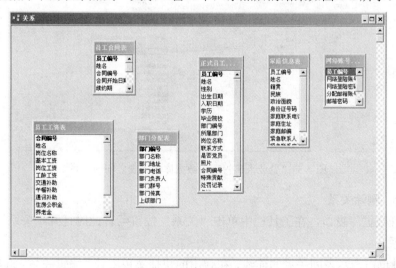

图 4-2 关系设置对话框

(3)选中"部门分配表"的"部门编号"字段,将其拖至"正式员工档案表"的"部门编号"字段上,弹出"编辑关系"对话框,选中"实施参照完整性"复选框,如图 4-3 所示。

(4)单击【创建】按钮,这时在"关系"窗口可以看出:在"部门分配表"和"正式员工档案表"之间出现一条连线,并在"部门分配表"的一方显示"1",在"正式员工档案表"的一方显示"∞",如图 4-4 所示。表示在"部门分配表"和"正式员工档案表"之间建立了一对多关系。

(5)使用同样的方法,建立"正式员工档案表"与"员工合同表"、"正式员工档案表"

与"家庭信息表"、"家庭信息表"与"网络账号分配表"、"员工工资表"与"员工合同表"之间的表间关系，如图 4-5 所示。

图 4-3　编辑关系

图 4-4　两表之间建立关系

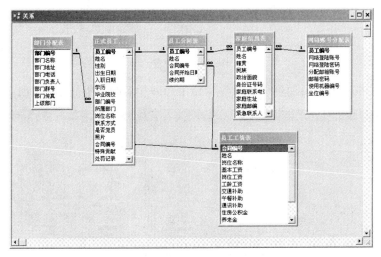

图 4-5　"企业人事管理"数据库中各表之间的关系

2．编辑、删除关系

（1）打开数据库窗口，在工具栏中单击"关系"按钮，此时打开"关系"窗口，即可查看表间关系。

（2）右键单击表示表间关系的连线，在弹出的快捷菜单中选"编辑关系"选项，弹出"编辑关系"对话框。

（3）在"编辑关系"对话框的列表中选择要建立关系的表和字段，单击【确定】按钮，即可编辑、修改表间关系。

（4）在"关系"窗口，右键单击表示表间关系的连线，在弹出的快捷菜单中选择"删除"选项，弹出如图 4-6 所示的提示信息，单击【是】按钮，即可删除表间关系。

图 4-6　确定是否删除表间关系

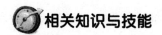

相关知识与技能

1. 关系的概念

关系是在两个表的字段之间所建立的联系。通过关系，使数据库表间的数据合并起来，形成"有用"的数据，以便以后应用于查询、窗体、报表。

2. 关系类型

表间关系有 3 种类型：一对一关系、一对多关系、多对多关系。

（1）一对一关系：若 A 表中的每一条记录只能与 B 表中的一条记录相匹配，同时 B 表中的每一条记录也只能与 A 表中的一条记录相匹配，则称 A 表与 B 表为一对一关系。这种关系类型不常用，因为大多数与此相关的信息都在一个表中。

（2）一对多关系：若 A 表中的一条记录能与 B 表中的多条记录相匹配，但 B 表中的一条记录仅与 A 表中的一条记录相匹配，则称 A 表与 B 表为一对多关系。其中"一"方的表称为父表，"多"方的表称为子表。

（3）多对多关系：若 A 表中的一条记录能与 B 表中的多条记录相匹配，同时 B 表中的一条记录也能与 A 表中的多条记录相匹配，则称 A 表与 B 表为多对多关系。

多对多关系的两个表，实际上是与第三个表的两个一对多关系。因此在实际工作中，使用最多的是一对多关系。

建立表间关系的类型取决于两个表中相关字段的定义。如果两个表中的相关字段都是主键，则创建一对一关系；如果仅有一个表中的相关字段是主键，则创建一对多关系。

3. 参照完整性

若已为"部门分配表"和"正式员工档案表"建立了一对多的表间关系，并实施了参照完整性。若在"正式员工档案表"的"部门编号"字段中输入的数据与"部门分配表"中的"部门编号"不匹配，就会弹出如图 4-7 所示的出错提示信息。

图 4-7 出错提示

反之，如果在"正式员工档案表"中有某部门的编号，就不能删除"部门分配表"中该部门的基本信息。否则会弹出如图 4-8 所示的出错提示信息。

图 4-8 出错提示

由于设置参照完整性能确保相关表中各记录之间关系的有效性，并且确保不会意外删除或更改相关的数据，所以在建立表间关系时，一般应同时"实施参照完整性"。

对于实施参照完整性的关系，还可以选择是否级联更新相关字段和级联删除相关记录。

如果选择了"级联更新相关字段"，则更改主表的主键值时，自动更新相关表中的对应数值，否则仅更新主表中与子表无关的主键值。

如果选择了"级联删除相关记录"，则删除主表中的记录时，自动删除相关表中的有关记录，否则，仅删除主表中与子表记录无关的记录。

> **说明**
>
> 在"关系"窗口中，如果表间关系显示为：`1 ─── ∞`，表示在定义表间关系时选择了"实施参照完整性"，如果表间关系显示为：`────`，表示在定义表间关系时没有选择"实施参照完整性"。

■ 任务 2　利用查询向导查询"部门"信息

◎ 任务描述与分析

数据库的表对象中保存着大量的数据，不同类别的数据保存在不同的表中。我们在实际工作中，经常需要从大量的数据中检索出所关心的信息，快速查询自然成为重要的工作手段。

查询就是以数据库中的数据作为数据源，根据给定的条件，从指定数据库的表或查询中检索出用户要求的记录数据，形成一个新的数据集合。"查询"的字段可以来自数据库中一个表，也可以来自多个互相之间有"关系"的表，这些字段组合成一个新的数据表视图。当改变表中的数据时，查询中的数据也会相应发生改变，因此通常称查询结果为"动态记录集"。使用查询不仅能够以多种方式对表中的数据进行查看，还可以使用查询对数据进行计算、排序和筛选等操作。

在 Access 2003 中可以使用两种方式创建查询，分别为使用向导创建查询和使用设计视图创建查询。由于 Access 2003 提供了使用方便的创建查询向导，所以一般情况下先用"向导"创建较简单的查询，然后在查询设计视图中对向导所创建的查询作进一步的修改，以满足特定的需要。

本任务查询的部门信息来自于"企业人事管理"数据库中的"部门表"以及相关表，下面是利用 Access 2003 提供的查询向导检索不同"部门"信息的操作方法。

✎ 方法与步骤

1. 查询部门名称、部门编号、部门地址、部门负责人等基本信息

（1）打开"企业人事管理"数据库，单击"查询"对象，再单击【新建】按钮，打开"新建查询"对话框，如图 4-9 所示。

（2）在"新建查询"对话框中，单击"简单查询向导"选项，然后单击【确定】按钮，打开"简单查询向导"的第一个对话框，如图 4-10 所示。

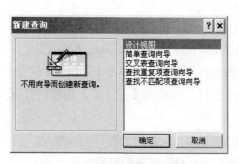

图 4-9 "新建查询"对话框

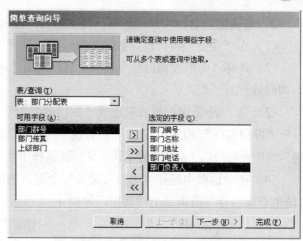

图 4-10 "简单查询向导"的第一个对话框

（3）在对话框的"表/查询"列表中选择"部门分配表"，在"可用字段"列表框中分别双击"部门名称"、"部门编号"、"部门地址"、"部门负责人"等字段，将其添加到"选定的字段"列表框中。设置完成后，单击【下一步】按钮，打开"简单查询向导"的第二个对话框，如图 4-11 所示。

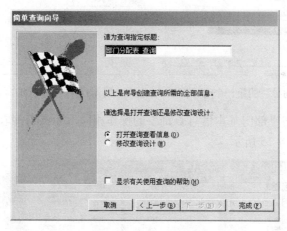

图 4-11 "简单查询向导"的第二个对话框

（4）输入查询指定标题"部门分配表查询"，选择"打开查询查看信息"，单击【完成】按钮。这时会以"数据表"的形式显示查询结果，并将该查询自动保存在数据库中，如图 4-12 所示。

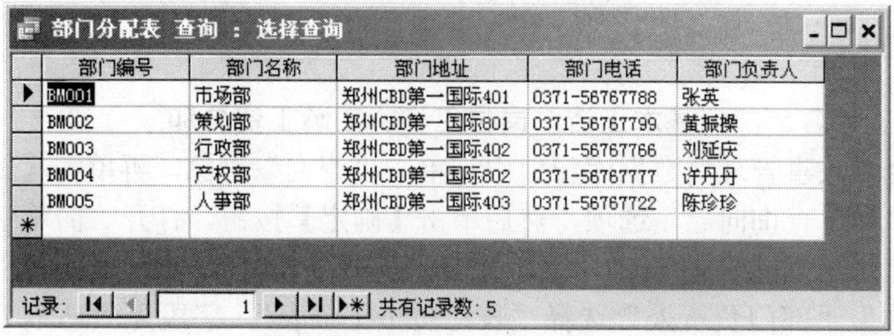

部门编号	部门名称	部门地址	部门电话	部门负责人
BM001	市场部	郑州CBD第一国际401	0371-56767788	张英
BM002	策划部	郑州CBD第一国际801	0371-56767799	黄振操
BM003	行政部	郑州CBD第一国际402	0371-56767766	刘延庆
BM004	产权部	郑州CBD第一国际802	0371-56767777	许丹丹
BM005	人事部	郑州CBD第一国际403	0371-56767722	陈珍珍

记录：1 共有记录数：5

图 4-12 "部门分配表查询"的运行结果

2. 查询部门名称、部门编号、员工姓名、性别、毕业院校及学历

（1）在“企业人事管理”数据库窗口中，选择“查询”对象，单击【新建】按钮。

（2）选择“简单查询向导”选项，然后单击【确定】按钮，打开如图 4-13 所示的“简单查询向导”对话框。

（3）在“表/查询”列表中选择“部门分配表”，在“可用字段”列表框中双击“部门编号”、“部门名称”字段；再在“表 / 查询”列表中选择“正式员工档案表”，双击“姓名”、“性别”、“毕业院校”、“学历”等字段，这样就选择了两个表中的所需字段。单击【下一步】按钮。

（4）在对话框中选择“明细（显示每个记录的每个字段）”，单击【下一步】按钮，打开“简单查询向导”的第二个对话框，如图 4-14 所示。

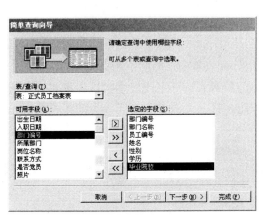

图 4-13 “简单查询向导”的第一个对话框

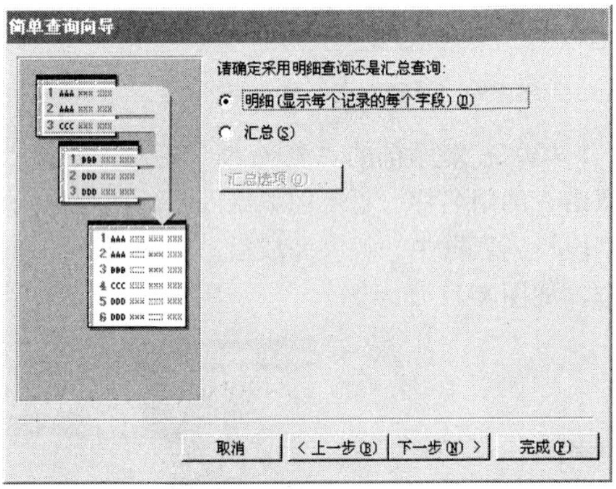

图 4-14 “简单查询向导”的第二个对话框

（5）以后的操作与“部门基本信息查询”的操作相同，为该查询取名为“部门员工信息查询”，查询结果如图 4-15 所示。

部门员工信息查询 : 选择查询

部门编号	部门名称	员工编号	姓名	性别	学历	毕业院校
BM001	市场部	YG001	张英	女	研究生	北京大学
BM001	市场部	YG003	杨东风	男	本科	北京师范大学
BM001	市场部	YG004	李超	男	专科	河南大学
BM001	市场部	YG006	韩超	男	本科	浙江大学
BM001	市场部	YG007	刘敏	女	本科	洛阳工学院
BM001	市场部	YG012	刘名辉	男	大专	纺织工业学校
BM001	市场部	YG013	张鹏	男	本科	中山大学
BM002	策划部	YG002	黄振操	男	本科	郑州大学
BM002	策划部	YG010	徐改阁	女	大专	解放军信息工程学
BM003	行政部	YG005	张晓飞	男	本科	河南大学
BM003	行政部	YG009	许丹丹	女	本科	南京大学
BM004	产权部	YG008	张战政	男	研究生	北京大学
BM005	人事部	YG011	陈珍珍	女	大专	郑州大学

记录: 1 共有记录数: 13

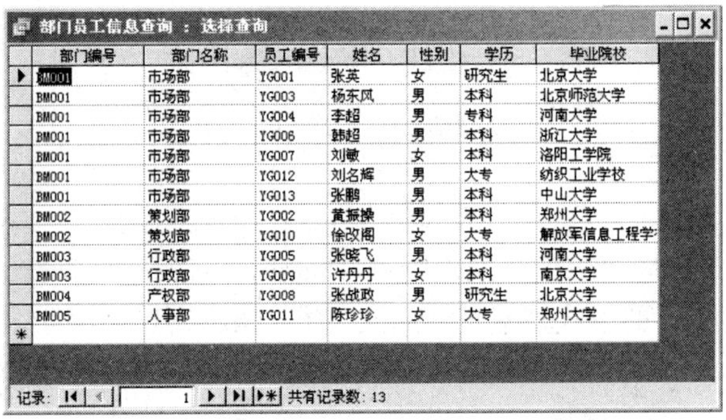

图 4-15 “部门员工信息查询”的运行结果

3. 查询员工姓名、部门基本工资、岗位工资、工龄工资总和

（1）在“企业人事管理”数据库窗口中，单击“查询”对象，再单击【新建】按钮。

（2）选择“简单查询向导”选项，然后单击【确定】按钮，打开“简单查询向导”的第一个对话框，在对话框的“表/查询”下拉列表中选择“表：部门分配表”，字段为“部门编号”、“部门名称”，“部门负责人”选择“表：员工工资表”，字段为“基本工资”，“岗位工资”、“工龄工资”，如图 4-16 所示。

（3）设置完成后，单击【下一步】按钮，打开"简单查询向导"的第二个对话框，如图 4-17 所示。

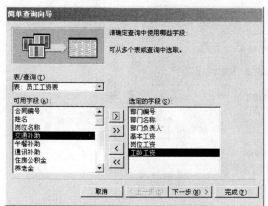

图 4-16 "简单查询向导"的第一个对话框

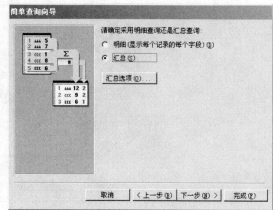

图 4-17 "简单查询向导"的第二个对话框

（4）在对话框中，选择"汇总"选项，单击【汇总选项】按钮，打开"汇总选项"对话框，如图 4-18 所示。

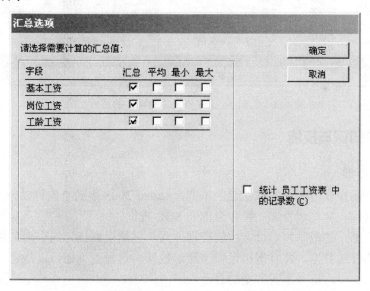

图 4-18 "汇总选项"对话框

（5）在"汇总选项"对话框中选中"基本工资"、"岗位工资"、"工龄工资"的"汇总"复选框，然后单击【确定】按钮，返回如图 4-17 所示的"简单查询向导"的第二个对话框。

（6）单击【下一步】按钮，打开"简单查询向导"最后一个对话框，输入查询标题"部门员工工资汇总"，单击【完成】按钮，如图 4-19 所示。

（7）在数据表视图中显示的查询结果如图 4-20 所示。

由图 4-20 的运算结果可看出，汇总查询可以完成对表中数据按某类分组的统计工作，包括汇总、平均、最大、最小和计数。但使用向导创建的汇总查询不能使用条件，每列的标题也不是很合适。

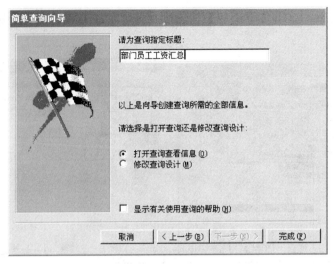

图 4-19 "简单查询向导"的最后一个对话框

部门编号	部门名称	部门负责人	基本工资 之 总计	岗位工资 之 总计	工龄工资 之 总计
BM001	市场部	张英	21500	6600	871
BM002	策划部	黄振操	9000	1800	330
BM003	行政部	刘延庆	4500	1200	210
BM004	产权部	许丹丹	2200	600	60
BM005	人事部	陈珍珍	1800	600	0

记录：◄◄ ◄ 1 ► ►► ►* 共有记录数：5

图 4-20 "部门员工工资汇总查询"的运行结果

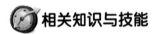 **相关知识与技能**

1．查询的类型

根据对数据源操作方式和操作结果的不同，Access 2003 中的查询可以分为 5 种类型：选择查询、参数查询、交叉表查询、操作查询和 SQL 查询。

（1）选择查询：是最基本、最常用的查询方式。它是根据指定的查询条件，从一个或多个表获取满足条件的数据，并且按指定顺序显示数据。选择查询还可以将记录进行分组，并计算总和、计数、平均值及不同类型的总计。

（2）参数查询：是一种交互式的查询方式，它可以提示用户输入查询信息，然后根据用户输入的查询条件来检索记录。例如：可以提示输入两个日期，然后检索在这两个日期之间的所有记录。若用参数查询的结果作为窗体、报表和数据访问页的数据源，还可以方便显示或打印出查询的信息。

（3）交叉表查询：是将来源于某个表中的字段进行分组，一组列在数据表的左侧，一组列在数据表的上部，然后可以在数据表行与列的交叉处显示表中某个字段的各种计算值。比如计算数据的平均值、计数或总和。

（4）操作查询：不仅可以进行查询，而且可以对该查询所基于的表中的多条记录进行添加、编辑和删除等修改操作。

（5）SQL 查询：是使用 SQL 语句创建的查询。前面介绍的几种查询，系统在执行时自动将其转换为 SQL 语句执行。用户也可以使用"SQL"视图直接书写、查看和编辑 SQL 语句。有一些特定查询（如联合查询、传递查询、数据定义查询、子查询）必须直接在"SQL"视图中编写 SQL 语句。关于 SQL 查询将在项目 5 中详细介绍。

2．查询的视图

查询的视图有 3 种，分别是数据表视图、设计视图和 SQL 视图。

（1）查询的数据表视图

查询的数据表视图是以行和列的格式显示查询结果数据的窗口。

在数据库窗口选择查询对象，单击数据库窗口的【打开】工具按钮，则以数据表视图的形式打开当前查询。

（2）查询的设计视图

查询的设计视图是用来设计查询的窗口。使用查询设计视图不仅可以创建新的查询，还可以对已存在的查询进行修改和编辑。

在数据库窗口选择查询对象，单击数据库窗口的【设计】工具按钮，则以设计视图的方式打开当前查询。图 4-21 所示的就是"部门基本信息查询"的设计视图。

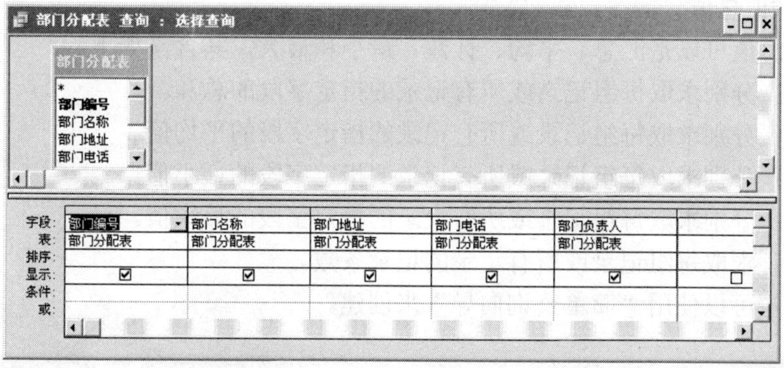

图 4-21 "部门基本信息查询"的设计视图

查询设计视图由上下两部分构成，上半部分是创建的查询所基于的全部表和查询，称为查询基表，用户可以向其中添加或删除表和查询。具有关系的表之间带有连线，连线上的标记是两表之间的关系，用户可添加、删除和编辑关系。

查询设计视图的下半部为查询设计窗口，称为"设计网格"。利用设计网格可以设置查询字段、来源表、排序顺序和条件等。

（3）查询的 SQL 视图

SQL 视图是一个用于显示当前查询的 SQL 语句窗口，用户也可以使用 SQL 视图建立一个 SQL 特定查询，如联合查询、传递查询或数据定义查询，也可对当前的查询进行修改。

当查询以数据表视图或设计视图的方式打开后，选择"视图"菜单的"SQL 视图"选项，则打开当前查询的 SQL 视图，视图中显示着当前查询的 SQL 语句。图 4-22 所示的是"部门基本信息查询"的 SQL 视图。

3．总计查询的计算类型

在总计查询时，可以使用以下两种计算类型。

（1）对所有记录计算总计：查询结果是对所有记录的统计，最终的统计结果只有一行，比如：统计"所有员工基本工资之和"。

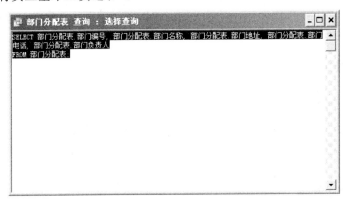

图 4-22 "部门基本信息查询"的 SQL 视图

（2）对记录进行分组计算总计：对记录按某类别进行分组，查询结果是对每一组中的记录的统计，比如统计"每个部门员工基本工资之和"。

4．计算的汇总值

计算的汇总值可以是汇总、平均、计数、最小和最大，其含义如下。

（1）汇总：分别求取每组记录或所有记录的指定字段的总和。

（2）平均：分别求取每组记录或所有记录的指定字段的平均值。

（3）最小：分别求取每组记录或所有记录的指定字段的最小值。

（4）最大：分别求取每组记录或所有记录的指定字段的最大值。

（5）计数：求取每组记录或所有记录的记录条数。

总计查询也可以使用"简单查询向导"来创建。

 提示

创建"总计"查询的规则：

（1）如果要对记录组进行分类汇总，一定要将表示该类别的字段选为"选定字段"。

（2）如果该查询对所有的记录进行汇总统计，则不用选择类别字段。这时统计结果只有一条记录，是对所有记录进行汇总的结果。

（3）汇总计算的字段必须是数值型字段。

任务3　利用设计视图查询"正式员工档案表"信息

任务描述与分析

部门信息的查询是在查询向导的提示下一步步完成的，而要更灵活地创建各种查询，则需要在查询设计视图中进行，同时，利用"简单查询向导"建立的查询，也可以在设计视图中修改。在查询设计视图中所能进行的操作主要包括：表或查询的操作、字段的操作、设计网格的操作、条件和排序操作等。而表的操作分为添加表或查询、手工添加表之间的连接、删除表或查询。下面是利用"设计视图"实现员工档案表及相关信息的查询，同时介绍如何对已创建的查询进行修改。

方法与步骤

1. 利用设计视图查询员工档案基本信息

（1）打开"企业人事管理"数据库，单击"查询"对象，再单击【新建】按钮，打开"新建查询"对话框，如图 4-23 所示。

（2）在"新建查询"对话框中，单击"设计视图"选项，然后单击【确定】按钮，打开"查询 1 选择查询"视图，同时打开"显示表"对话框，如图 4-24 所示。

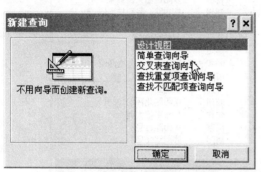

图 4-23 "新建查询"对话框

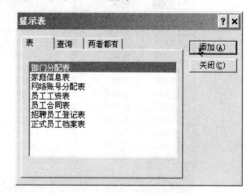

图 4-24 "显示表"对话框

（3）在"显示表"对话框中，选中"正式员工档案表"，把"正式员工档案表"添加到设计网格上部的表区域内，选中"家庭信息表"，把"家庭信息表"添加到设计网格上部的表区域内；关闭"显示表"对话框。

（4）在"正式员工档案表"中，双击"员工编号"，将"员工编号"字段添加到设计网格中；重复上述步骤，将"正式员工档案表"中的"姓名"、"性别"、"出生日期"和"是否党员"，"家庭信息表"中的"家庭住址"、"籍贯"都添加到设计网格中，如图 4-25 所示。

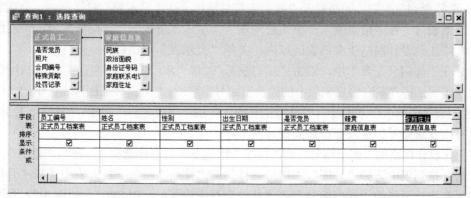

图 4-25 添加表、字段后的查询设计视图

（5）单击工具栏上的"保存"按钮，打开"另存为"对话框，输入查询名称"员工档案基本信息查询"，单击【确定】按钮，如图 4-26 所示。

图 4-26 "另存为"对话框

（6）单击工具栏上的"运行"按钮，或选择"视图"菜单的"数据表视图"显示查询结果，如图 4-27 所示。

员工编号	姓名	性别	出生日期	是否党员	籍贯	家庭住址
YG001	张英	女	1983-10-18	☑	武汉	里望西张村
YG002	黄振操	男	1982-11-9	☐	长沙	罗阳镇南大街91号
YG003	杨东风	男	1986-1-18	☑	郑州	桐柏路43号科技大厦
YG004	李超	男	1984-1-2	☐	济南	日照市五莲县许孟镇东楼子村
YG005	张晓飞	男	1988-5-7	☐	驻马店	解放路145号
YG006	韩超	男	1982-7-9	☐	南阳	白河街4号
YG007	刘敏	女	1990-4-5	☐	呼和浩特	丽水市庆元县松源镇
YG008	张战政	男	1985-7-12	☐	信阳	信阳大道2号
YG009	许丹丹	女	1976-11-19	☑	许昌	机场路103号
YG010	徐改阁	女	1981-5-24	☑	郑州	南阳路北环路103号
YG011	陈珍珍	女	1987-11-27	☐	焦作	焦作中粮大道
YG012	刘名辉	男	1978-11-25	☐	南京	中山路11号
YG013	张鹏	男	1983-12-4	☑	南阳	顺河路90号

记录：Ⅰ◀ ◀ 1 ▶ ▶Ⅰ ▶＊ 共有记录数：13

图 4-27 "员工档案基本信息查询"的查询结果

2. 创建企业人事档案查询

（1）打开"企业人事管理"数据库，单击"查询"对象，再单击【新建】按钮，打开"新建查询"对话框。

（2）在"新建查询"对话框中，单击"设计视图"选项，然后单击【确定】按钮。打开"查询1选择查询"视图，同时打开"显示表"对话框。在"显示表"对话框中，分别将"正式员工档案表"、"家庭信息表"、"员工合同表"、"员工工资表"、"部门分配表"、"网络账号分配表"添加到设计网格上部的表区域内，关闭"显示表"对话框。

（3）在"部门分配表"中，双击"部门编号"，将"部门编号"字段添加到设计网格中。重复上述步骤，将"家庭信息表"中的"员工编号"字段、"正式员工档案表"中的"姓名"、"员工合同表"中的"合同编号"、"员工工资表"中的"岗位名称"字段、"网络账号分配表"中的"网络登录账号"字段都添加到设计网格中。

（4）在设计网格的"部门编号"列"排序"行的下拉列表中选择"升序"，"姓名"列"排序"行的下拉列表中选择"升序"，"岗位名称"列"排序"行的下拉列表中选择"升序"。

（5）在设计网格的"部门编号"列"条件"行中输入：="BM001"，如图 4-28 所示。

（6）单击工具栏上的"保存"按钮，打开"另存为"对话框，输入查询名称"企业人事查询"，单击【确定】按钮。

（7）单击工具栏上的"运行"按钮显示查询结果，如图 4-29 所示。

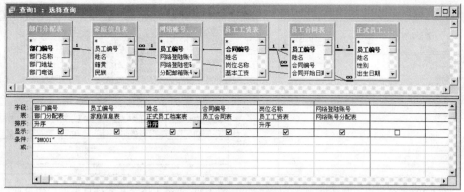

图 4-28 添加表、字段和条件后的查询设计视图

企业人事查询 : 选择查询

部门编号	员工编号	姓名	合同编号	岗位名称	网络登陆账号
BM001	YG006	韩超	HT016	市场经理	YG006HT06
BM001	YG004	李超	HT014	商务经理	YG004HT04
BM001	YG007	刘敏	HT017	客户经理	YG007HT07
BM001	YG012	刘名辉	HT022	市场经理	YG012HT12
BM001	YG003	杨东风	HT013	专案经理	YG003HT03
BM001	YG013	张鹏	HT023	客户经理	YG013HT13
BM001	YG001	张英	HT011	市场总监	YG001HT01

记录: 1 共有记录数: 7

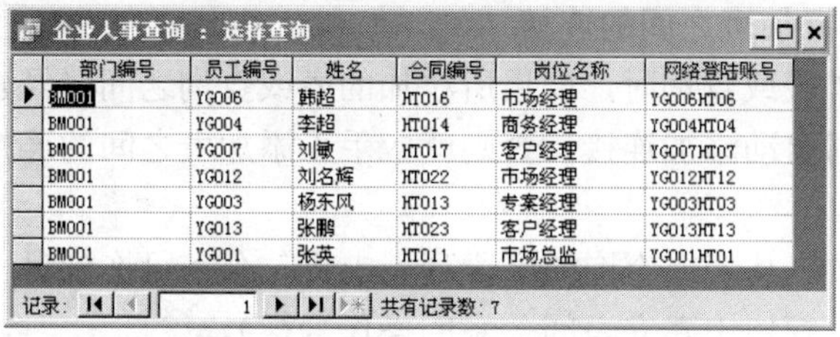

图 4-29 “企业人事查询”的运行结果

相关知识与技能

1. 利用“设计视图”修改查询

不管是利用“查询向导”还是利用“设计视图”创建查询后，都可以对查询进行修改。操作方法为：打开数据库，在“查询”对象列表中选中待修改的查询，单击工具条的“设计”按钮设计(D)，即可以打开该查询的“设计视图”进行修改。

2. 在“设计视图”中为“员工档案基本信息查询”添加“员工合同表”

（1）在“企业人事管理”数据库窗口中选择“查询”对象，在对象栏中选择“员工档案基本信息查询”，然后单击【设计】按钮，打开“员工档案基本信息查询”的设计视图。

（2）在设计视图的上半部单击鼠标右键，在弹出的快捷菜单中选择“显示表”命令，打开“显示表”对话框，如图 4-30 所示。

（3）在“显示表”对话框的“表”选项卡中，双击“员工合同表”，可将选中的表添加到查询设计视图中，如图 4-31 所示。

也可以选中“查询”选项卡后双击要添加的查询，将查询添加到查询设计视图中。

（4）添加完成后，单击【关闭】按钮，关闭“显示表”对话框。

注意

在查询设计视图中创建一个新的查询时，通常需要将该查询所基于的表或查询添加到设计视图中。

在查询设计视图中修改查询时，也可用相同的方法将新的表或查询添加到查询设计视图的上半部分。

如果是多个表，必要时还应建立表（或查询）与表（或查询）之间的关系。

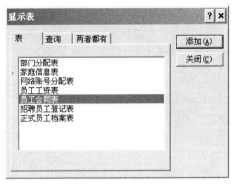

图 4-30 "显示表"对话框

图 4-31 "员工档案基本信息查询"的设计视图

3．在设计视图中添加表之间的连接

在设计视图中添加表或查询时，如果所添加的表或查询之间已经建立了联系，则在添加表或查询的同时也同时自动添加连接，否则就应手工添加表之间的连接。手工添加表之间连接的方法如下。

在查询设计视图中，从表或查询的字段列表中将一个字段拖到另一个表或查询中的相等字段上（与在"关系"窗口中建立表间关系的操作一样）。

如果要删除两个表之间的连接，在两表之间的连线上单击鼠标，连线将变粗，然后再在连线上单击鼠标右键，在弹出的菜单中选择"删除"命令即可。

4．从查询中删除表和查询

如果当前查询中的某个表或查询已不再需要，可以将其从查询中删除。操作方法是：在查询设计视图的上部，右键单击要删除的表或查询，在弹出的菜单中选择"删除"命令。也可选定表或查询后按【Delete】键删除。

查询中的表或查询一旦从当前查询中被删除，则相应的设计网格中的字段也将从查询中删除，但是被删除的表或查询并不会从数据库中删除，而只是当前查询中不再包含该表或查询。

5．查询设计视图中字段的操作

对查询中字段的操作，如添加字段、移去字段、更改字段、排序记录、显示和隐藏字段等，需要在查询设计视图下半部的"设计网格"中进行。

（1）添加和删除字段

如果在设计网格中添加字段，可采用两种方法：一是拖动视图上半部表的字段列表中的字段至设计网格的列中；二是双击字段列表中的字段。

如果不再需要设计网格中的某一列时，可将该列删除。操作方法有两种：一是选中某列，单击"编辑"菜单中的"删除列"；二是将鼠标放在该列的最顶部，单击鼠标选中整列，按【Delete】键。

（2）插入和移动字段

如果要在列之间插入一列也可采用两种方法：一是选中某列，单击"插入"菜单中的"列"，则在当前列前插入一空列。二是将鼠标放在该列的最顶部，单击鼠标选中整列，按【Insert】键。空列插入后，在设计网格中设置该列的字段即可。

要改变列的排列次序，可进行移动字段的操作，同时在查询“数据表”视图中的显示次序也将改变。移动字段的操作步骤如下。

① 将鼠标放在该列的最顶部，单击鼠标选中整列。

② 将鼠标放在该列的最顶部，拖动鼠标可将该列拖至任意位置。

（3）更改字段显示标题

默认情况下，查询以源表的字段标题作为查询结果的标题。我们可以在查询中对字段标题进行重命名，以便更准确地描述查询结果中的数据。这在定义新计算字段或计算已有字段的总和、计数和其他类型的总计时特别有用。

在“企业人事查询”中，将“网络登录账号”标题命名为“登录账号”，操作步骤如下。

① 在查询设计视图中打开“企业人事查询”。

② 将光标定位在设计网格的“网络登录账号”字段单元格中，单击右键，在弹出的快捷菜单中选择“属性”命令，打开“字段属性”对话框，在“标题”栏中输入“登录账号”，如图4-32所示。

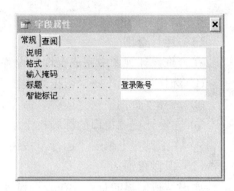

图4-32 “字段属性”对话框

③ 在工具栏上单击“运行”按钮，可以看到查询结果中“网络登录账号”字段的标题已经更改为“登录账号”，如图4-33所示。

部门编号	员工编号	姓名	合同编号	岗位名称	登陆账号
BM001	YG006	韩超	HT016	市场经理	YG006HT06
BM001	YG004	李超	HT014	商务经理	YG004HT04
BM001	YG007	刘敏	HT017	客户经理	YG007HT07
BM001	YG012	刘名辉	HT022	市场经理	YG012HT12
BM001	YG003	杨东风	HT013	专案经理	YG003HT03
BM001	YG013	张鹏	HT023	客户经理	YG013HT13
BM001	YG001	张英	HT011	市场总监	YG001HT01

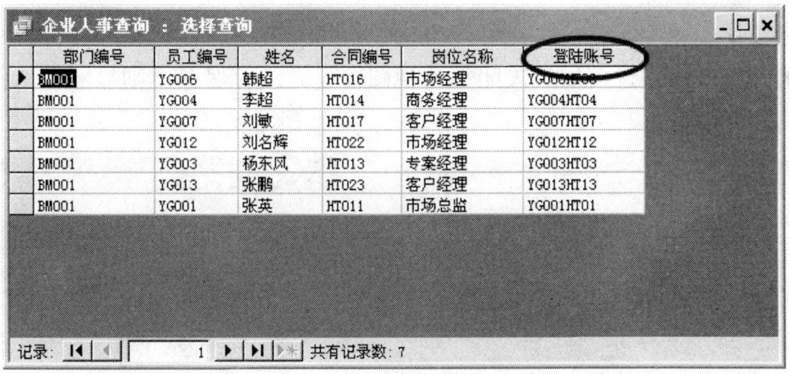

图4-33 字段标题更改后的结果

（4）改变设计网格的列宽

如果查询设计视图中设计网格的列宽不足以显示相应的内容时，可以改变列宽。操作方法为：首先将鼠标指针移到要更改列宽的列选定器的右边框，到指针变为双向箭头时，左右拖动鼠标即可改变列宽。

（5）显示或隐藏字段

对于设计网格中的每个字段，都可以控制其是否显示在查询的数据表视图中。操作方法是：选中设计网格的某字段的“显示”行中的复选框，则该字段在查询运行时将显示，否则将不显示。

所有隐藏的字段在查询关闭时将会自动移动到设计网格的最右边。隐藏的字段虽然不显示在数据表视图中，但在该查询中仍包含这些字段。

（6）为查询添加条件和删除条件

在查询中可以通过使用条件来检索满足特定条件的记录，为字段添加条件的操作步骤如下。

① 在设计视图打开查询。

② 单击设计网格中的某列的"条件"单元格。

③ 键盘输入或使用"表达式生成器"输入条件表达式。

条件表达式书写方法将在以后的学习内容中介绍。如果要删除设计网格中某列的条件，选中条件，按【Delete】键即可。

6. 运行、保存和删除查询

（1）运行查询

在查询设计视图中完成查询的设置以后，运行查询即显示查询结果。方法有以下几种。

① 选择"视图"→"数据表视图"命令。

② 选择"查询"→"运行"命令。

③ 在设计视图窗口的标题栏上单击鼠标右键，在弹出的菜单中选择"数据表视图"。

④ 在工具栏上单击"运行"按钮。

（2）保存查询

如果是新创建的查询，在查询设计视图设置完成以后，选择"文件"→"保存"命令或者按下【Ctrl+S】组合键，则打开"另存为"对话框，默认的查询名为"查询1"，如图4-34所示。在保存对话框中输入新的查询名称后，单击【确定】按钮，则新建的查询将保存到数据库中。

如果是在设计视图中，对已创建好的查询进行了修改编辑，选择"文件"→"保存"命令则更新查询。如果修改查询后，关闭设计视图窗口时没有保存，则显示提示保存对话框，如图4-35所示。

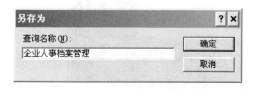

图4-34 "另存为"对话框

图4-35 提示保存对话框

（3）删除查询

删除查询的方法有两种。

① 在数据库窗口中，选择要删除的查询，单击【删除】按钮，即可将当前查询删除。

② 在数据库窗口中，在要删除的查询上右键单击，在弹出的快捷菜单上选择"删除"命令，也可以删除当前查询。

任务4 利用参数查询获得员工基本工资

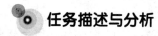 **任务描述与分析**

在前面介绍的"企业人事查询"中，其查询条件是：部门编号="BM001"，这个条件是固定的，但在实际应用时常常希望能够灵活修改查询条件，如提示用户输入部门编号，则查

询出该部门所有信息。在 Access 2003 中，参数查询可以满足这一要求。参数查询在运行时可以显示一个对话框，提示用户输入指定的条件，然后依据条件生成查询结果。

📖 方法与步骤

（1）打开"企业人事管理"数据库，在查询对象列表中选中"企业人事查询"，单击【设计】按钮，在设计视图中打开该查询。

（2）在设计网格的"部门编号"字段的"条件"单元格中，输入"=[请输入部门编号]"，如图 4-36 所示。

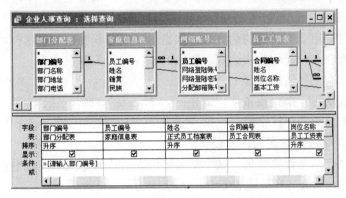

图 4-36　"企业人事查询"的设计视图

（3）单击"文件"菜单，选择"另存为"菜单项，弹出"另存为"对话框，如图 4-37 所示。将查询名称改为"部门企业人事查询"，保存类型为"查询"，单击【确定】按钮，将修改后的查询另存。

（4）单击工具栏上的"运行"按钮 ，运行该查询。这时弹出"输入参数值"对话框，在其后的编辑框中输入部门编号："BM001"，如图 4-38 所示。

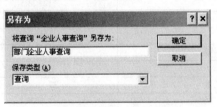 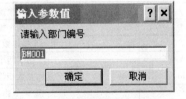

图 4-37　"另存为"对话框　　　　　　　图 4-38　"输入参数值"对话框

（5）单击【确定】按钮，这时在数据表视图中显示参数查询的结果，如图 4-39 所示。

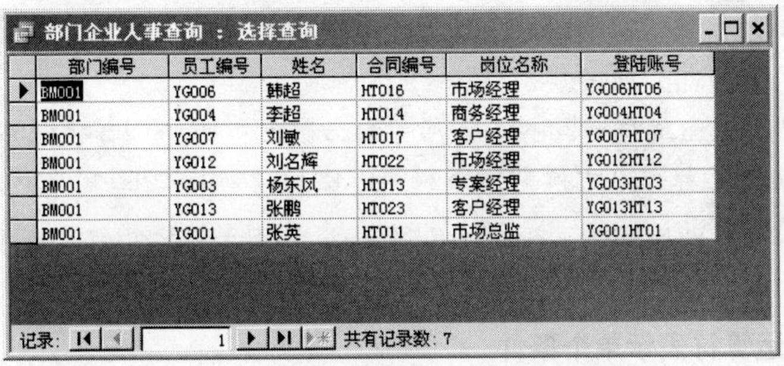

部门编号	员工编号	姓名	合同编号	岗位名称	登陆账号
BM001	YG006	韩超	HT016	市场经理	YG006HT06
BM001	YG004	李超	HT014	商务经理	YG004HT04
BM001	YG007	刘敏	HT017	客户经理	YG007HT07
BM001	YG012	刘名辉	HT022	市场经理	YG012HT12
BM001	YG003	杨东风	HT013	专案经理	YG003HT03
BM001	YG013	张鹏	HT023	客户经理	YG013HT13
BM001	YG001	张英	HT011	市场总监	YG001HT01

记录 |◀ ◀　　　1　▶ ▶| ▶*　共有记录数: 7

图 4-39　"部门企业人事查询"的结果

可以看出，查询结果中显示的是 BM001 的企业人事档案信息。

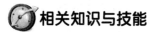 相关知识与技能

1．理解查询条件

在创建查询时，有时需要对查询记录中的某个或多个字段进行限制，这就需要将这些限制条件添加到字段上，使只有完全满足限制条件的记录才能显示出来。

一个字段可以有多条限制规则，每条规则之间可以用逻辑符号连接。比如条件为"基本工资"字段小于等于 2500 并且大于 1400，只要在对应"基本工资"字段的条件单元格中输入"<=2500 and >1400"就可以了。

在输入条件时要用一些特定的运算符、数据、字段名和函数，将这些运算符、数据、函数以及字段名等组合在一起称为表达式。输入的条件称为条件表达式。

在查询中通常有两种情况需要书写表达式。

（1）用表达式表示一个查询条件，例如：[工龄工资]<180。

（2）查询中添加新的计算字段，例如："考勤奖：[考勤奖]/30"。该表达式的含义是：[考勤奖]为计算字段，字段的标题为：考勤奖。

每个表达式都有一个计算结果，这个结果称为表达式的返回值，表示查询条件的表达式的返回值只有两种：True（真）或者 False（假）。

2．了解表达式中的算术运算符

算术运算符只能对数值型数据进行运算。表 4-1 列出了可以在 Access 表达式中使用的算术运算符。

表 4-1　算术运算符

运　算　符	描　　　述	例　　子
+	两个操作数相加	12+23.5
−	两个操作数相减	45.6–30
*	两个操作数相乘	45*68
/	用一个操作数除以另一个操作数	23.6/12.55
\	用于两个整数的整除	5\2
Mod	返回整数相除时所得到的余数	27 Mod 12
^	指数运算	5^3

 说明

（1）"\"：整除符号。当使用整数除的时候，带有小数部分的操作数将四舍五入为整数，但在结果中小数部分将被截断。

（2）"Mod"：该运算符返回的是整除的余数。如：13 Mod 3 将返回 1。

（3）"^"：指数运算符。也称乘方运算符。例如：2^4，返回 16（2*2*2*2）。

三个运算符在商业应用中很少会用到，但却常常用于 Access VBA 程序代码中。

3．使用关系运算符表示单个条件

关系运算符也叫比较运算符，使用关系运算符可以构建关系表达式，表示单个条件。

关系运算符用于比较两个操作数的值，并根据两个操作数和运算符之间的关系返回一个逻辑值（True 或者 False）。表 4-2 列出了在 Access 中可以使用的比较运算符。

表 4-2　比较运算符

运　算　符	描　　　述	例　子	结　　果
<	小于	123<1000	True
<=	小于等于	15<=5	True
=	等于	2=4	False
>=	大于等于	1234>=456	True
>	大于	123>123	False
<>	不等于	123<>456	True

4．使用逻辑运算符表示多个条件

逻辑运算符通常用于将两个或者多个关系表达式连接起来，表示多个条件，其结果也是一个逻辑值（True 或 False）。

表 4-3　逻辑运算符

运　算　符	描　　　述	例　子	结　　果
And	逻辑与	True And True	True
		True And False	False
Or	逻辑或	True Or False	True
		False Or False	False
Not	逻辑非	Not True	False
		Not False	True

在为查询设置多个条件时，有两种写法：

（1）将多个条件写在设计网格的同一行，表示"AND"运算；将多个条件写在不同行表示"OR"运算。

（2）直接在"条件"行中书写逻辑表达式。

5．使用其他运算符表示条件

除了上面所述的使用关系运算和逻辑运算表示条件之外，还可以使用 Access 提供的功能更强的运算符进行条件设置。表 4-4 列出了在 Access 查询中使用的 4 个其他的运算符。

表 4-4　其他运算符

运　算　符	描　　　述	例　子
Is	和 Null 一起使用，确定某值是 Null 还是 Not Null	Is Null，Is Not Null
Like	查找指定模式的字符串，可使用通配符*和？	Like"jon*"，Like"FILE????"
In	确定某个字符串是否为某个值列表中的成员	In（"CA"，"OR"，"WA"）
Between	确定某个数字值或者日期值是否在给定的范围之内	Between 1 And 5

例如：逻辑运算：[基本工资]>=1400 and [基本工资]<=2500

可改写为：[基本工资] Between 1400 and 2500，两种写法等价。

6．使用常用函数

在查询表达式中还可以使用函数，表 4-5 中给出了一些常用的函数。

表 4-5　常用函数

函　数	描　述	例　子	返 回 值
Date	返回当前的系统日期	Date	7/15/12
Day	返回 1~31 的一个整数	Day(Date)	15
Month	返回 1~12 的一个整数	Month(#15-Jul-12#)	7
Now	返回系统时钟的日期和时间值	Now	7/15/12　5:10:10
Weekday	以整数形式返回相应于某个日期为星期几（星期天为 1）	Weekday(#7/15/2012#)	1
Year	返回日期/时间值中的年份	Year(#7/15/2012#)	2012
LEN()	获得文本的字符数	LEN（"数据库技术"）	5
LEFT()	获得文本左侧的指定字符个数的文本	LEFT（"数据库技术"，3）	"数据库"
MID()	获得文本中指定起始位置开始的特定数目字符的文本	MID（"数据库技术与应用"，4，2）	"技术"
Int(表达式)	得到不大于表达式的最大整数	Int(2.4+3.5)	5

任务 5　创建计算查询统计员工人数

任务描述与分析

在实际应用中，常常需要对查询的结果进行统计和计算，所谓计算查询，就是在成组的记录中完成一定计算的查询。下面创建的查询将用于统计各部门员工人数。

方法与步骤

（1）在"企业人事管理"数据库窗口中，选择"查询"对象，双击对象栏中的"在设计视图中创建查询"选项，打开"显示表"对话框；在"显示表"对话框中选择"正式员工档案表"和"部门分配表"，单击【确定】按钮，再关闭"显示表"对话框。

（2）在"设计网格"中，分别添加"部门分配表"的"部门名称"字段和"正式员工档案表"的"部门编号"，如图 4-40 所示。

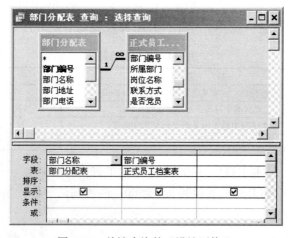

图 4-40　总计查询的"设计网格"

（3）在工具栏上单击"总计"按钮**Σ**。Access 将在设计网格中显示"总计"行。

（4）在"部门名称"字段的"总计"行中选择"分组"；在"部门编号"字段的"总计"行中选择"计数"，如图 4-41 所示。

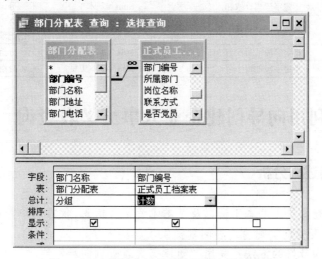

图 4-41　在总计查询的设计网格中选择计算

本例中"部门名称"为分组字段，故在总计行设置为"分组"，其他字段用于计算，因此选择不同的计算函数。如果对所有记录进行统计，则可将"部门名称"列删除。

（5）右键单击"部门编号"单元格，选择"属性"，在"字段属性"对话框中输入"标题"为"人数"，如图 4-42 所示。

（6）单击工具栏【保存】按钮，将查询保存为"部门人数统计查询"。

（7）单击"运行"按钮，可显示查询结果，如图 4-43 所示。

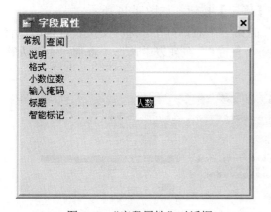

图 4-42　"字段属性"对话框

图 4-43　总计查询运行结果

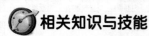 **相关知识与技能**

汇总计算查询是使用函数 Sum、Avg、Count、Max 和 Min 计算出所有记录或记录组的总和、平均值、计数、最大值和最小值。汇总计算查询可以使用向导来创建，也可以使用设计视图创建。常用函数及功能见表 4-6。

表 4-6　常用函数及功能表

函　数	描　述	例　子	返　回　值
Avg（字段名）	对指定字段计算平均值	Avg（基本工资）	分组求平均工资
Sum（字段名）	对指定字段累计求和	Sum（基本工资）	分组求工资字段的总和
Count（字段名）	计算该字段的记录个数	Count（部门编号）	分组统计"部门编号"字段的记录个数
Max（字段名）	求指定字段的最大值	Max（基本工资）	分组求工资的最大值
Min（字段名）	求指定字段的最小值	Min（基本工资）	分组求工资的最小值

任务6　利用向导创建企业人事交叉表查询

任务描述与分析

如果用户需要查询员工基本工资以及基本工资汇总信息，仅靠简单查询无法解决，Access 2003 提供的"交叉表查询"则为这类问题提供了解决方法。

创建交叉表查询最好的方法是先用"创建交叉表查询向导"创建一个交叉表查询的基本结构，然后再在设计视图中加以修改，当然也可以直接利用设计视图来创建交叉表查询。

利用"创建交叉表查询向导"创建交叉表查询，查询字段只能来自于一个表或查询，而上述任务的字段分布在"正式员工档案表"、"部门分配表"和"员工工资表"3 个表中，因此，在创建交叉查询前，先创建"企业人事查询"，然后利用"企业人事查询"创建交叉表查询。

方法与步骤

（1）打开"企业人事管理"数据库，选择"查询"对象，单击【新建】按钮，在"新建查询"对话框中选择"交叉表查询向导"，单击【确定】按钮，如图 4-44 所示。

（2）在如图 4-45 所示的"交叉表查询向导"的第一个对话框中，选择交叉表查询所包含的字段来自于哪个表或查询。在"视图"中选择"查询"，在列表中选择"查询：企业人事查询"，单击【下一步】按钮。

图 4-44　"新建查询"对话框

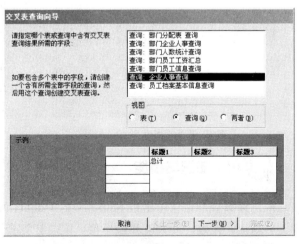

图 4-45　"交叉表查询向导"的第一个对话框

（3）在对话框中分别双击"选定字段"列表中的"员工编号"、"姓名"字段作为行标题，如图 4-46 所示。单击【下一步】按钮进入第二个对话框。

（4）在对话框中选择"部门编号"作为交叉表查询的列标题，如图 4-47 所示。单击【下一步】按钮。

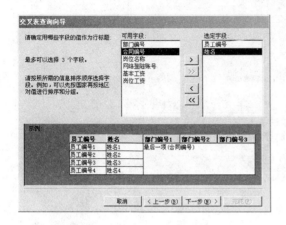
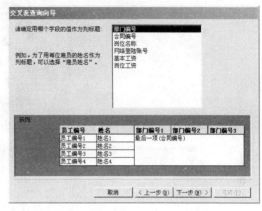

图 4-46 "交叉表查询向导"的第二个对话框　　　图 4-47 "交叉表查询向导"的第三个对话框

（5）确定交叉表查询中行和列的交叉点计算的是什么值，如图 4-48 所示，在"字段"列表中选择"基本工资"，"函数"列表中选择"求和"，单击【下一步】按钮。

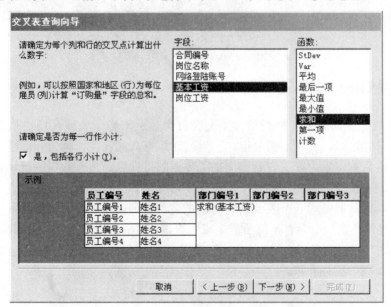

图 4-48 "交叉表查询向导"的第四个对话框

（6）在如图 4-49 所示的对话框中输入查询名称"企业人事查询交叉表"，单击【完成】按钮。

（7）这时以"数据表"的形式显示交叉表查询结果，如图 4-50 所示。

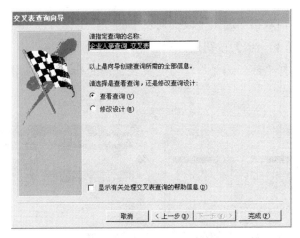

图 4-49 "交叉表查询向导"的第五个对话框

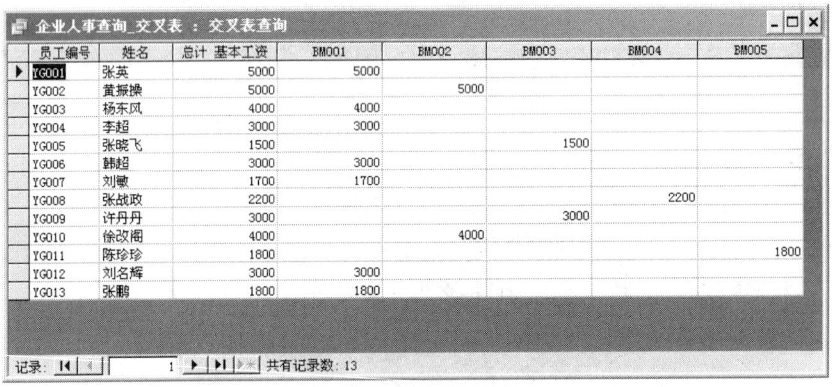

员工编号	姓名	总计 基本工资	BM001	BM002	BM003	BM004	BM005
YG001	张英	5000	5000				
YG002	黄振操	5000		5000			
YG003	杨东风	4000	4000				
YG004	李超	3000	3000				
YG005	张晓飞	1500			1500		
YG006	韩超	3000	3000				
YG007	刘敏	1700	1700				
YG008	张战政	2200				2200	
YG009	许丹丹	3000			3000		
YG010	徐改阁	4000		4000			
YG011	陈珍珍	1800					1800
YG012	刘名辉	3000	3000				
YG013	张鹏	1800	1800				

记录：|◄ ◄ | 1 | ► ►| ►* | 共有记录数：13

图 4-50 "企业人事交叉表查询"运行结果

📎 相关知识与技能

　　交叉表查询是查询的另一种类型。交叉表查询显示来源于表或查询中某个字段总计值（合计、平均、计数等），并将它们分组，一组列在数据表的左侧，称为行标题。一组列在数据表的上部，称为列标题。交叉表查询增加了数据的可视性，便于数据的统计、查看。

　　创建交叉表查询可以利用"创建交叉表查询向导"和"设计视图"两种方法。向导方法简单、易掌握，但只能针对一个表或查询创建交叉表查询，且不能制定限制条件，若要查询多个表，就必须先建立一个含有全部所需字段的查询，然后再用这个查询来创建交叉表查询。利用"设计视图"创建交叉表查询更加灵活，查询字段可以来自于多个表，但操作较为繁杂，将在"拓展与提高"部分介绍。

■ 任务 7　利用操作查询更新"正式员工档案"信息

📎 任务描述与分析

　　前面介绍的查询是根据一定要求从数据表中检索数据，而在实际工作中还需要对数据进行删除、更新、追加，或利用现有数据生成新的表对象，Access 2003 则提供了操作查询，用于实现上述需求。操作查询共有 4 种类型：删除查询、更新查询、追加查询与生成表查询。利用操作查询不仅可检索多表数据，而且可利用操作查询对该查询所基于的表进行各种操作。

方法与步骤

1. 利用"追加查询"将"招聘员工登记表"中复试结果为"方案制作中"的数据追加到"正式员工档案表"

追加查询是从一个表或多个表将一组记录追加到一个或多个表的尾部的查询。操作步骤如下。

（1）在"企业人事管理"数据库中新建"招聘员工登记表"，表结构与"正式员工档案表"结构相同，输入数据如图 4-51 所示。

员工编号	姓名	性别	出生年月	所学专业	毕业院校	工作年限	初试结果	复试结果	是否入职	简历编号
YG001	张英	女	1983-10-18	市场营销	北京大学	3	同意复试	办理入职	☑	JL007
YG002	黄振操	男	1982-11-9	计算机应用	郑州大学	5	同意复试	办理入职	☑	JL009
YG003	郭刚	男	1978-2-6	企业管理	中山大学	7	PASS	待审	☐	JL012
YG004	魏清立	男	1977-10-16	国际贸易	浙江大学	7	同意复试	待审	☐	JL078
YG005	高洁	女	1988-12-24	电子商务	洛阳工学院	3	PASS	无	☐	JL023
YG008	廖红卫	男	1986-11-27	工民建筑	哈尔滨工业大学	2	同意复试	PASS	☐	JL019
YG009	杨东风	男	1986-1-18	广告设计	北京师范大学	1	同意复试	办理入职	☑	JL017
YG010	闫会方	女	1984-11-5	市场营销	郑州大学	4	复试待批	无	☐	JL030
YG011	徐改阁	女	1981-5-24	国际英语	解放军信息工程学	5	同意复试	办理入职	☑	JL041
YG012	陈珍珍	女	1987-11-27	计算机应用	郑州大学	3	同意复试	办理入职	☑	JL071
YG013	许丹丹	女	1976-11-19	广告设计	南京大学	8	同意复试	办理入职	☑	JL036
YG014	张战政	男	1985-7-12	金融分析	北京大学	4	同意复试	办理入职	☑	JL033
YG015	刘敏	女	1990-4-5	建筑设计	洛阳工学院	6	同意复试	办理入职	☑	JL075
YG016	韩超	男	1982-7-9	机械工程	浙江大学	6	同意复试	办理入职	☑	JL048
YG017	张晓飞	男	1988-5-7	机械工程	河南大学	2	同意复试	办理入职	☑	JL042
YG018	李超	男	1984-1-2	数控技术	河南大学	4	同意复试	办理入职	☑	JL057
YG090	张省	男	1986-5-7	财务会计	河南大学	4	同意复试	方案制作中	☐	JL054
YG091	黄琳	男	1987-10-13	国际贸易	浙江大学	3	PASS	方案制作中	☐	JL011

记录: ◀ ◀ 4 ▶ ▶◀ ▶* 共有记录数: 18

图 4-51 "招聘员工登记表"

（2）打开"查询"对象列表，双击"在设计视图中创建查询"，打开查询设计视图，将"招聘员工登记表"添加到设计视图中。

（3）将"招聘员工登记表"中的全部字段拖到设计网格中，在"复试结果"字段列的"条件"行里输入查询条件"方案制作中"，如图 4-52 所示。如果两个表中所有的字段都具有相同的名称，也可以只将星号（*）拖到查询设计网格中。

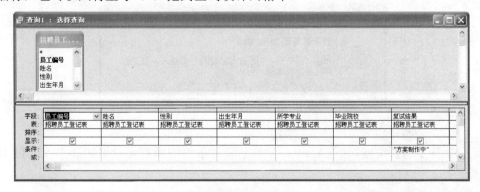

图 4-52 追加查询设计

（4）若要预览查询将追加的记录，单击工具栏上的"视图"按钮 ，若要返回查询设计视图，可再次单击工具栏上的"视图"按钮，在设计视图中进行任何所需的修改。

（5）在查询设计视图中，单击工具栏上"查询类型"按钮旁的箭头，在下拉菜单中单击"追加查询"，弹出"追加"对话框。在"表名称"文本框中，输入追加表的名称"正式员工档案表"，由于追加表位于当前打开的数据库中，则选中"当前数据库"然后单击【确定】按钮，如图 4-53 所示。如果表不在当前打开的数据库中，则选中"另一数据库"单选按钮并输入存储该表的数据库的路径，或单击【浏览】按钮定位到该数据库。

图 4-53 "追加"对话框

（6）这时，查询设计视图增加了"追加到"行，并且在"追加到"行中自动填写追加的字段名称，如图 4-54 所示。

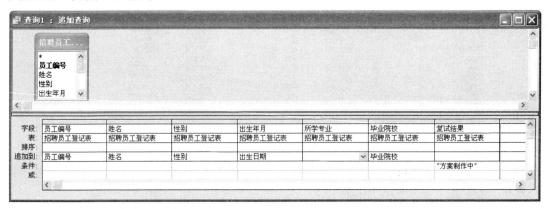

图 4-54 在"追加到"行中填写对应的追加字段

（7）在查询设计视图中单击工具栏上的【运行】按钮，弹出追加提示框，如图 4-55 所示。

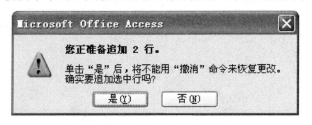

图 4-55 追加提示框

（8）单击【是】按钮，则 Access 开始把满足条件的所有记录追加到"正式员工档案表"中。

2. 利用"删除查询"删除"正式员工档案表"中员工编号以"YG09"开头的员工信息

删除查询是从一个或多个表中删除符合指定条件的行。删除记录之后，将无法撤销此操作。

（1）新建包含要删除记录的表的查询，本例"显示表"对话框中选择"正式员工档案表"。

（2）在查询设计视图中，单击工具栏上"查询类型"按钮旁的箭头，单击"删除查询"，这时在查询设计网格中显示"删除"行。

（3）从"正式员工档案表"的字段列表中将星号（*）拖到查询设计网格内，"From"将显示在这些字段下的"删除"单元格中。

（4）确定删除记录的条件，将要为其设置条件的字段从主表拖到设计网格，Where 显示在这些字段下的"删除"单元格中。这里为"员工编号"设置删除条件。

（5）对于已经拖到网格的字段，在其"条件"单元格中输入条件：Like "YG09?"，如图 4-56 所示。

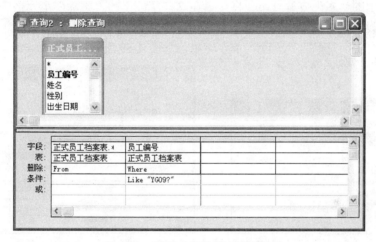

图 4-56 "删除查询"的设计视图

（6）要预览待删除的记录，请单击工具栏上的"视图"按钮。若要返回查询设计视图，再次单击工具栏上的"视图"按钮。"删除查询"的数据表视图如图 4-57 所示。

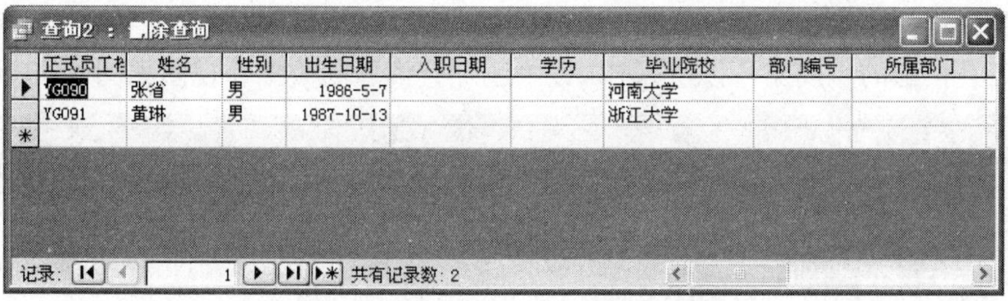

图 4-57 "删除查询"的显示结果

（7）单击工具栏上的【运行】按钮，则删除"正式员工档案表"中满足"删除查询"条件的记录。

3. 删除已签有员工合同的员工记录及其"员工合同表"记录

在"企业人事管理"数据库中，"正式员工档案表"与"员工合同表"已建立了关系，并且两表之间建立有"参照完整性"约束，如图 4-58 所示。在删除正式员工记录时，如果该员工有合同记录，即"员工合同表"中存在该员工记录，则删除失败。使用包含一对多关系中"一"端的表的查询来删除记录时，可在一对多关系中利用"一"方的表上执行一个删除查询，让 Access 从"多"方的表中删除相关的记录。要使用该功能，必须使表间关系具有级联删除特性。此类查询的创建与单表删除和一对一删除的操作步骤相同，只不过要建立的查询应该基于一对多关系的"一"方表。

4．删除岗位名称为"产权经理"的正式员工的员工合同

该操作删除的是包含一对多关系中多端的表记录，即通过"正式员工档案表"的职务确定员工编号，根据员工编号确定"员工合同表"中待删除的记录。

（1）新建一个查询，包含"正式员工档案表"和"员工合同表"。

（2）在查询设计视图中，单击工具栏上"查询类型"工具按钮，选择"删除查询"。

（3）在"员工合同表"中，从字段列表将星号（*）拖到查询设计网格第一列中（此时为一对多关系中的"多"方），From 将显示在这些字段下的"删除"单元格中。

（4）查询设计网格的第二列字段设置为"岗位名称"（在一对多关系中"一"的一端），Where 显示在这些字段下的"删除"单元格中，如图 4-59 所示。

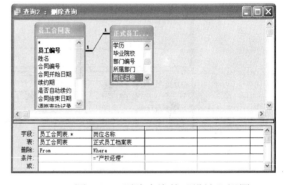

图 4-58 "正式员工档案表"与"员工合同表"
关系属性

图 4-59 删除查询的"设计"视图

（5）在条件行输入条件：="产权经理"。

（6）要预览待删除的记录，单击工具栏上的"视图"按钮。若要返回查询设计视图，再次单击工具栏上的"视图"按钮。该"删除查询"的数据表视图如图 4-60 所示。

图 4-60 "删除查询"的显示结果

（7）单击工具栏上的【运行】按钮，从"多"端的表中删除记录，如图 4-61 所示。

图 4-61 "删除查询"运行

5. 将 2011 年 6 月 1 日以前入职且岗位名称为"客户经理"的员工岗位更新为"市场经理"

更新查询可以利用查询结果更新一个表中的值。

（1）创建一个新的查询，将"正式员工档案表"添加到设计视图。

（2）在查询设计视图中，单击工具栏上"查询类型"按钮 旁的箭头，在下拉列表中选择"更新查询"，这时查询设计视图网格中增加一个"更新到"行。

（3）从字段列表将要更新或指定条件的字段拖至查询设计网格中。本例选择"岗位名称"字段和"入职日期"字段。

（4）在要更新字段"岗位名称"字段的"更新到"行中输入："市场经理"，在"条件"行中输入：="客户经理"；在"入职日期"字段的"条件"行中输入：<#2011-6-1#，如图 4-62 所示。

（5）若要查看将要更新的记录列表，单击工具栏上的"视图"按钮 。若要返回查询设计视图，再单击工具栏上的"视图"按钮 ，在设计视图中进行所需的更改。

（6）在查询设计视图中单击工具栏上的【运行】按钮，弹出更新提示框，如图 4-63 所示。

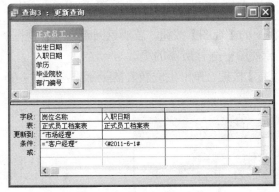

图 4-62 更新查询的设计视图

图 4-63 更新提示框

（7）单击【是】按钮，则 Access 开始按要求更新记录数据。

6. 从"正式员工档案表"将岗位名称为"市场经理"的员工记录保存到"市场部"表中

生成表查询可以将查询结果保存在表中，然后将该表保存在一个数据库中。这样就将查询结果由动态结果集转化为新建表。

（1）创建一个新的查询，将"正式员工档案表"添加到设计视图。

（2）在查询设计视图中，单击工具栏上"查询类型"按钮 旁的箭头，在下拉列表中单击"生成表查询"，显示"生成表"对话框，如图 4-64 所示。

图 4-64 "生成表"对话框

（3）在"生成表"对话框的"表名称"框中，输入所要创建或替换的表的名称，本例输入"市场部"。选择"当前数据库"选项，将新表"市场部"放入当前打开数据库中。然后单击【确定】按钮，关闭"生成表"对话框。

（4）从字段列表将要包含在新表中的字段拖动到查询设计网格，在"岗位名称"字段的"条件"行里输入条件： ="市场经理"，如图 4-65 所示。

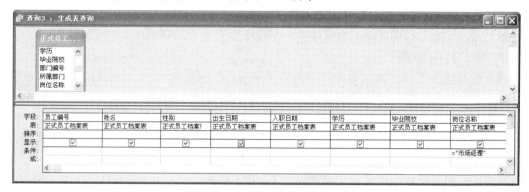

图 4-65　生成表的"设计"视图

（5）若要查看将要生成的新表，单击工具栏上的【视图】按钮。若要返回查询设计视图，再单击工具栏上的【视图】按钮，这时可在设计视图中进行所需的更改。

（6）在查询设计视图中单击工具栏上的【运行】按钮，弹出生成新表的提示框，如图 4-66 所示。

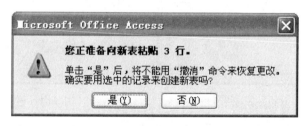

图 4-66　生成新表提示框

（7）单击【是】按钮，则 Access 在"企业人事管理"数据库中生成新表"市场部"。打开新建的表"市场部"，可以看出表中仅包含职务为"市场经理"的指定字段的记录。

相关知识与技能

操作查询是指仅在一个操作中更改许多记录的查询，它使用户不但可以利用查询对数据库中的数据进行简单的检索、显示及统计，而且可以根据需要对数据库进行一定的修改。

操作查询共有 4 种类型：删除查询的作用是从现有表中删除记录；更新查询的作用是替换现有数据；追加查询的作用是在现有表中添加新记录；生成表查询的作用是创建新表。

操作查询与选择查询、交叉表以及参数查询有所不同。选择查询、交叉表以及参数查询只是根据要求从表中选择数据，并不对表中的数据进行修改；而操作查询除了从表中选择数据外，还对表中的数据进行修改。由于运行操作查询时，可能会对数据库中的表做大量的修改，因此，为避免因误操作引起不必要的改变，Access 在数据库窗口中的每个操作查询图标之后显示一个感叹号，以引起用户注意。

创建和使用操作查询时可遵循以下 4 个基本步骤。

（1）设计一个简单选择查询，选取要操作或要更新的字段。

（2）将这个选择查询转换为具体的操作查询类型，完成相应的设置操作。

（3）通过单击工具栏上的【视图】按钮，预览操作查询所选择的记录。确定后，再单击【运行】按钮执行操作查询。

（4）到相应表中查看操作结果。

由于操作查询会修改数据，而在多数情况下，这种修改是不能恢复的，这就意味着操作查询具有破坏数据的能力，如果希望数据更安全一些，就应该先对相应的表进行备份，然后再运行操作查询。

 拓展与提高　利用设计视图创建交叉表查询

利用"交叉表查询向导"设计"企业人事交叉表查询"虽操作简洁，但是并不能完全满足工作需求，如"交叉表查询向导"中规定查询字段只能来自于一个表或查询，行标题选择最多 3 个，不能设置查询条件等。利用设计视图则可以根据实际需求更加灵活地创建交叉表查询。下面是利用设计视图创建"部门员工工资交叉表查询"，具体操作步骤如下。

（1）打开"企业人事管理"数据库，单击"查询"对象，双击"在设计视图中创建查询"，打开查询设计视图。在"显示表"对话框中分别将"部门分配表"、"员工工资表"、"家庭信息表"、"员工合同表"、"正式员工档案表"添加到设计视图，单击【关闭】按钮。

（2）单击主窗口"查询"菜单，选择"交叉表查询"菜单项 ▢ 交叉表查询(B)，将设计视图转换为"交叉表查询设计视图"。

（3）在"员工合同表"中，双击"合同编号"，将"合同编号"字段添加到设计视图下方的设计网格内。在"总计"行单元格选择"分组"选项，"交叉表"行单元格选择"行标题"选项，如图 4-67 所示。

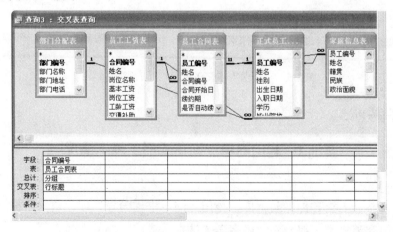

图 4-67　设计网格设置

（4）依次将"部门分配表"的"部门名称"字段、"正式员工档案表"的"员工编号"、"姓名"字段添加到设计网格，"总计"行单元格选择"分组"选项，"交叉表"行单元格选择"行标题"选项；将"家庭信息表"的"籍贯"字段添加到设计网格，"总计"行单元格选择"分组"选项，"交叉表"行单元格选择"列标题"选项；将"员工工资表"的"基本工资"字段添加到设计网格，"总计"行单元格选择"第一条记录"选项，"交叉表"行单元格选择"值"选项；在设计网格"部门名称"列的"条件"行单元格中输入查询条件：="市场部"，如图 4-68 所示。

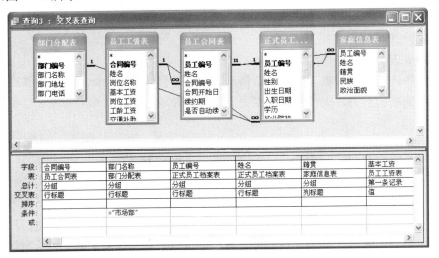

图 4-68　"企业人事交叉表查询"设计视图

（5）单击工具栏上的"保存"按钮█，打开"另存为"对话框，输入查询名称"员工基本工资交叉表查询"，单击【确定】按钮。

（6）单击工具栏上的"运行"按钮█，或选择"视图"菜单的"数据表视图"显示查询结果，如图 4-69 所示。

合同编号	部门名称	员工编号	姓名	呼和浩特	济南	南京	南阳	武汉	郑州
HT011	市场部	YG001	张英					5000	
HT013	市场部	YG003	杨东风						4000
HT014	市场部	YG004	李超		3000				
HT016	市场部	YG006	韩超				3000		
HT017	市场部	YG007	刘敏	1700					
HT022	市场部	YG012	刘名辉			3000			
HT023	市场部	YG013	张鹏				1800		

记录：|◀ ◀ 　　　1　▶ ▶| ▶* 共有记录数：7

图 4-69　"企业人事交叉表查询"的查询结果

 **上机实训**

实训 1　利用向导查询正式员工基本情况

【实训要求】

（1）对于"企业人事管理"数据库，使用"简单查询向导"创建查询名称为"查询 1"的查询，查询内容为"员工编号"、"姓名"、"性别"、"部门编号"和"部门名称"。

（2）使用"简单查询向导"创建查询名称为"查询 2"的查询，统计每个员工的"岗位工资"。

（3）利用"部门分配表"创建"交叉表"查询，查询的行标题为"部门编号"，查询的列标题为"是否党员"，查询结果为每部门的员工计数，查询名称为"查询 3"。

实训 2 利用设计视图查询招聘员工信息

【实训要求】

（1）对于"企业人事管理"数据库，使用查询设计视图创建一个对"招聘员工登记表"的查询，查询内容为"员工编号"、"姓名"、"性别"和"工作年限"，查询名称为"查询4"。

（2）在"查询4"的查询设计视图中添加"部门分配表"、"员工合同表"和"家庭信息表"，并设置表间联系。

（3）在"查询4"的查询设计视图中添加"部门名称"、"合同编号"、"岗位名称"等查询字段，设置查询按"部门名称"字段升序排列、并将"岗位名称"字段标题改为"职务定位"。

（4）运行、保存查询"查询4"。

（5）打开"查询1"，并对"查询1"进行相应修改。

实训 3 创建条件查询和参数查询

【实训要求】

（1）对于"企业人事管理"数据库，打开已创建好的"查询1"；在设计视图的"设计网格"中设置查询条件：[部门编号]="BM001"，查看查询结果。

（2）在"查询1"的"条件表达式"中设置"部门编号"参数，实现参数查询，查看查询结果。

（3）自拟查询条件，对于"企业人事管理"数据库中的"正式员工档案表"建立相应的条件查询和参数查询。

（4）按"部门"分组查询不同性别的员工人数。

总结与回顾

本项目主要介绍了如何使用 Access 2003 创建查询的方法及相关技能。需要理解掌握的知识、技能如下。

1．创建表关系

关系是在两个表的字段之间所建立的联系。通过关系，使数据库表间的数据合并起来，形成"有用"的数据，以便以后应用于查询、窗体、报表。关系的类型分为一对一、一对多、多对多 3 种。创建表关系时要充分考虑表之间的数据参照性规则。

2．利用向导创建查询

查询向导是 Acccess 2003 协助用户创建查询的一种主要手段。利用查询向导可以创建简单表查询、交叉表查询、查找重复项查询、查找不匹配项查询，其中简单查询向导还可以创建单表查询、多表查询、总计查询等。

3．利用设计视图创建、修改查询

查询的设计视图是用来设计查询的窗口。使用查询设计视图不仅可以创建新的查询，还可以对已存在的查询进行修改和编辑。在创建查询时，须将查询所需的表添加到查询中，并可以在设计视图中定义查询字段、字段属性、条件、排序方式、总计等。

4．查询中条件表达式的应用

利用条件表达式可以在查询中有选择地筛选数据，同时条件可以针对一个字段，也可以同时针对多个字段，甚至通过计算确定，所以条件表达式中需要综合运用算术运算、关系运算、逻辑运算、函数等。

5．创建参数查询

参数查询是一种交互式的查询方式，它执行时显示一个对话框，以提示用户输入查询信息，然后根据用户输入的查询条件来检索记录。

6．分组统计查询

在查询中，经常需要对查询数据进行统计计算，包括求和、平均、计数、最大值、最小值等，简单的统计查询可以在查询向导中完成，但是利用设计视图可以更加灵活地设计统计查询。

7．交叉表查询

交叉表查询可以将数据源数据重新组织，并可以计算数据的总和、平均、最大值、最小值等统计信息，更加方便分析数据库数据。这种数据分为两组信息：一组位于数据表左侧，称为行标题；一组位于数据表上方，称为列标题。利用交叉表查询向导和设计视图均可以方便地创建交叉表查询。

8．操作查询

选择查询只能通过一定的规则筛选、计算数据，而操作查询则可以对数据源中的数据进行增加、删除、更新等修改操作。操作查询包括生成表查询、更新查询、追加查询、删除查询等 4 种类型。利用设计视图可以灵活地设计操作查询。

思考与练习

1．选择题

（1）Access 2003 支持的查询类型有_____。

    A．选择查询、交叉表查询、参数查询、SQL 查询和操作查询

    B．选择查询、基本查询、参数查询、SQL 查询和操作查询

    C．多表查询、单表查询、参数查询、SQL 查询和操作查询

    D．选择查询、汇总查询、参数查询、SQL 查询和操作查询

（2）根据指定的查询条件，从一个或多个表中获取数据并显示结果的查询称为_____。

    A．交叉表查询   B．参数查询   C．选择查询   D．操作查询

（3）在下列关于条件的说法中，错误的是_____。

    A．同行之间为逻辑"与"关系，不同行之间为逻辑"或"关系

    B．日期/时间类型数据在两端加上#

    C．数字类型数据需在两端加上双引号

    D．文本类型数据需在两端加上双引号

（4）在企业人事表中，查询工龄工资为 100～300（不包括 300）的员工信息。正确的条件设置为_____。

A.　>99 or <299　　　　　　　　　　B.　Between 100 and 300

C.　>=100 and <300　　　　　　　　　D.　in(100,299)

（5）若要在文本型字段执行全文搜索，查询"Access"开头的字符串，则正确的条件表达式设置为_____。

A.　like "Access*"　　　　　　　　　B.　like "Access"

C.　like "*Access*"　　　　　　　　　D.　like "*Access"

（6）参数查询时，一般是在查询条件中写上_____，并在其中输入提示信息。

A.　（）　　　　　　B.　<>　　　　　　C.　{}　　　　　　D.　[]

（7）使用查询向导，不可以创建_____。

A.　单表查询　　　　B.　多表查询　　　　C.　带条件查询　　　D.　不带条件查询

（8）在企业人事管理数据库中，若要查询姓"张"的女同学的信息，正确的条件设置为_____。

A.　在"条件"单元格输入：姓名="张" AND 性别="女"

B.　在"性别"对应的"条件"单元格中输入："女"

C.　在"性别"的条件行输入"女"，在"姓名"的条件行输入：LIKE "张*"

D.　在"条件"单元格输入：性别="女"AND 姓名="张*"

（9）统计企业人员考核最高分，应在创建总计查询时，分组字段的总计项应选择_____。

A.　总计　　　　　B.　计数　　　　　C.　平均值　　　　　D.　最大值

（10）查询设计好以后，可进入"数据表"视图观察结果，不能实现的方法是_____。

A.　保存并关闭该查询后，双击该查询

B.　直接单击工具栏的"运行"按钮

C.　选定"表"对象，双击"使用数据表视图创建"快捷方式

D.　单击工具栏最左端的"视图"按钮，切换到"数据表"视图

2. 填空题

（1）在 Access 2003 中，_____查询的运行一定会导致数据表中数据发生变化。

（2）在"员工档案表"中，要确定工龄是否大于 3 且小于 10，可输入_____。

（3）在交叉表查询中，只能有一个_____和值，但可以有一个或多个_____。

（4）在"员工工资表"中，查找岗位工资在 1000 ~ 2500 的记录时，条件为_____。

（5）在创建查询时，有些实际需要的内容在数据源的字段中并不存在，但可以通过在查询中增加_____来完成。

（6）如果要在某数据表中查找某文本型字段的内容以"S"开头，以"L"结尾的所有记录，则应该使用的查询条件是_____。

（7）交叉表查询将来源于表中的_____进行分组，一组列在数据表的左侧，一组列在数据表的上部。

（8）将 1990 年以前入职的员工的岗位名称全部改为经理，则适合使用_____查询。

（9）利用对话框提示用户输入参数的查询过程称为_____。

（10）查询建好后，要通过_____来获得查询结果。

3. 判断题

（1）表与表之间的关系包括一对一、一对多两种类型。   （   ）

（2）一个查询的数据只能来自于一个表。   （   ）

（3）所有的查询都可以在 SQL 视图中创建、修改。   （   ）

（4）统计"员工合同表"中男性员工的人数用"最大值"统计。 （   ）

（5）查询中的字段显示名称可通过字段属性修改。   （   ）

4. 简答题

（1）什么是查询？查询有哪些类型？

（2）什么是选择查询？什么是操作查询？

（3）选择查询和操作查询有何区别？

（4）查询有哪些视图方式？各有何特点？

项目 5　使用结构化查询语言 SQL

在利用查询向导或设计视图创建查询时，Access 2003 将所创建的查询转换成结构化查询语言（Structured Query Language——SQL）的语句，在运行查询时，Access 2003 实际执行的是 SQL 语句。

许多关系型数据库系统用 SQL 语言作为查询或更新数据的标准语言，虽然在 Aceess 2003 中，利用向导或设计视图已经可以完成几乎所有查询的设计，但是了解 SQL 语言仍是学习数据库技术必不可少的内容。同时 SQL 语言直观、简单易学，针对初学者而言易于掌握。本项目以"企业人事管理"数据库为例，介绍利用 SQL 语言创建查询的方法与步骤。

学习内容

- 简单查询的设计
- 连接查询的设计
- 嵌套查询的设计
- 统计查询的设计
- 数据更新操作的实现
- 数据插入操作的实现
- 数据删除操作的实现

任务 1　创建简单查询获得"员工"信息

任务描述与分析

在"企业人事管理"数据库中查询所需信息，需要确定如下要素：

- 需要显示哪些字段
- 这些字段来自于哪个/哪些表或查询
- 这些记录需要根据什么条件筛选
- 显示的结果集是否需要排序，按照哪些字段排序

确定了以上要素后，根据 SQL 语言中的数据查询语句——SELECT 的基本格式，就可以在 SQL 视图中设计出查询命令。

方法与步骤

1．利用 SQL 语句查询员工基本信息

（1）打开"企业人事管理"数据库，在数据库对象栏中选择"查询"，双击右边窗口中的"在设计视图中创建查询"选项，打开默认名为"查询 1"的查询设计视图和"显示表"对话框。

（2）在"显示表"对话框中，选择"正式员工档案表"，单击"添加"按钮，将"正式员工档案表"添加至查询设计视图，关闭"显示表"对话框。

（3）在查询设计视图的标题栏上单击鼠标右键，如图 5-1 所示，选择"SQL 视图"。这时出现"查询 1"的 SQL 视图窗口，如图 5-2 所示。

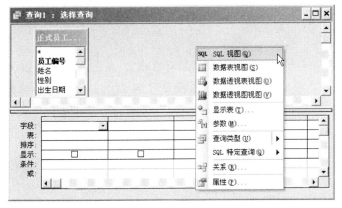

图 5-1　在快捷菜单中单击"SQL 视图"选项

图 5-2　SQL 视图窗口

（4）在 SQL 视图窗口内将 SQL 语句修改为：

```
SELECT 员工编号，姓名，性别，入职日期，所属部门
FROM 正式员工档案表；
```

该语句的意思是从"正式员工档案表"中查询员工编号、姓名、性别、入职日期、所属部门字段，如图 5-3 所示。

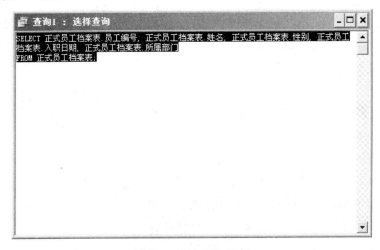

图 5-3　修改 SQL 语句

（5）单击工具栏中的“运行” ! 按钮运行查询，可看到查询的结果，如图 5-4 所示。

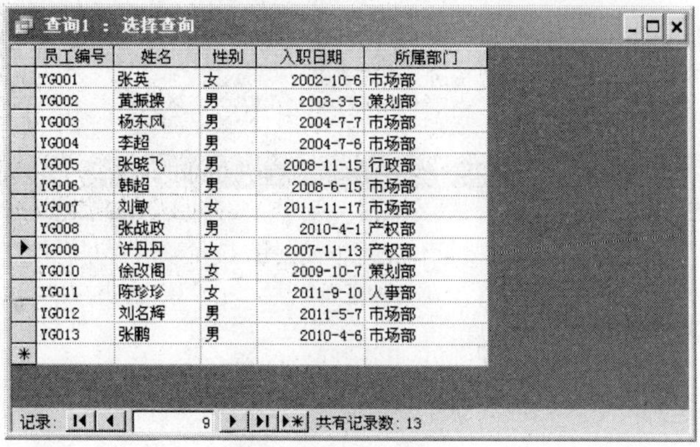

查询1 ：选择查询

员工编号	姓名	性别	入职日期	所属部门
YG001	张英	女	2002-10-6	市场部
YG002	黄振操	男	2003-3-5	策划部
YG003	杨东风	男	2004-7-7	市场部
YG004	李超	男	2004-7-6	市场部
YG005	张晓飞	男	2008-11-15	行政部
YG006	韩超	男	2008-6-15	市场部
YG007	刘敏	女	2011-11-17	市场部
YG008	张战政	男	2010-4-1	产权部
YG009	许丹丹	女	2007-11-13	产权部
YG010	徐改阁	女	2009-10-7	策划部
YG011	陈珍珍	女	2011-9-10	人事部
YG012	刘名辉	男	2011-5-7	市场部
YG013	张鹏	男	2010-4-6	市场部

记录：9 共有记录数：13

图 5-4 查询结果

2．查询“正式员工档案表”中是否为党员项中的所有党员员工信息

（1）打开“企业人事管理”数据库，新建一个查询，当显示“显示表”对话框时直接关闭，右键单击设计视图窗口，选择“SQL 视图”，切换到“SQL 视图”窗口。

（2）在“SQL 视图”窗口内将 SQL 语句修改为：

```
SELECT *
FROM 正式员工档案表
WHERE 是否党员=True;
```

该语句的意思是查询“正式员工档案表”中“是否为党员="党员"”的全部数据信息。

（3）运行查询，得到的查询结果如图 5-5 所示。

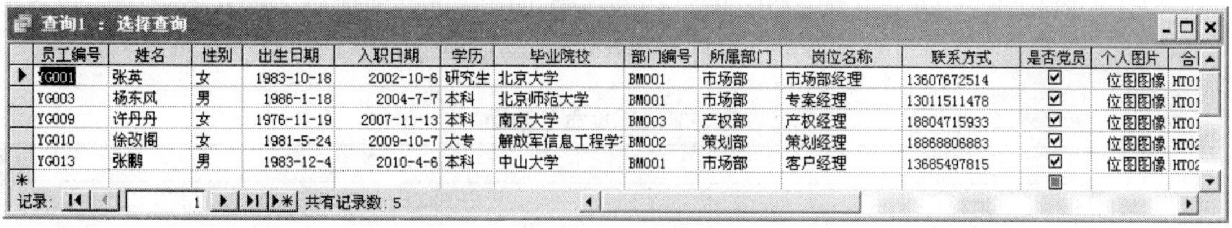

查询1 ：选择查询

员工编号	姓名	性别	出生日期	入职日期	学历	毕业院校	部门编号	所属部门	岗位名称	联系方式	是否党员	个人图片	合
YG001	张英	女	1983-10-18	2002-10-6	研究生	北京大学	BM001	市场部	市场部经理	13607672514	☑	位图图像	HT01
YG003	杨东风	男	1986-1-18	2004-7-7	本科	北京师范大学	BM001	市场部	专案经理	13011511478	☑	位图图像	HT01
YG009	许丹丹	女	1976-11-19	2007-11-13	本科	南京大学	BM003	产权部	产权经理	18804715933	☑	位图图像	HT01
YG010	徐改阁	女	1981-5-24	2009-10-7	大专	解放军信息工程学	BM002	策划部	策划经理	18868806883	☑	位图图像	HT02
YG013	张鹏	男	1983-12-4	2010-4-6	本科	中山大学	BM001	市场部	客户经理	13685497815	☑	位图图像	HT02

记录：1 共有记录数：5

图 5-5 查询结果

3．查询 1983 年前出生且岗位名称为“市场经理”或“策划经理”的所有信息并按出生日期升序排序

（1）打开“企业人事管理”数据库，新建一个查询，切换到“SQL 视图”。

（2）在“SQL 视图”窗口内将 SQL 语句修改为：

```
SELECT *
FROM 正式员工档案表
WHERE 出生日期<#1983-1-1# AND 岗位名称 IN ("市场经理","策划经理")
ORDER BY 出生日期;
```

该语句的意思是查询“正式员工档案表”的所有字段，条件是[出生日期]< #1983-1-1# 且[职务]是“市场经理”或“策划经理”，查询结果按[出生日期]排序。

（3）运行查询，得到的查询结果如图 5-6 所示。

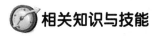

员工编号	姓名	性别	出生日期	入职日期	学历	毕业院校	部门编号	所属部门	岗位名称	联系方式	是否党员	个人图片	合同编
YG012	刘名辉	男	1978-11-25	2011-5-7	大专	纺织工业学校	BM001	市场部	市场经理	13514725844	☐	位图图像	HT022
YG010	徐改阁	女	1981-5-24	2009-10-7	大专	解放军信息工程学	BM002	策划部	策划经理	18868806883	☑	位图图像	HT020
YG006	韩超	男	1982-7-9	2008-6-15	本科	浙江大学	BM001	市场部	市场经理	13903716654	☐	位图图像	HT016

记录: ⏮ ◀ 　　1 ▶ ⏭ ▶* 共有记录数: 3

图 5-6　查询结果

相关知识与技能

1. 认识 SQL 语句

SQL 语言是一个完整的结构化查询语言体系，它通常包含 4 个部分：数据定义语言（CREATE、ALTER、DROP）、数据操纵语言（INSERT、UPDATE、DELETE）、数据查询语言（SELECT）和数据控制语言（COMMIT、ROLLBACK），因此可以完成数据库操作中的全部工作。

（1）数据定义：指创建数据库，对于关系数据库而言，就是建立数据表和编辑数据表。

（2）数据操纵：指对数据库中的具体数据进行增、删、改和更新等操作。

（3）数据查询：指按用户要求从数据库中检索数据，并将查询结果以表格的形式返回。

（4）数据控制：指通过对数据库各种权限的授予或回收来管理数据库系统。这些权限包括对基本表的修改、插入、删除、更新、建立索引、查询的所有权限。

SQL 语言是一种高度非过程化的语言，它不是一步步地告诉计算机"如何去做"，而只描述用户"要做什么"。即 SQL 语言将要求交给系统，系统会自动完成全部工作。

SQL 语言非常简洁。虽然 SQL 语言功能很强，但它只有为数不多的几条命令，表 5-1 列出了按语句的功能分类的命令动词。此外，SQL 的语法也非常简单，比较容易学习和掌握。

表 5-1　SQL 命令动词

SQL 功能	命令动词
数据定义	CREATE、DROP、ALTER
数据操纵	INSERT、UPDATE、DELETE
数据查询	SELECT
数据控制	GRANT、REVOKE

SQL 语言既可以直接以命令方式交互使用，也可以嵌入到程序设计语言中以程序方式使用。现在很多数据库应用开发工具都将 SQL 语言直接融入到自身的语言之中，使用起来更方便，Access 就是如此。

2. SELECT 语句基本格式

SELECT 语句是查询、统计应用最为广泛的一种 SQL 语句，它不但可以建立起简单查询，还可以实现条件查询、分组统计、多表连接查询等功能。

SELECT 数据查询语句的动词是 SELECT。SELECT 语句的基本形式由 SELECT—FROM—WHERE 查询块组成，多个查询块可以嵌套执行。

SELECT 语句基本的语法结构如下：

```
SELECT [表名.]字段名列表
FROM <表名或查询名>[,<表名或查询名>]...
[WHERE <条件表达式>]
[ORDER BY <列名>[ASC|DESC]]
```

其中：方括号（[ ]）内的内容是可选的，尖括号（<>）内的内容是必须出现的。

SELECT 语句中各子句的意义如下：

（1）SELECT 子句：用于指定要查询的字段数据，只有指定的字段才能在查询中出现。如果希望检索到表中的所有字段信息，可以使用星号（*）来代替列出的所有字段的名称，而列出的字段顺序与表定义的字段顺序相同。

（2）FROM 子句：用于指出要查询的数据来自哪个或哪些表（也可以是视图），可以对单个表或多个表进行查询。

（3）WHERE 子句：用于给出查询的条件，只有与这些选择条件匹配的记录才能出现在查询结果中。在 WHERE 后可以跟条件表达式，还可以使用 IN、BETWEEN、LIKE 表示字段的取值范围。其中：

- IN 在 WHERE 子句中的作用是：确定 WHERE 后的表达式的值是否等于指定列表中的几个值中的任何一个。例如，WHERE 岗位名称 IN ("市场经理","策划经理")，表示"岗位名称"字段的值如果是"市场经理"或"策划经理"则满足查询条件。

- BETWEEN 在 WHERE 子句中的作用是：条件可以用 BETWEEN…AND…表示在二者之间，NOT BETWEEN…AND…表示不在其间。例如，WHERE 基本工资 BETWEEN 1500 AND 3000，表示"基本工资"字段的值如果在 1500 和 3000 之间则满足查询条件。

- LIKE 在 WHERE 子句中的作用是：利用*、? 通配符实现模糊查询。其中：* 匹配任意数量的字符，例如，姓名 LIKE "张*"表示所有以"张"开头的姓名满足查询条件；? 匹配任意单个字符，例如，姓名 LIKE "张?"表示以"张"开头的姓名为两个字的满足查询条件。

（4）ORDER BY 子句：用于对查询的结果按"列名"进行排序，ASC 表示升序，DESC 表示降序，默认为 ASC 升序排序。

注意

1. SELECT 语句不分大小写，如：SELECT 可为 select，FROM 可为 from。

2. SELECT 语句中的所有的标点符号(包括空格)必须采用半角西文符号，如果采用了中文符号，将会弹出要求重新输入或提示出错的对话框，必须将其改为半角西文符号，才能正确执行 SELECT 语句。

■ 任务2　创建连接查询，查询"员工档案"信息

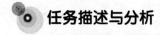

任务描述与分析

在"企业人事管理"数据库中，查询员工档案，数据来源于多个表。员工编号、姓名存

在于"正式员工档案表"，身份证号码存在于"家庭信息表"，基本工资存在于"员工工资表"，而查询结果需要将这些数据组合在一个结果集中。

在 SELECT 数据查询语句中，多表查询需要在有关联的表之间建立"连接"，从而将来自于多个表中的字段组成一个更宽的记录集，然后从该记录集中挑选出需要的字段。表与表之间的连接需要通过关联字段进行，如"正式员工档案表"和"员工工资表"之间的关联字段是"合同编号"，"家庭信息表"与"员工工资表"之间的关联字段是"员工编号"等。

📖 方法与步骤

1．查询员工基本信息及部门名称

（1）打开"企业人事管理"数据库，新建一个查询，切换到"SQL 视图"。

（2）在"SQL 视图"窗口内将 SQL 语句修改为：

SELECT 正式员工档案表.员工编号, 正式员工档案表.姓名, 正式员工档案表.性别, 员工工资表.基本工资, 员工工资表.岗位名称, 家庭信息表.籍贯, 家庭信息表.身份证号码;

FROM（员工工资表 INNER JOIN 正式员工档案表 ON 员工工资表.合同编号 ＝ 正式员工档案表.合同编号）INNER JOIN 家庭信息表 ON 正式员工档案表.员工编号 ＝ 家庭信息表.员工编号;

该语句的意思是分别从"正式员工档案表"中提取"员工编号"、"姓名"、"性别"字段，从"员工工资表"中提取"基本工资"、"岗位名称"字段，从"家庭信息表"提取"籍贯"、"身份证号码"字段；"员工工资表"与"正式员工档案表"的关联字段是"合同编号"。"家庭信息表"与"正式员工档案表"的关联字段是"员工编号"。

（3）运行查询，得到的查询结果如图 5-7 所示。

员工编号	姓名	性别	基本工资	岗位名称	籍贯	身份证号码
YG001	张英	女	5000	市场总监	武汉	420101198310180015
YG002	黄振操	男	5000	策划总监	长沙	430100198211090158
YG003	杨东风	男	4000	专案经理	郑州	410125198601185432
YG004	李超	男	3000	商务经理	济南	370101198401025665
YG005	张晓飞	男	1500	行政助理	驻马店	412825198805077645
YG006	韩超	男	3000	市场经理	南阳	411300198207094161
YG007	刘敏	女	1700	客户经理	呼和浩特	150102199004055554
YG008	张战政	男	2200	产权助理	信阳	413025198507125465
YG009	许丹丹	女	3000	产权经理	许昌	411000197611191547
YG010	徐改阁	女	4000	策划经理	郑州	410125198105247701
YG011	陈珍珍	女	1800	客户经理	焦作	410801198711270051
YG012	刘名辉	男	3000	市场经理	南京	320101197811251586
YG013	张鹏	男	1800	客户经理	南阳	411300198312041590

记录: |◀ ◀ 1 ▶ ▶| ▶* 共有记录数：13

图 5-7　查询结果

2．查询员工工资情况与岗位关系

（1）打开"企业人事管理"数据库，新建一个查询，切换到"SQL 视图"。

（2）在"SQL 视图"窗口内将 SQL 语句修改为：

SELECT 正式员工档案表.员工编号, 正式员工档案表.姓名, 正式员工档案表.入职日期, 员工工资表.岗位名称, 员工工资表.基本工资, 员工工资表.岗位工资, 员工工资表.工龄工资

FROM 员工工资表 INNER JOIN 正式员工档案表 ON 员工工资表.合同编号 ＝ 正式

员工档案表.合同编号

　　ORDER BY 正式员工档案表.入职日期;

　　该语句的意思是分别从"正式员工档案表"中提取"员工编号"、"姓名"、"入职日期"字段，从"员工工资表"提取"基本工资"、"岗位工资"、"工龄工资"字段，查询结果按入职日期升序排序。

　　（3）运行查询，得到的查询结果如图 5-8 所示。

员工编号	姓名	入职日期	岗位名称	基本工资	岗位工资	工龄工资
YG001	张英	2002-10-6	市场总监	5000	2000	300
YG002	黄振燥	2003-3-5	策划总监	5000	1000	270
YG004	李超	2004-7-6	商务经理	3000	800	240
YG003	杨东凤	2004-7-7	专案经理	4000	1000	240
YG009	许丹丹	2007-11-13	产权经理	3000	800	120
YG006	韩超	2008-6-15	市场经理	3000	800	90
YG005	张晓飞	2008-11-15	行政助理	1500	400	90
YG010	徐改阁	2009-10-7	策划经理	4000	800	60
YG008	张战政	2010-4-1	产权助理	2200	600	60
YG013	张鹏	2010-4-6	客户经理	1800	600	1
YG012	刘名辉	2011-5-7	市场经理	3000	600	0
YG011	陈珍珍	2011-9-10	客户经理	1800	600	0
YG007	刘敏	2011-11-17	客户经理	1700	600	0

记录: 14 ◀ 1 ▶ ▶I ▶* 共有记录数: 13

图 5-8　查询结果

相关知识与技能

1. 连接的类型

　　根据表与表之间连接后所获得的结果记录集的不同，连接可分为 3 种类型：内连接、左连接、右连接，如表 5-2 所示。

表 5-2　连接类型

连接类型	子句	连接属性	连接实例	结果
内连接	INNER JOIN	只包含来自两个表中的关联字段相等的记录	FROM 正式员工档案表 INNER JOIN 员工工资表 ON 正式员工档案表.员工编号=员工工资表.员工编号	只包含"正式员工档案表"和"员工工资表"同时具有相同员工编号的记录
左连接	LEFT JOIN	包含第一个（左边）表的所有记录和第二个表（右边）关联字段相等的记录	FROM 正式员工档案表 LEFT JOIN 员工工资表 ON 正式员工档案表.员工编号=员工工资表.员工编号	包含所有员工记录和参加工资发放的员工记录
右连接	RIGHT JOIN	包含第二个（右边）表的所有记录和第一个表（左边）关联字段相等的记录	FROM 正式员工档案表 RIGHT JOIN 部门 ON 正式员工档案表.部门编号=部门分配表.部门编号	包含所有部门记录和已分配部门的员工记录

2. 连接查询的基本格式

在 SELECT 语句中使用连接查询的基本格式如下：

```
SELECT [表名或别名.]字段名列表
FROM 表名1 AS 别名1
INNER | LEFT | RIGHT  JOIN 表名2 AS 别名2 ON 表名1.字段=表名2.字段
```

　　其中："|"表示必须选择 INNER、LEFT、RIGHT 其中的一个。

　　如果连接的表多于两个，则需要使用嵌套连接，其格式为：

SELECT [表名或别名.]字段名列表

FROM 表名1 AS 别名1 INNER JOIN （表名2 AS 别名2 INNER JOIN 表名3 AS 别名3 ON 表名2.字段=表名3.字段）

ON 表名1.字段=表名2.字段

在上述格式中，如果结果集所列字段名在两个表中是唯一的，则[表名.]可以省略，但是如果两个表中存在同名字段，为防止混淆，需要指明所列字段来自于哪个表。

如果表名太长或不便于记忆，可以利用 AS 为表定义别名，并在字段名前用别名识别。例如：

SELECT a.员工编号，a.姓名，a.性别,b.部门名称

FROM 正式员工档案表 AS a

INNER JOIN 部门分配表 AS b ON a.部门编号=b.部门编号;

任务3　使用查询嵌套查询员工信息

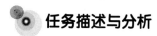 **任务描述与分析**

若要查询所有基本工资小于 2000 的员工信息，首先涉及"正式员工档案表"，由于查询条件是基本工资小于 2000，而基本工资存在于"员工工资表"，因此，需要从"员工工资表"中选出基本工资小于 2000 的员工编号，再从"正式员工档案表"中将满足条件的员工编号的员工筛选出来。

这里用到了两个查询，"员工工资表"的查询结果，作为查询"正式员工档案表"的筛选条件，因此这种查询方式称为"嵌套查询"，"员工工资表"的查询称为"子查询"，"正式员工档案表"的查询称为"主查询"。

方法与步骤

（1）打开"企业人事管理"数据库，新建一个查询，切换到"SQL 视图"。

（2）在"SQL 视图"窗口内将 SQL 语句修改为：

SELECT *

FROM 正式员工档案表

WHERE 员工编号 IN（SELECT 员工编号 FROM 员工工资表 WHERE 基本工资<2000）;

（3）运行查询，得到的查询结果如图 5-9 所示。

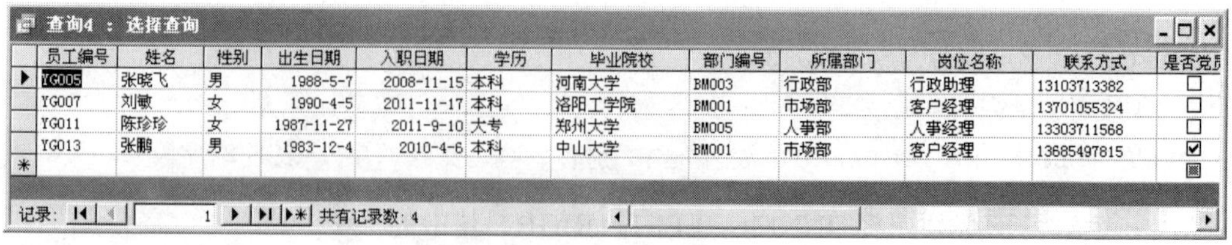

员工编号	姓名	性别	出生日期	入职日期	学历	毕业院校	部门编号	所属部门	岗位名称	联系方式	是否党员
YG005	张晓飞	男	1988-5-7	2008-11-15	本科	河南大学	BM003	行政部	行政助理	13103713382	☐
YG007	刘敏	女	1990-4-5	2011-11-17	本科	洛阳工学院	BM001	市场部	客户经理	13701055324	☐
YG011	陈珍珍	女	1987-11-27	2011-9-10	大专	郑州大学	BM005	人事部	人事经理	13303711568	☐
YG013	张鹏	男	1983-12-4	2010-4-6	本科	中山大学	BM001	市场部	客户经理	13685497815	☑

记录：14 ◄ 　1 ► ►I ►* 共有记录数: 4

图 5-9　查询结果

相关知识与技能

从上述查询语句中可以看到，一个查询语句可以嵌套有另一个查询语句，甚至最多可以嵌套 32 层。其中外部查询为主查询，内部查询为子查询。这种查询方式通常是最自然的表达方法，也非常贴近用户的需求描述，实现更加简便。

在使用子查询时，通常是作为主查询的 WHERE 子句的一部分，用于替代 WHERE 子句中条件表达式。根据子查询返回记录的行数的不同，可以使用不同的操作符，常用的子查询操作符如表 5-3 所示。

表 5-3　子查询操作符

子查询返回行数	操　作　符
一行	=、>、<、>=、<=、<>
多行	IN、NOT IN

【例】查询所有"汉族"员工信息

在"正式员工档案表"中没有"民族"字段，因此，需要从"家庭信息表"中根据民族查询出"汉族"员工，并从"正式员工档案表"中查询出员工编号符合要求的员工信息。SQL语句如下：

```
SELECT *
FROM 正式员工档案表
WHERE 员工编号 IN（SELECT 员工编号 FROM 家庭信息表 WHERE 民族='汉族'）；
```

■ 任务 4　使用 SQL 语言实现计算查询

 任务描述与分析

在现实工作中，数据库管理员可能经常需要根据基础数据对数据库进行分析、计算、统计。如果数据量比较大，数据库管理员搜索每条记录并进行分析将变得非常困难。例如，根据员工出生日期计算员工当前年龄；统计每位员工的工资总额、平均工资等。

SELECT 语句不仅具有一般的检索能力，而且还有计算方式的检索，通过不同的表达式、函数的运用，能够将繁杂的计算、统计工作变得简单、迅速、准确。

方法与步骤

1．计算所有员工年龄

（1）打开"企业人事管理"数据库，新建一个查询，切换到"SQL 视图"。

（2）在"SQL 视图"窗口内输入下列语句：

```
SELECT 员工编号, 姓名, 出生日期, Year（Date（））-Year（出生日期）AS 年龄
FROM 正式员工档案表;
```

该语句中，Year（Date（））-Year（出生日期）表示当前系统日期的年份-出生日期的年

份。AS 则为该列定义列标题。

（3）运行查询，得到的查询结果如图 5-10 所示。

员工编号	姓名	出生日期	年龄
YG001	张英	1983-10-18	29
YG002	黄振操	1982-11-9	30
YG003	杨东风	1986-1-18	26
YG004	李超	1984-1-2	28
YG005	张晓飞	1988-5-7	24
YG006	韩超	1982-7-9	30
YG007	刘敏	1990-4-5	22
YG008	张战政	1985-7-12	27
YG009	许丹丹	1976-11-19	36
YG010	徐改阁	1981-5-24	31
YG011	陈珍珍	1987-11-27	25
YG012	刘名辉	1978-11-25	34
YG013	张鹏	1983-12-4	29

图 5-10　查询结果

2．统计每部门的员工基本工资总和与平均工资

（1）打开"企业人事管理"数据库，新建一个查询，切换到"SQL 视图"。

（2）在"SQL 视图"窗口内输入下列语句：

SELECT 部门分配表.部门编号，Avg（员工工资表.基本工资）AS 基本工资之平均值，Sum（员工工资表.基本工资）AS 基本工资之总计

FROM 员工工资表 INNER JOIN（部门分配表 INNER JOIN 正式员工档案表 ON 部门分配表.部门编号 = 正式员工档案表.部门编号）ON 员工工资表.合同编号 = 正式员工档案表.合同编号

GROUP BY 部门分配表.部门编号；

（3）运行查询，得到的查询结果如图 5-11 所示。

部门编号	基本工资之平均值	基本工资之总计
BM001	3071.42857142857	21500
BM002	4500	9000
BM003	2250	4500
BM004	2200	2200
BM005	1800	1800

图 5-11　查询结果

相关知识与技能

Access 2003 提供了大量用于计算、统计的函数。在"计算员工年龄"查询中，根据"出生日期"计算年龄用到的是 Access 2003 的日期函数，而在"统计员工部门工资"查询中则用到的是汇聚函数。

在上述统计员工工资的查询中，需要根据员工编号、姓名进行分组，计算每一组的合计、平均值。在 SELECT 语句中利用 SQL 提供的一组汇聚函数，可对分组数据集中的数据集合

进行计算。

使用 SELECT 语句进行分组统计的基本格式为：

```
SELECT [表名.]字段名列表 [AS 列标题]
FROM <表名>
GROUP BY 分组字段列表 [HAVING 查询条件]。
```

其中：GROUP BY 子句：指定分组字段。

HAVING 子句：指定分组的搜索条件，通常与 GROUP BY 子句一起使用。

在分组查询中经常使用 SUM()、AVG()、COUNT()、MAX()、MIN()等汇聚函数计算每组的汇总值。

任务 5 使用 SQL 语言更新"员工档案"信息

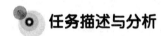**任务描述与分析**

更新数据库数据是维护数据库内容的一项日常工作。数据更新是指将符合指定条件的记录的一列或多列数据，按照给定的值或一定的计算方式得到的结果，去修改表中的数据。

在 SQL 语言中，使用 UPDATE 语句可以实现数据更新，如果需要指定更新条件，可在 UPDATE 语句中使用 WHERE 子句。下面是将员工编号为"YG004"员工的岗位名称更新为"市场总监"，学历更新为"研究生"，是否为党员更新为"是"的操作。

方法与步骤

（1）打开"企业人事管理"数据库，新建一个查询，切换到"SQL 视图"。

（2）在"SQL 视图"窗口内输入下列语句：

```
UPDATE 正式员工档案表 SET 岗位名称 = "市场总监",学历 = "研究生",是否党员="TURE"
WHERE 员工编号="YG004";
```

（3）单击工具栏上的【运行】按钮，弹出更新提示框，如图 5-12 所示。

图 5-12 更新提示框

（4）单击【是】按钮，Access 开始按要求更新记录数据。

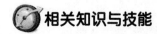**相关知识与技能**

UPDATE 语句的基本格式为：

```
UPDATE 表名 SET 字段名=表达式[，字段名=表达式，…]
[WHERE 更新条件]
```

UPDATE 语句中各子句的意义如下：

（1）UPDATE：指定更新的表名。UPDATE 语句每次只能更新一个表中的数据。

（2）SET：指定要更新的字段以及该字段的新值。其中新值可以是固定值，也可以是表达式，但是要确保和该字段的数据类型一致。

SET 子句可以同时指定多个字段更新，每个字段之间用逗号分隔。

（3）WHERE：指定更新条件。对于满足更新条件的所有记录，SET 子句中的字段将按给定的新值更新。

WHERE 子句中更新条件较多时，既可以使用逻辑运算符 AND、OR、NOT 或 LIKE、IN、BETWEEN 的组合，也可以使用嵌套子查询设置更新条件。

如果没有指定任何 WHERE 子句，那么表中所有记录都被更新。

■ 任务6 使用 SQL 语言删除"员工工资"信息

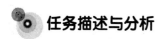 **任务描述与分析**

当数据库中存在多余的记录时，可将其删除。SQL 语言提供的 DELETE 语句可以删除表中的全部或部分记录。DELETE 语句的基本用法是：

```
DELETE FROM 表名 WHERE 条件
```

下面是删除"员工工资表"中基本工资小于 1800 的记录的操作。

方法与步骤

（1）打开"企业人事管理"数据库，新建一个查询，切换到"SQL 视图"。

（2）在"SQL 视图"窗口内输入下列语句：

```
DELETE FROM 员工工资表
WHERE 基本工资<1800;
```

（3）单击工具栏上的【运行】按钮，弹出删除提示框，如图 5-13 所示。

图 5-13　删除提示框

（4）单击【是】按钮，Access 删除符合条件的记录数据。

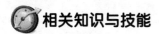**相关知识与技能**

DELETE 语句的基本格式如下：

```
DELETE FROM 表名
[WHERE 删除条件]
```

DELETE 语句中各子句的意义如下：

（1）DELETE FROM：指定删除记录的表名。DELETE 语句每次只能删除一个表中的记录。

（2）WHERE：指定删除条件。对于符合条件的记录，DELETE 语句将从表中删除。如果没有指定任何 WHERE 子句，则 DELETE 将删除所有记录。

当数据库表间存在关系且关系设置了"实施参照完整性"检验，且在删除一对多关系的主表记录且从表存在相关记录时，Access 2003 将拒绝执行删除命令，同时弹出错误提示。

【例 1】：删除"招聘员工登记表"中所有初试结果 PASS 的员工

```
DELETE * FROM 招聘员工登记表 WHERE 初试结果= "PASS";
```

【例 2】：删除"员工合同表"中合同结束日期为小于当前日期的记录

```
DELETE * FROM 员工合同表 WHERE  合同结束日期<Date ()
```

因为"员工合同表"中的合同已经存在于"正式员工档案表"，并且两表之间实施了参照完整性，因此，在单击工具栏"运行"按钮后，首先提示是否删除，如果选择"是"，则提示 Access 因记录锁定而不能删除，如图 5-14 所示。

图 5-14 提示信息对话框

如果用户单击【是】，则只删除"员工合同表"中满足删除条件的记录，而对已经存在于"正式员工档案表"的记录保留。单击【否】则取消运行。

任务 7 使用 SQL 语言插入"员工"信息

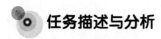**任务描述与分析**

数据库表对象建立之后，向表中输入数据不但可以在数据表视图中进行，利用 SQL 语言同样可以输入数据。使用 INSERT 语句可以向指定表添加一行或多行记录，其语句简单，格

式灵活。

📖 **方法与步骤**

1. 在"招聘员工登记表"中插入新记录

（1）打开"企业人事管理"数据库，新建一个查询，切换到"SQL 视图"。

（2）在"SQL 视图"窗口内输入下列语句：

```
INSERT INTO 招聘员工登记表
VALUES ("YG025","张三","男","1985-11-7","电子商务","西交大","4");
```

（3）单击工具栏上的【运行】按钮，弹出追加提示框，如图 5-15 所示。

图 5-15　插入记录提示框

（4）单击【是】按钮，则向"招聘员工登记表"中追加一条记录。

2. 向"部门分配表"添加新部门信息

（1）打开"企业人事管理"数据库，新建一个查询，切换到"SQL 视图"。

（2）在"SQL 视图"窗口内输入下列语句：

```
INSERT INTO 部门分配表（部门编号，部门名称，部门地址，部门电话，部门负责人，部门群号，部门传真，上级部门）
VALUES ("BM006","财务部","第一国际","0371-56761235","陈魁","554866","0371-57661236","总经办")
```

（3）单击工具栏上的【运行】按钮，弹出追加提示框，单击【是】按钮，则向"部门分配表"中追加一条记录。

🕐 **相关知识与技能**

向数据表中追加记录，INSERT 语句的基本格式如下：

```
INSERT INTO 表名［（字段列表）］VALUES （值列表）
```

其中：字段列表和值列表可以包含多个，并在字段间或值间以逗号分割。

INSERT 语句中各子句的意义如下：

（1）INSERT INTO：指定插入记录的表名称。一条 INSERT 语句一次只能向一个表插入数据。

（2）VALUES：指定各字段值。这些值可以是固定值，也可以是表达式或函数运算的结果。

如果没有指定（字段列表），则表示向表中所有字段指定值，这时，VALUES 子句中（值列表）的值的个数、顺序、数据类型要和表中字段的个数、顺序、数据类型保持一致。

如果只需要为表中的个别字段提供值，则需要指定字段列表。同样，VALUES 子句中（值列表）的值的个数、顺序、数据类型要和字段列表中字段的个数、顺序、数据类型相同。没有指定的字段则按该字段的"默认值"添加数据。

 拓展与提高　利用"联合查询"查询员工工资档案

假设"企业人事管理"数据库中，每一阶段员工根据工作绩效会做一些工作调整，不管是岗位上的变动、电话的变动、使用固定设备及网络账号还有工资变动都会记录在公司档案中，并将所有记录保存在不同的年份档案表中，如保存在"人事档案 2010"、"人事档案 2011"。员工离职或调动时，企业希望能同时查到不同年份的员工档案情况，并在同一个结果表中集中显示。要创建这样一个查询，利用以前介绍的方法难以实现，为此 SQL 语言提供了一种称之为"联合"的查询方式。

联合查询是指将多个表的查询结果合并到一个结果集中的查询。使用联合查询应该符合联合条件，即从多个表中查询的结果的列数应相同。但是，字段无须具有相同的大小。

联合查询的基本格式为：

```
SELECT 字段列表 FROM 表  WHERE 条件或表达式
UNION
SELECT 字段列表 FROM 表  WHERE 条件或表达式
[UNION
……]
```

 **上机实训**

实训 1　创建简单查询和连接查询查询"员工档案"信息

【实训要求】

（1）在"企业人事管理"数据库中，利用 SQL 语句创建查询，查询内容为 2003 年 7 月 1 日以后参加工作的员工编号、姓名、入职日期、学历、岗位名称、是否党员等信息，查询名称自定。

（2）利用 SQL 语句查询所有部门的信息，包括部门编号、部门名称、部门电话、部门负责人等信息。

实训 2　创建嵌套查询查询"员工档案"信息

【实训要求】

（1）利用 SQL 语句创建查询，查询"基本工资"在 2200 元以上的员工所有信息。

（2）利用 SQL 语句创建查询，查询所有非党员员工的姓名、网络账号、岗位名称。

实训 3　创建统计查询查询"员工"信息

【实训要求】

（1）利用 SQL 语句创建查询，查询每位员工的编号、姓名、入职日期、年龄信息。

（2）利用 SQL 语句创建查询，统计各部门员工人数。

实训 4　创建更新、删除、插入查询修改"人事管理"

【实训要求】

（1）利用 SQL 语句删除"韩超"员工的网络账号信息记录。

（2）利用 SQL 语句将员工"陈珍珍"的部门信息更改为"产权部"，"是否党员"更改为"是"。

（3）利用 SQL 语句插入部门数据：部门编号为 BM007，部门名称为"外联部"。

总结与回顾

本项目主要介绍了在 Access 2003 中利用 SQL 语句实现信息查询、数据更新的操作方法和语句格式。需要理解掌握的知识、技能如下。

1．认识 SQL 语言

SQL 语言是关系型数据库系统所通用的一种结构化查询语言，其语句简单，易于理解，功能强大。主要包括数据定义、数据操纵、数据查询、数据控制等语句。

2．SELECT 语句

SELECT 语句是 SQL 语言中应用最为广泛的数据查询语句，利用 SELECT 语句不但可以实现简单查询，还可以实现连接查询、分组统计、条件查询等各种查询。其基本格式为：

```
SELECT [表名.]字段名列表 [AS <列标题>]
FROM <表名>
[INNER | LEFT | RIGHT JOIN 表名 ON 关联条件]
[GROUP BY 分组字段列表 [HAVING 分组条件]]
[WHERE <条件表达式>]
[ORDER BY <列名> [ASC|DESC]]。
```

3．子查询

子查询是指嵌套在另一个查询中的查询。通过子查询可以实现主查询的筛选，用以替换主查询的 WHERE 子句。

4．INSERT、UPDATE、DELETE 语句

SQL 语言不但可以实现数据查询，还可以实现数据插入、更新、删除等操作，在应用中提供了更加灵活的数据操纵方式。

5．联合查询

SQL 语言提供了一种称之为"联合"的查询方式，可以将具有类似数据的不同表的查询"联合"起来，合并到一个结果集中。UNION 操作符实现了这种特殊的查询功能。

思考与练习

1. 选择题

（1）SQL 的数据操纵语句不包括_____。

    A. INSERT   B. UPDATE   C. DELETE   D. CHANGE

（2）SELECT 命令中用于排序的关键词是_____。

    A. GROUP BY   B. ORDER BY   C. HAVING   D. SELECT

（3）SELECT 命令中条件短语的关键词是_____。

    A. WHILE   B. FOR   C. WHERE   D. CONDITION

（4）SELECT 命令中用于分组的关键词是_____。

    A. FROM   B. GROUP BY   C. ORDER BY   D. COUNT

（5）下面哪个不是 SELECT 命令中的计算函数_____。

    A. SUM   B. COUNT   C. MAX   D. AVERAGE

2. 填空题

（1）SQL 语言通常包括：_____、_____、_____、_____。

（2）SELECT 语句中的 SELECT * 说明_____。

（3）SELECT 语句中的 FROM 说明_____。

（4）SELECT 语句中的 WHERE 说明_____。

（5）SELECT 语句中的 GROUP BY 短语用于进行_____。

（6）SELECT 语句中的 ORDER BY 短语用于对查询的结果进行_____。

（7）SELECT 语句中用于计数的函数是_____，用于求和的函数是_____，用于求平均值的函数是_____。

（8）UPDATE 语句中没有 WHERE 子句，则更新_____记录。

（9）INSERT 语句的 VALUES 子句指定_____。

（10）DELETE 语句中不指定 WHERE，则_____。

3. 判断题

（1）SELECT 语句必须指定查询的字段列表。   （　　）

（2）SELECT 语句的 HAVING 子句指定的是筛选条件。   （　　）

（3）INSERT 语句中没有指定字段列表，则 VALUES 子句中值的个数与顺序必须与表的字段的个数与顺序相同。   （　　）

（4）不论表间关系是否实施了参照完整性，父表的记录都可以删除。（　　）

（5）UPDATE 语句可以同时更新多个表的数据。   （　　）

4. 根据要求设计 SQL 语句

（1）在"企业人事管理"数据库的"正式员工档案表"中增加一些员工信息，然后按"部门名称"对"员工档案表"进行分组，查询每个部门的员工数。

（2）查出非汉族员工的编号、姓名、所属部门并按编号升序排序。

（3）在"招聘员工登记表"中删除没有进入复试的员工记录。

项目 6　创建与应用窗体

　　学习了数据库表以及查询的基本知识后，可以利用数据表或查询得到所要的数据，但是，如何使这些数据按照一定的布局方式出现在窗体中，却是有待于进一步学习的内容。窗体是 Access 2003 中的一种重要的数据库对象，是用户和数据库之间进行交流的平台。窗体为用户提供了使用数据库的界面，用户既可以通过窗体方便地输入、编辑和显示数据，窗体也可以接受用户输入并根据输入执行操作和控制应用程序流程，同时，通过窗体还可以把整个数据库对象组织起来，以便更好地管理和使用数据库。

　　当一个数据库开发完成之后，对数据库的所有操作都是在窗体界面中进行的。本项目主要学习设计和创建窗体的方法，重点介绍窗体中控件的使用和如何使用窗体操作数据。

学习内容

- 窗体的作用和布局
- 创建和设计窗体的方法
- 常用控件的功能
- 使用控件设计窗体的方法
- 使用窗体操作数据的方法
- 主-子窗体的设计方法

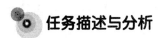 任务 1　认识"罗斯文示例数据库"中的窗体与窗体视图

任务描述与分析

　　开始学习设计窗体时，往往不知道窗体控件应该怎样布局，不知道如何设计窗体，才能使窗体美观和实用，且对自己动手设计窗体没有信心。"罗斯文示例数据库"是 Access 2003 中自带的示例数据库，它是一个比较完整的数据库，包含 Access 2003 中所有的数据库对象。"罗斯文示例数据库"中的示例窗体很多，包含数据窗体、切换面板窗体、主/子窗体、多页窗体等种类，通过对"罗斯文示例数据库"中窗体的认识和分析，理解窗体布局的一般形式，有助于理解窗体设计的基本布局，进而设计出美观实用的窗体。本任务的重点就是了解窗体的功能，认识窗体的布局。

方法与步骤

1. 认识"罗斯文示例数据库"中的切换面板窗体

（1）单击 Access 2003 中的"帮助"下拉菜单，选择"示例数据库"菜单项，在级联菜单中选择"罗斯文示例数据库"，打开"罗斯文示例数据库"，如图 6-1 所示。

（2）在"罗斯文示例数据库"中，双击"窗体"对象中的"主切换面板"窗体，打开"主切换面板"窗体，如图 6-2 所示。

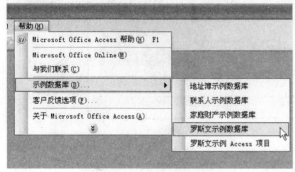

图 6-1　打开"罗斯文示例数据库"

图 6-2　主切换面板窗体

2. 认识"罗斯文示例数据库"中的数据窗体

（1）单击"主切换面板"窗体上的"产品"按钮，打开"产品"窗体，这是一个用来显示产品数据的窗体，所以叫做数据窗体，如图 6-3 所示。

（2）或者双击窗体对象中的"产品"，同样可以打开"产品"窗体。

3. 认识"罗斯文示例数据库"中的自定义窗体

单击"主切换面板"窗体上的【打印销售额报表】按钮，打开"销售额报表"窗体，这是一个允许用户自己选择内容的窗体，所以叫自定义窗体，如图 6-4 所示。

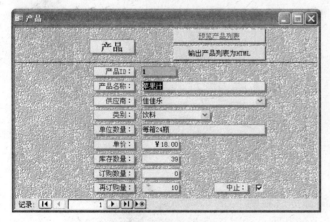

图 6-3　"产品"窗体

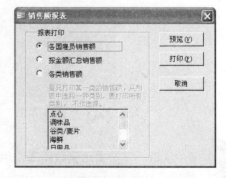

图 6-4　"销售额报表"自定义窗体

4. 认识 Access 2003 中的窗体设计视图

窗体设计视图是创建、修改和设计窗体的窗口，打开窗体设计视图的方法步骤如下。

（1）在"罗斯文示例数据库"中，选择"窗体"对象中的"客户"窗体。

（2）单击【设计】按钮，打开"客户"窗体设计视图，如图 6-5 所示。

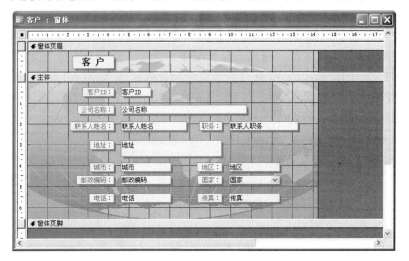

图 6-5 "客户"窗体设计视图

5. 认识"罗斯文示例数据库"中的窗体视图

窗体视图是用来显示数据表或查询记录数据的窗口，是窗体设计完成后所看到的结果，在窗体视图中，通常每次只能查看一条记录，可以使用导航按钮移动记录指针来浏览不同的记录。打开窗体视图的方法步骤如下。

（1）在"罗斯文示例数据库"中，选择"窗体"对象中的"客户"窗体。

（2）单击【打开】按钮，打开窗体视图，也可以直接双击该窗体对象打开窗体，窗体视图如图 6-6 所示。

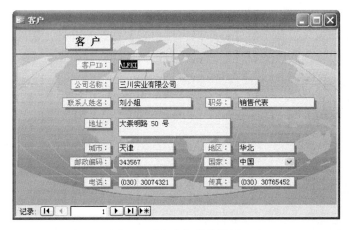

图 6-6 "客户"窗体视图

6. 认识"罗斯文示例数据库"中的数据表视图

数据表视图是以行列格式显示窗体中的数据，也是窗体设计完成后所看到的结果，在数据表视图中可以看到多条记录，与表和查询的数据表视图相似。打开数据表视图的方法步骤如下。

（1）在"罗斯文示例数据库"中，选择"窗体"对象中的"客户"窗体。

（2）单击【打开】按钮，打开"客户"窗体，也可以直接双击该窗体对象打开窗体。

（3）右击窗体标题栏，在弹出的快捷菜单中选择"数据表视图"，如图 6-7 所示。"客户"窗体的数据表视图如图 6-8 所示。

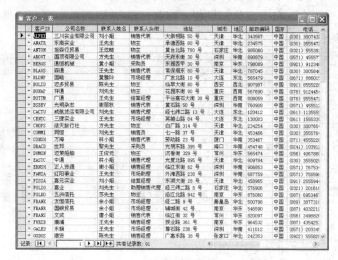

图 6-7　窗体标题栏快捷菜单　　　　　　　　图 6-8　"客户"窗体的数据表视图

7. 认识"罗斯文示例数据库"中的数据透视表视图

数据透视表视图用于从数据源的选定字段中汇总信息。通过使用数据透视表视图，可以动态更改表的布局，以不同的方式查看和分析数据。例如，可以重新排列行标题、列标题和筛选字段，直到形成所需的布局。每次改变布局时，数据透视表都会基于新的排列重新计算数据。打开数据透视表视图的方法步骤如下。

（1）在"罗斯文示例数据库"中，选择"窗体"对象中的"销售额分析子窗体 1"窗体。

（2）单击【打开】按钮，打开"销售额分析子窗体 1"窗体。

（3）右击窗体标题栏，在弹出的快捷菜单中选择"数据透视表视图"，打开数据透视表视图，如图 6-9 所示。

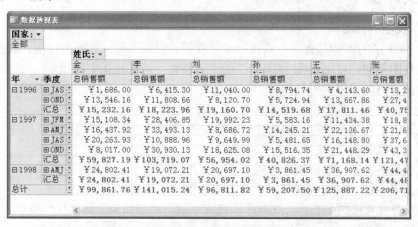

图 6-9　"销售额分析子窗体 1"数据透视表视图

8. 认识"罗斯文示例数据库"中的数据透视图视图

数据透视图视图是以图表方式显示窗体中的数据。打开数据透视图视图的方法步骤如下。

（1）在"罗斯文示例数据库"中，选择"窗体"对象中的"销售额分析子窗体1"窗体。

（2）单击【打开】按钮，打开"销售额分析子窗体1"窗体。

（3）右击窗体标题栏，在弹出的快捷菜单中选择"数据透视图"视图，数据透视图视图如图6-10所示。

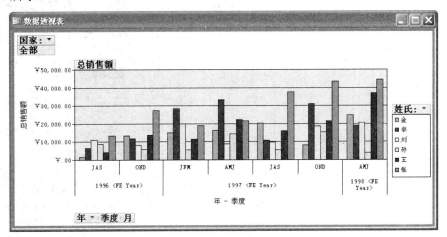

图6-10 "销售额分析子窗体1"数据透视图视图

相关知识与技能

1. 窗体的分类

按照窗体的功能分，窗体可以分为数据窗体、切换面板窗体和自定义对话框3种类型。

数据窗体主要用来输入、显示和修改表或查询表中的数据。

切换面板窗体一般是数据库的主控窗体，用来接受和执行用户的操作请求、打开其他的窗体或报表以及操作和控制程序的运行。

自定义对话框用于定义各种信息提示窗口，如警告、提示信息、要求用户回答等。

2. 窗体视图的种类

Access 2003中的窗体共有5种视图：设计视图、窗体视图、数据表视图、数据透视表视图和数据透视图视图。以上5种视图可以使用工具栏上的【视图】按钮 相互切换。之所以在展示窗体视图时采用了不同的窗体，而没有采用展示一个窗体的5种视图，主要是为了方便说明5种视图显示数据的特点。

（1）设计视图：是在进行设计窗体时看到的窗体情况。在窗体的设计视图中，可以对窗体中的内容进行修改。

（2）窗体视图：窗体视图用于查看窗体的效果。

（3）数据表视图：数据表视图用于查看来自窗体的数据。

（4）数据透视表视图：用于从数据源的选定字段中汇总信息。通过使用数据透视表视图，可以动态更改表的布局，以不同的方式查看和分析数据。

（5）数据透视图视图：是以图表方式显示窗体中的数据。

普通窗体通常在设计视图、窗体视图和数据表视图之间切换。如果切换到数据透视表视图或数据透视图视图则没有数据显示，除非设计的窗体就是数据透视表视图或数据透视图视图。

任务 2　使用"窗体向导"创建"正式员工档案表"窗体

任务描述与分析

通过"窗体向导"创建窗体，是初学者常用的创建窗体的方法，所建窗体经过简单修改就较为美观。本任务所完成的"正式员工档案表"窗体，包含员工的所有信息，其中要用到的一些窗体控件，如标签、文本框、OLE 对象等，均由向导自动添加，窗体采用默认布局。本任务的重点是掌握利用"窗体向导"创建窗体的方法与步骤。

方法与步骤

在"企业人事管理"数据库中，使用"窗体向导"创建"员工信息"窗体的操作步骤如下。

（1）在打开的"企业人事管理"数据库窗口中，选择"窗体"对象；在工具栏上单击"新建"按钮，打开"新建窗体"对话框，如图 6-11 所示。

（2）在对话框中选择"窗体向导"，单击【确定】按钮（也可以在"窗体"对象中，直接双击"使用向导创建窗体"），打开"窗体向导"，如图 6-12 所示。

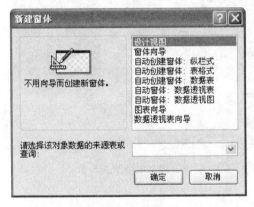

图 6-11　新建窗体

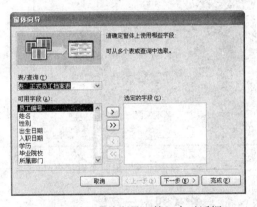

图 6-12　"窗体向导"第一个对话框

（3）在"窗体向导"第一个对话框的"表/查询"下拉列表中选择"表：正式员工档案表"，在"可用字段"列表框中选择字段，添加到"选定的字段"列表框中（本例选择全部字段），然后单击【下一步】按钮，进入到"窗体向导"的第二个对话框，如图 6-13 所示。

（4）在"窗体向导"第二个对话框中，选择窗体布局，本例选择"纵栏表"，单击【下一步】按钮，进入到"窗体向导"的第三个对话框，如图 6-14 所示。

（5）在"窗体向导"第三个对话框中，选择 Access 2003 提供的窗体背景，本例选择"标准"样式，单击【下一步】按钮，进入"窗体向导"第四个对话框，如图 6-15 所示。

（6）在"窗体向导"第四个对话框中，输入窗体的标题"正式员工档案表"，其他设置不变，单击【完成】按钮。到此"正式员工档案表"窗体建立完成，如图 6-16 所示。

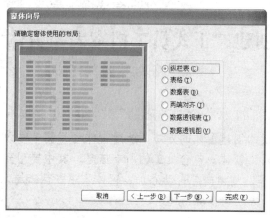

| 图 6-13 "窗体向导"第二个对话框 | 图 6-14 "窗体向导"第三个对话框 |

提示

在由"可用字段"向"选定字段"中添加数据表字段时，如果要添加全部字段，可以单击向右的双箭头按钮使一次添加成功。

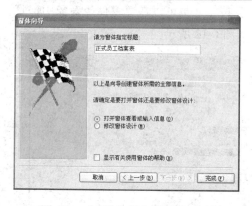

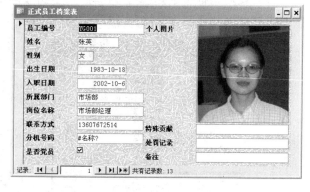

| 图 6-15 "窗体向导"第四个对话框 | 图 6-16 "正式员工档案表"窗体 |

 相关知识与技能

1. 创建窗体向导的分类

Access 2003 提供了 6 种创建窗体的向导，分别是"窗体向导"、"自动创建窗体"（纵栏式、表格式、数据表）、"图表向导"和"数据透视表向导"。

（1）窗体向导：可以创建任何形式的数据窗体，包括其他向导创建的窗体。特点是向导操作步骤较多。

（2）自动创建窗体：可以创建数据窗体的形式有纵栏式、表格式和数据表。特点是步骤少，建立窗体简单。

（3）图表向导：窗体中如果含有图表，使用该向导。

（4）数据透视表向导：建立数据透视表很方便。

2.可用字段与选定字段的区别

可用字段是数据表中的所有字段，选定字段是要在窗体上显示出来的字段数据。

3.导航按钮

在创建的"员工信息"窗体中，窗体的底部有一些按钮和信息提示，这就是窗体的导航按钮。其作用就是通过这些按钮，可以选择不同的员工信息记录并显示在窗体上。

任务3　使用"自动创建窗体"创建"招聘员工登记"窗体

 任务描述与分析

"自动创建窗体"所创建的窗体有 3 种样式：纵栏式、表格式和数据表式。本任务将使用"自动创建窗体"创建"员工信息"窗体的 3 种样式，基本要求是窗体上显示员工的信息、所有对象均自动添加、采用默认布局。任务重点是掌握利用"自动创建窗体"向导创建窗体的方法与步骤。

方法与步骤

1.使用"自动创建窗体"向导创建"招聘员工登记（纵栏式）"窗体

（1）在打开的"企业人事管理"数据库窗口中，选择"窗体"对象。

（2）在工具栏上单击【新建】按钮，打开"新建窗体"对话框，在对话框中选择"自动创建窗体：纵栏式"，然后选择"招聘员工登记表"作为数据源，如图 6-17 所示。单击【确定】按钮，这时系统就自动建立了一个"纵栏式"窗体，创建的窗体如图 6-18 所示。

（3）单击工具栏中的"保存"按钮，在打开的"另存为"对话框中，输入窗体名称"招聘员工登记（纵栏式）"，单击【确定】按钮，将创建的窗体保存在数据库中。

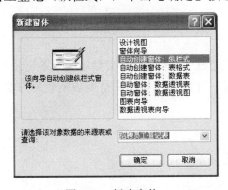

图 6-17　新建窗体

图 6-18　"招聘员工登记表"窗体

2.使用"自动创建窗体"向导创建"家庭信息（表格式）"窗体

（1）在打开的"企业人事管理"数据库窗口中，选择"窗体"对象。

（2）在工具栏上单击【新建】按钮，打开"新建窗体"对话框，在对话框中选择"自动创建窗体：表格式"，然后选择"家庭信息表"作为数据源，单击【确定】按钮，这时系统就自动建立了一个"表格式"窗体，如图 6-19 所示。

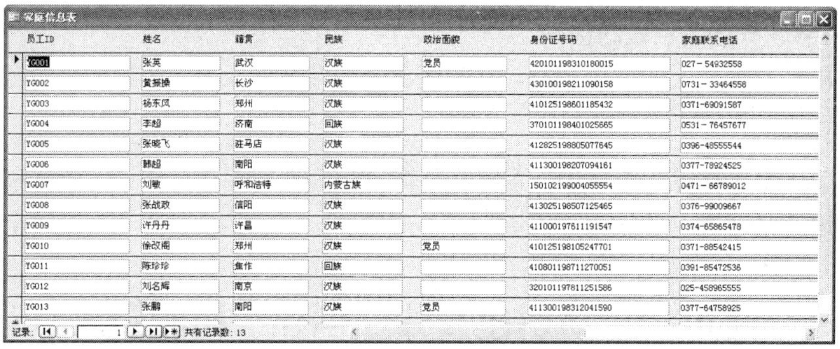

家庭信息表

员工ID	姓名	籍贯	民族	政治面貌	身份证号码	家庭联系电话
YG001	张英	武汉	汉族	党员	420101198310180015	027－54932558
YG002	黄振操	长沙	汉族		430100198211090158	0731－33464558
YG003	杨东风	郑州	汉族		410125198601185432	0371-69091587
YG004	李超	济南	回族		370101198401025665	0531－76457677
YG005	张晓飞	驻马店	汉族		412825198805077645	0396-48555544
YG006	韩超	南阳	汉族		411300198207094161	0377-78924525
YG007	刘敏	呼和浩特	内蒙古族		150102199004055554	0471－66789012
YG008	张战政	信阳	汉族		413025198507125465	0376-99009667
YG009	许丹丹	许昌	汉族		411000197611191547	0374-65865478
YG010	徐改阁	郑州	汉族	党员	410125198105247701	0371-88542415
YG011	陈珍珍	焦作	回族		410801198711270051	0391-85472536
YG012	刘名辉	南京	汉族		320101197811251586	025-458965555
YG013	张鹏	南阳	汉族	党员	411300198312041590	0377-64758925

记录：1 共有记录数：13

图 6-19　家庭信息窗体（表格式）

3．使用“自动创建窗体”向导创建“部门分配（数据表）”窗体

（1）在打开的“企业人事管理”数据库窗口中，选择“窗体”对象。

（2）在工具栏上单击【新建】按钮，打开“新建窗体”对话框，在对话框中选择“自动创建窗体：数据表”，然后选择“部门分配表”作为数据源，单击【确定】按钮，这时系统就自动建立了一个“数据表”窗体，如图 6-20 所示。

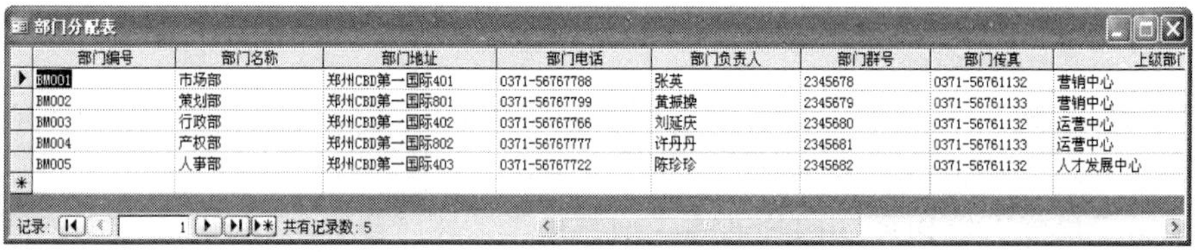

部门分配表

部门编号	部门名称	部门地址	部门电话	部门负责人	部门群号	部门传真	上级部门
BM001	市场部	郑州CBD第一国际401	0371-56767788	张英	2345678	0371-56761132	营销中心
BM002	策划部	郑州CBD第一国际801	0371-56767799	黄振操	2345679	0371-56761133	营销中心
BM003	行政部	郑州CBD第一国际402	0371-56767766	刘延庆	2345680	0371-56761132	运营中心
BM004	产权部	郑州CBD第一国际802	0371-56767777	许丹丹	2345681	0371-56761133	运营中心
BM005	人事部	郑州CBD第一国际403	0371-56767722	陈珍珍	2345682	0371-56761132	人才发展中心

记录：1 共有记录数：5

图 6-20　部门分配窗体（数据表）

相关知识与技能

1．创建纵栏式自动窗体的方法

创建纵栏式自动窗体有两种方法，一是使用“新建窗体”对话框，二是使用“插入”菜单项中的“自动窗体”命令。

2．纵栏式、表格式和数据表式窗体的区别

纵栏式窗体用于每次显示一条记录信息，可以通过“导航按钮”来显示任一条记录数据。表格式和数据表式窗体一次可以显示多条记录信息，在窗体上显示表格类数据较为方便，窗体上也有“导航按钮”。

3．数据表式窗体

数据表式窗体就是在表对象中，打开数据表所显示数据的窗体。

任务 4　使用“数据透视表向导”创建“正式员工档案”窗体

任务描述与分析

本任务使用“数据透视表向导”创建“正式员工档案”数据透视表窗体，并分析每个部门员工学历情况。任务重点是掌握利用"数据透视表向导"创建窗体的方法与步骤。

方法与步骤

使用"数据透视表向导"创建"正式员工档案"数据透视表窗体，并分析每一个部门的员工入职时间、学历等，具体操作步骤如下。

（1）在打开的"企业人事管理"数据库窗口中，选择"窗体"对象。

（2）在工具栏上单击【新建】按钮，在打开的"新建窗体"对话框中单击"数据透视表向导"，选择"正式员工档案表"作为数据源，单击【确定】按钮，打开"数据透视表向导"（第一个对话框），如图 6-21 所示。

（3）在"数据透视表向导"的第一个对话框中，单击【下一步】按钮，进入"数据透视表向导"的第二个对话框，如图 6-22 所示。

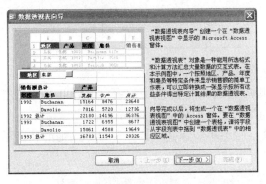
图 6-21 数据透视表向导 1

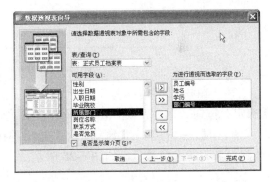
图 6-22 数据透视表向导 2

（4）在对话框中选择"员工编号"、"姓名"、"学历"和"部门编号"4 个字段，单击【完成】按钮，打开"数据透视表"设计窗口和"数据透视表字段列表"窗口，如图 6-23 所示。

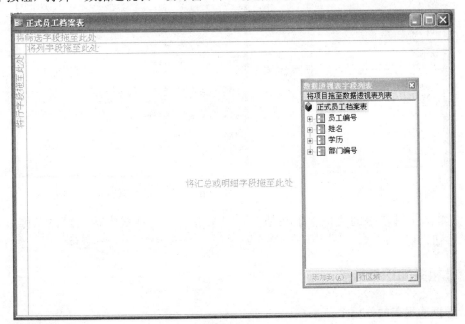
图 6-23 "数据透视表"设计窗口

（5）将"数据透视表字段列表"窗口中的字段"员工编号"拖至"将筛选字段拖动至此处"，将"姓名"、"学历"字段拖动至"将汇总和明细字段拖至此处"，将"部门编号"拖动至"将行字段拖至此处"，如图 6-24 所示。

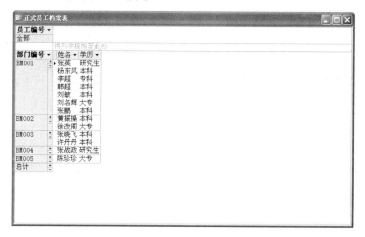

图 6-24　"员工档案"数据透视表窗体

（6）单击"部门编号"筛选标题名，从其后方的下拉列表中选择"BM001"，单击【确定】按钮，即可完成 BM001 所有员工学历的筛选工作，如图 6-25 所示。

单击【工具栏】中【自动计算】按钮，在其下拉菜单中选择"计数"命令，则汇总出每个部门员工的人员数量，如图 6-26 所示。

图 6-25　员工部门选择

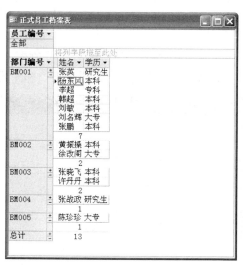

图 6-26　部门各成员学历人数统计信息

（7）单击工具栏中的【保存】按钮，在"另存为"对话框中输入窗体名称后，单击【确定】按钮，保存窗体。

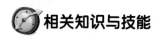 相关知识与技能

1．数据透视表的作用

数据透视表是一种交互式的表，可以进行用户选定的运算。数据透视表视图是用于汇总

分析数据表或窗体中数据的视图，通过它可以对数据库中的数据进行行列合计及数据分析。

2．删除汇总项

在设计的"正式员工档案表"数据透视表窗体中，如图 6-26 所示，如果要删除汇总项，可将光标停在汇总记录处右击，在弹出的快捷菜单中选择"删除"命令即可。

任务 5　使用"图表向导"创建"员工平均工资图表"窗体

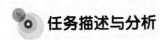 **任务描述与分析**

图表可以直观地表示数据以及数据间的规律，使用"图表向导"能够方便、快捷地创建图表窗体。本任务是使用"图表向导"创建"员工平均工资图表"窗体，采用柱状图显示每个部门的员工基本工资平均值，任务重点是掌握利用"图表向导"创建窗体的方法与步骤。

方法与步骤

利用"员工工资表"显示各个部门员工平均基本工资图表的操作步骤如下。

（1）在打开的"企业人事管理"数据库窗口中，选择"窗体"对象。

（2）在工具栏上单击【新建】按钮，打开"新建窗体"对话框。

（3）在"新建窗体"对话框中选择"图表向导"，选择"员工工资表"作为数据源，然后单击【确定】按钮，打开"图表向导"的第一个对话框，如图 6-27 所示。

（4）在对话框中，选择"姓名"和"基本工资"两个字段，然后单击【下一步】按钮，打开"图表向导"的第二个对话框，如图 6-28 所示。

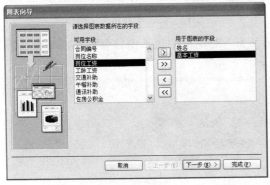

图 6-27　图表向导 1　　　　　　　　图 6-28　图表向导 2

（5）在对话框中，选择默认的"柱状图"，然后单击【下一步】按钮，打开"图表向导"的第三个对话框，如图 6-29 所示。

（6）在对话框中，默认情况是对基本工资求和，这里要求是平均基本工资。双击"求和基本工资"，打开"汇总"对话框，如图 6-30 所示，选择"平均值"，单击【确定】按钮，关闭"汇总"对话框。

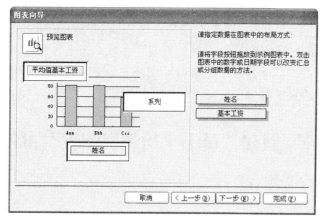

图 6-29　图表向导 3　　　　　　　　图 6-30　"汇总"对话框

（7）在"图表向导"对话框中，单击【下一步】按钮，打开"图表向导"的第四个对话框，如图 6-31 所示。

（8）在对话框中，输入图表的标题"员工工资表"，其他采用默认设置，单击【完成】按钮，图表窗体的设计结果如图 6-32 所示。

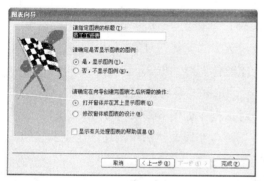

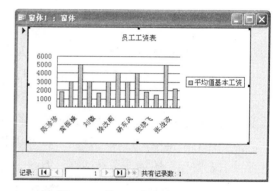

图 6-31　图表向导 4　　　　　　　图 6-32　员工平均基本工资图表

（9）单击工具栏中的【保存】按钮，在"另存为"对话框中输入窗体名称后，单击【确定】按钮，保存窗体。

说明

利用向导创建窗体，既简单又快捷，但是往往不能满足需要，比如说需要调整窗体的布局，需要在窗体上加入视频、音频等多媒体数据，这些都只能通过设计窗体来实现。

相关知识与技能

1．图表的类型

图表的类型有柱形图、条形图、饼图等，根据显示数据的需要，可以选择合适的图表类型。

2．系列

在 Access 2003 中，系列是显示一组数据的序列，也就是图表中显示的图例。

3. 汇总

汇总方式有求和、平均值、计数等，本例中双击"基本工资"，打开"汇总"对话框后，可以选择合适的汇总方式。

任务6　使用窗体设计视图创建"正式员工档案表"窗体

任务描述与分析

利用向导创建窗体的方法简单，但是所建窗体的效果不一定令人满意。在"企业人事管理系统"的设计中，有些窗体需要用户自己定义窗体的内容，创建这些窗体要通过窗体设计视图来完成。

创建窗体通常的做法是，先使用"窗体向导"建立窗体，然后再使用设计视图对窗体进行修改，这样会给数据库设计工作带来很大的方便。当然也可以直接在空白的窗体设计视图中设计窗体。本任务要完成在窗体上添加绑定文本框、选项组、组合框和命令按钮等控件，创建基于"正式员工档案表"的"员工信息"窗体，显示员工信息。

方法与步骤

1. 添加文本框和窗体标题

（1）在打开的"企业人事管理"数据库中，选择"窗体"对象，双击"在设计视图中创建窗体"，打开窗体设计视图。

（2）单击工具栏上的"属性"按钮 ，打开属性对话框，选择"数据"选项卡，从"记录源"下拉列表中选择"正式员工档案表"，如图 6-33 所示。同时自动打开"正式员工档案表"字段列表。

（3）在"正式员工档案表"字段列表上选择要添加到窗体的字段，用鼠标将字段拖曳到窗体上，则在窗体上添加了带有附加标签的绑定型文本框，如图 6-34 所示。

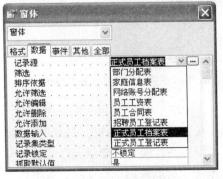

图 6-33　窗体属性对话框

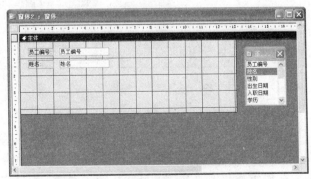

图 6-34　在窗体上添加绑定型文本框

（4）将"正式员工档案表"中的剩余字段都拖曳到窗体上，暂时先不添加"所属部门"字段项，将其他控件对齐，如图 6-35 所示，其中"是否为党员"是复选框控件。

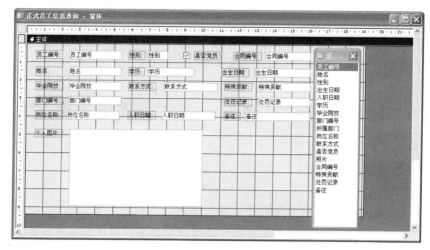

图 6-35　绑定型文本框

（5）在窗体主体节的标签上右击鼠标，在弹出的快捷菜单中选择"窗体页眉/页脚"命令，此时在设计视图上出现"窗体页眉"节和"窗体页脚"节。从工具箱中选择"标签"按钮 **Aa**，在"窗体页眉"节的中间位置拖出一个方框，在其中输入"正式员工档案表"，单击工具栏上的"属性"按钮 <img>，打开标签的"属性"对话框，选择"格式"选项卡，设置标签的字体、字号、粗细、颜色等属性，如图 6-36 所示。

（6）调整设计视图中窗体页眉、页脚和主体节的位置，关闭标签的属性对话框。单击工具栏上的【保存】按钮，将该窗体保存为"正式员工信息查询"。在数据库视图中双击"正式员工信息查询"窗体，显示结果如图 6-37 所示。

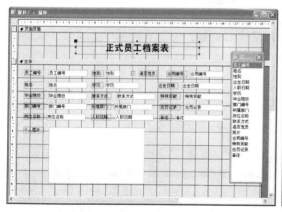

图 6-36　输入窗体的标题

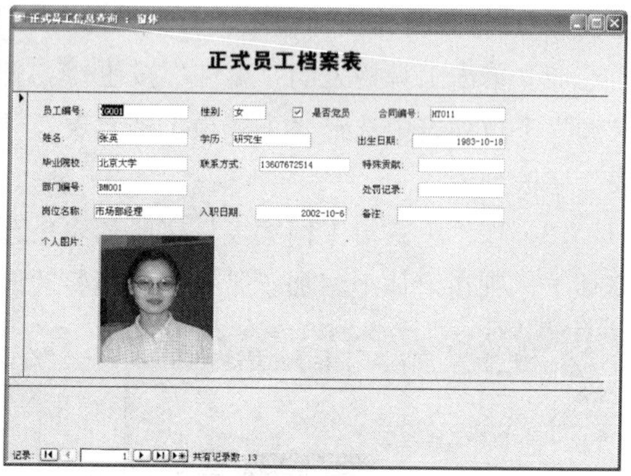

图 6-37　"正式员工信息查询"视图

2．添加选项组

选项组由一个组框架及一组选项按钮、复选框或切换按钮组成，在窗体中可以使用选项组来显示一组限制性的选项值。选项组可以使选择值变得很容易，因为只要单击所需的值即可。在如图 6-37 所示的"正式员工信息查询"窗体中，添加"所属部门"选项组，实现在选项组中修改所属专业的操作步骤如下。

（1）在"企业人事管理"数据库中，打开"正式员工信息查询"窗体的设计视图，选中"工具箱"中的"控件向导"按钮 <img>，再单击"选项组"按钮 <img>，在窗体主体节中合适的位置上单击鼠标，打开"选项组向导"的第一个对话框，按照"所属部门"表的顺序（市场部、策划部、行政部、产权部、人事部）设置好选项组中的标签，如图 6-38 所示。

（2）单击【下一步】按钮，打开"选项组向导"的第二个对话框，选择默认项为"市场部"，如图 6-39 所示。

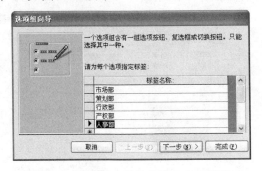

图 6-38 "选项组向导"的第一个对话框

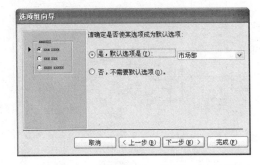

图 6-39 "选项组向导"的第二个对话框

（3）单击【下一步】按钮，打开"选项组向导"的第三个对话框，给每个选项进行赋值，如图 6-40 所示。

（4）单击【下一步】按钮，打开"选项组向导"的第四个对话框，在"在此字段中保存该值"下拉列表中，选择"所属部门"，如图 6-41 所示。

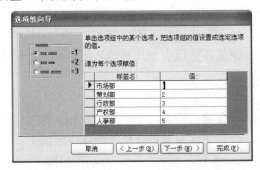

图 6-40 "选项组向导"的第三个对话框

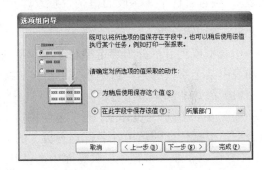

图 6-41 "选项组向导"的第四个对话框

（5）单击【下一步】按钮，打开"选项组向导"的第五个对话框，选择控件类型为"选项按钮"，选择控件样式为"蚀刻"，如图 6-42 所示。

（6）单击【下一步】按钮，打开"选项组向导"的第六个对话框，为选项组指定标题为"所属部门"，如图 6-43 所示。

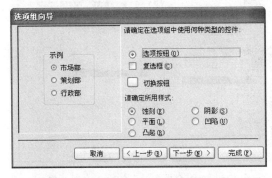

图 6-42 "选项组向导"的第五个对话框

图 6-43 "选项组向导"的第六个对话框

（7）单击【完成】按钮，完成添加选项组的操作。如果选项组的位置不合适，可以做适当调整。添加选项组后的窗体如图 6-44 所示。

（8）单击工具栏上的【保存】按钮，将该窗体保存为"正式员工信息查询"。在数据库视图中双击"正式员工信息查询"窗体，显示结果如图 6-45 所示。

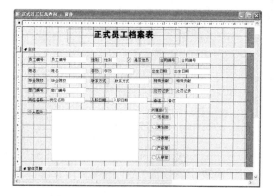

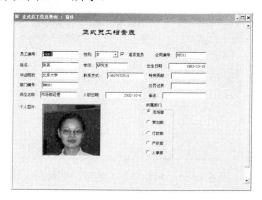

图 6-44　添加了选项组控件的窗体　　　　　图 6-45　含选项组控件的窗体视图

在"正式员工档案表"中，"所属部门"的字段类型是文本型，在图 6-45 所示的视图中，选项组中对"所属部门"字段值的修改将会保存到数据表中，关闭窗体，打开"正式员工档案表"，查看"性别"字段的值是否修改。

3. 添加组合框

组合框或列表框分为绑定型和非绑定型两种，如果要把组合框选择的值保存到表里，就要和表中某个字段绑定，否则不需要绑定。

（1）添加非绑定型组合框

在图 6-45 所示的窗体上，为了方便按员工姓名查询员工信息，需要在窗体上添加"姓名"组合框，根据选择的员工姓名，查看员工的信息。添加非绑定型组合框的操作步骤如下。

① 在"企业人事管理"数据库中，打开"正式员工信息查询"窗体的设计视图。

② 选中工具箱中"控件向导"按钮，单击工具箱中的"组合框"按钮，在"窗体页眉"节中合适的位置单击鼠标，打开"组合框向导"的第一个对话框，如图 6-46 所示。

③ 在对话框中，选中"在基于组合框中选定的值而创建的窗体上查找记录"单选按钮，单击【下一步】按钮，打开"组合框向导"的第二个对话框，如图 6-47 所示。

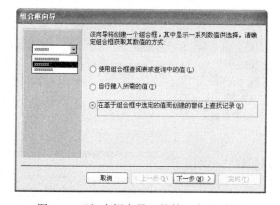

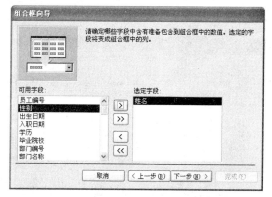

图 6-46　"组合框向导"的第一个对话框　　　　图 6-47　"组合框向导"的第二个对话框

④ 在对话框中,将"可用字段"列表框中的"姓名"添加到"选定字段"列表框中,单击【下一步】按钮,打开"组合框向导"的第三个对话框,如图 6-48 所示。

⑤ 在对话框中,向导自动列举出所有的"姓名",单击【下一步】按钮,打开"组合框向导"的第四个对话框,如图 6-49 所示。

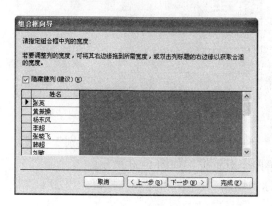

图 6-48 "组合框向导"的第三个对话框

图 6-49 "组合框向导"的第四个对话框

⑥ 在对话框中,输入组合框的标题"员工姓名",单击【完成】按钮,则完成"添加组合框"的操作。这样在窗体上就可以通过选择"员工姓名"组合框中的值,来查询相应的信息,如图 6-50 所示。

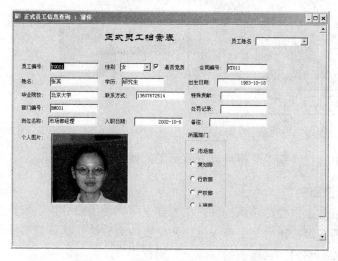

图 6-50 带组合框窗体的窗体视图

(2) 添加绑定型组合框

将图 6-50 所示的窗体中的性别文本框改为组合框的操作步骤如下。

① 打开"正式员工信息查询"窗体的设计视图,将窗体中的"性别"文本框及附属标签删除。单击工具栏中的"组合框"按钮,在窗体中原性别文本框所在的位置单击鼠标,打开"组合框向导"的第一个对话框。

② 在对话框中选择"自行键入所需的值"选项,单击【下一步】按钮,打开"组合框向导"的第二个对话框。在对话框"第一列"中输入"男"和"女",如图 6-51 所示。

③ 单击【下一步】按钮,打开"组合框向导"的第三个对话框,如图 6-52 所示。

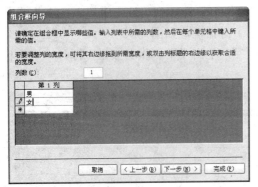

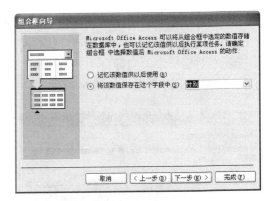

图 6-51 "组合框向导"的第二个对话框   图 6-52 "组合框向导"的第三个对话框

④ 在对话框中，单击"将该值保存在这个字段中"的下拉按钮，选择"性别"字段，单击【下一步】按钮，打开"组合框向导"的第四个对话框，如图 6-53 所示。

在"组合框向导"对话框中，输入标签名称"性别"，单击"完成"按钮。添加了"性别"组合框的窗体运行结果如图 6-54 所示。

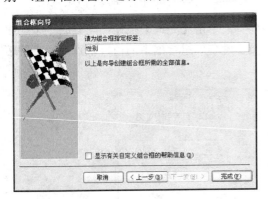

图 6-53 "组合框向导"的第四个对话框   图 6-54 添加了"性别"组合框的窗体

此时在窗体上通过性别组合框可以修改员工的性别。

4．添加命令按钮

命令按钮是窗体上重要的常用控件。在窗体上可以使用命令按钮来执行某些操作，常见的【确定】、【取消】等按钮就是命令按钮。如果要使命令按钮执行某些操作，可以编写相应的宏或事件过程并把它附加到按钮的"单击"属性中。

在已创建的窗体中添加【关闭】按钮，以实现单击【关闭】按钮，关闭窗体的目的。添加按钮的操作步骤如下。

（1）单击工具箱中的"命令按钮"按钮，在窗体合适的位置单击鼠标，打开"命令按钮向导"的第一个对话框，如图 6-55 所示。

（2）在对话框中，单击"类别"列表框中的"窗体操作"选项，在"操作"列表框中会出现有关窗体的操作，选择"关闭窗体"。单击【下一步】按钮，打开"命令按钮向导"的第二个对话框，如图 6-56 所示。

（3）在对话框中，可以选择命令按钮上采用文本还是图片，这里采用"文本"方式，并输入"关闭"，单击【下一步】按钮，打开"命令按钮向导"的第三个对话框，如图 6-57 所示。

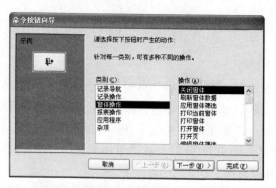

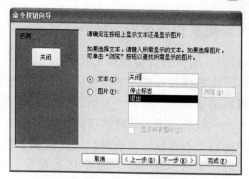

图 6-55 "命令按钮向导"的第一个对话框   图 6-56 "命令按钮向导"的第二个对话框

（4）在对话框中单击【完成】按钮，完成添加【关闭】按钮的操作，此时的窗体视图如图 6-58 所示。

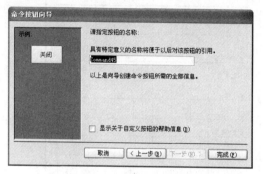

图 6-57 "命令按钮向导"的第三个对话框   图 6-58 添加了命令按钮的窗体

如果要改变命令按钮上的图片，可以在命令按钮的属性对话框中，选择"格式"选项卡，单击"图片"输入框，再单击生成器按钮，打开"图片生成器"对话框，如图 6-59 所示。在"图片生成器"对话框的"可用图片"列表框中选择想要的图片，也可以单击【浏览】按钮，选择图片文件，如图 6-60 所示。

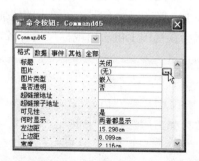

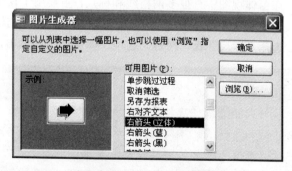

图 6-59 命令按钮属性   图 6-60 选择命令按钮图片

> **提示**
>
> 要想窗体中的控件和字段列表中的字段建立联系，首先要打开控件的属性，然后选择这个选项卡上的数据项，在这一项的列表框的第一行"控件来源"提示后面的文本框中单击一下，然后在出现的下拉按钮上单击鼠标左键，并在弹出的下拉菜单中选择一个字段就可以了。

相关知识与技能

1. 窗体设计窗口和工具箱

在窗体设计视图中，窗体由上而下被分成 5 个节：窗体页眉、页面页眉、主体、页面页脚和窗体页脚。其中"页面页眉"节和"页面页脚"节中的内容在打印时才会显示。

一般情况下，新建的窗体只包含"主体"部分，如果需要其他部分，可以在窗体主体节的标签上右击鼠标，在弹出的快捷菜单中选择"页面页眉/页脚"或"窗体页眉/页脚"命令即可，如图 6-61 所示。图 6-62 是设置了各个节的窗体。

窗体中各节的尺寸都可以通过鼠标调整，将鼠标移动到需要改变大小的节边界，当鼠标指针形状为"➕"时，按下鼠标左键拖动鼠标到合适位置。

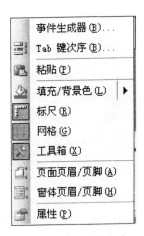

图 6-61　快捷菜单命令

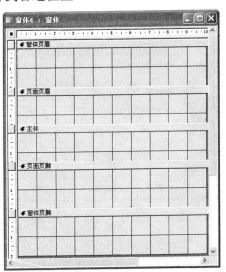

图 6-62　设置节的窗体

在窗体视图中有很多网格线和标尺，主要用于窗体中各种控件的定位。若要将这些网格和标尺去掉，可以将鼠标移到窗体设计视图中主体节的标签上，单击鼠标右键，在弹出的快捷菜单上选择"标尺"或"网格"选项。如果再一次单击，就会在视图上再次出现标尺或网格。

> **说明**
>
> 如果要删除"窗体页眉"和"窗体页脚"或"页面页眉"和"页面页脚"，只需单击"视图"→"窗体页眉/页脚"命令或"视图"→"页面页眉/页脚"命令，清空该菜单项的选择标记。如果其中包含有任何文本或其他控件，Access 2003 将显示一个信息提示框，警告将丢失其中的数据，如图 6-63 所示。

图 6-63　删除节警告对话框

Access 2003 的工具箱只有在窗体或报表的设计模式下才会出现,主要用于向窗体或报表添加控件对象。可以通过"视图"→"工具箱"命令切换显示或隐藏,如图 6-64 所示。可以单击工具栏上的"工具箱"按钮 ;或者在设计窗口中单击鼠标右键,在弹出的快捷菜单中选择"工具箱"命令,如图 6-65 所示,在工具箱上具有 17 种控件和 3 种其他按钮。

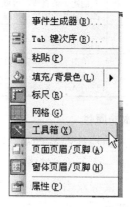

图 6-64 "视图"菜单　　　　　　　　　图 6-65 快捷菜单

2. Access 2003 工具箱按钮的名字和功能

工 具	名 称	功 能
	选择对象	将鼠标指针改变为对象选择工具。取消对以前所选工具的选定,将鼠标指针返回到正常的选择功能。选择对象是打开工具箱时的默认工具控件
	控件向导	关闭或者打开控件向导。控件向导可以帮助设计复杂的控件
Aa	标签	创建一个包含固定的描述性或者指导性文本的框
ab|	文本框	创建一个可以显示和编辑文本数据的框
	选项组	创建一个大小可调的框,在这个框中可以放入切换按钮、选项按钮或者复选框。在选项组框中只能选一个对象,当选中选项组中的某个对象之后,前面所选定的对象将被取消选定
	切换按钮	创建一个在单击时可以在开和关两种状态之间切换的按钮。开的状态对应于 Yes(1),而关的状态对应于 No(0)。当在一个选项组中时,切换一个按钮到开的状态将导致以前所选的按钮切换到关的状态。可以使用切换按钮让用户在一组值中选择其中的一个
	选项按钮	创建一个圆形的按钮。选项按钮是选项组中最常用的一种按钮,可以利用它在一组各选择相互排斥值中进行选择
	复选框	复选框在 On 和 Off 之间切换。在选项组之外可以使用多个复选框,以便每次可以做出多个选择
	组合框	创建一个带有可编辑文本框的组合框,可以在文本框中输入一个值,或者从一组选择中选择一个值
	列表框	创建一个下拉列表,可以从表中选择一个值。列表框与组合框的列表部分极为相似
	命令按钮	创建一个命令按钮,当单击这个按钮时,将触发一个事件,执行一个 Access VBA 事件处理过程
	图像	在窗体或者报表上显示一幅静态的图形。这不是一幅 OLE 图像,在将之放置在窗体之上后便无法对之进行编辑了
	未绑定对象	向窗体或者报表添加一个由 OLE 服务器应用程序(例如 Microsoft Chart 或 Paint)创建的 OLE 对象
	绑定对象	如果在字段中包含有一个图形对象,则显示记录中的 OLE 字段的内容。如果在字段中没有包含图形对象,则代表该对象的图标将被显示,例如,对于一个链接或嵌入的 .WAV 文件,将使用一个录音机图标

续表

工 具	名 称	功　能
	分页符	使打印机在窗体或者报表上分页符所在的位置开始新页。在窗体或者报表的运行模式下，分页符是不显示的
	选项卡	插入一个选项卡控件，创建带选项卡的窗体。（选项卡控件看上去就像在属性窗口或者对话框中看到的标签页）在一个选项卡控件的页上还可以包含其他绑定或未绑定控件，包括窗体/子窗体控件
	子窗体/子报表	分别用于向主窗体或报表添加子窗体或子报表。在使用该控件之前，要添加的子窗体或子报表必须已经存在
	直线	创建一条直线，可以重新定位和改变直线的长短。使用格式工具栏按钮或者属性对话框还可以改变直线的颜色和粗细
	矩形	创建一个矩形，可以改变其大小和位置。其边框颜色、宽度和矩形的填充色都可以用调色板中的选择来改变
	其他控件	单击这个工具将打开一个可以在窗体或报表中使用的 ActiveX 控件的列表。在其他控件列表中的 ActiveX 控件，不是 Access 的组成部分。在 Office 2000、Visual Basic 和各种第三方工具库中提供的 ActiveX 控件都采用的是.OCX 的形式

3．设置窗体的属性

窗体和窗体上的控件都具有属性，这些属性用于设置窗体和控件的大小、位置等，不同控件的属性也不太一样。右击对象，在弹出的快捷菜单中选择"属性"命令，可以打开该对象的属性对话框。鼠标双击左上角的"窗体选定器"，如图 6-66 所示，可以打开如图 6-67 所示的窗体属性对话框。

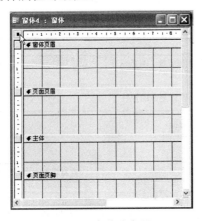

图 6-66　窗体选定器

图 6-67　"窗体属性"对话框

窗体"属性"对话框有 5 个选项卡：格式、数据、事件、其他和全部。其中"全部"选项卡包括其他 4 个选项卡中的所有属性。

4．窗体中的控件

控件是窗体、报表或数据访问页中用于显示数据、执行操作、装饰窗体或报表的对象。控件可以是绑定、未绑定或计算型。

- 绑定控件：与表或查询中的字段相连，可用于显示、输入及更新数据库中的字段。
- 未绑定控件：没有数据来源，一般用于修饰。
- 计算控件：以表达式作为数据来源。

打开工具箱后，鼠标指针指向工具箱的任何控件按钮，都会出现该控件名称的提示。向窗体添加控件可以使用向导，也可以添加后设置属性。

（1）选取对象控件

工具箱中的"选取对象"按钮在默认情况是按下状态，在这种情况下选择窗体中的控件，可以选择一个，也可以用鼠标在窗体上拖曳一个区域，区域内的控件都会被选中，如果要选择位置不连续的控件，可以在按下【Shift】键的同时单击控件。

（2）控件向导控件

"控件向导"按钮在默认情况也是按下状态，当在窗体上放置控件的时，就打开了控件向导对话框，拥有向导对话框的控件有：文本框、组合框、列表框和命令按钮。

（3）标签控件 Aa

标签一般用于在窗体、报表或数据访问页上显示说明性的文字，如标题、提示或简要说明等静态情况，因此不能用来显示表或查询中的数据，是非绑定型控件。

（4）文本框控件 abl

文本框控件用于显示数据，或让用户输入和编辑字段数据。文本框分为绑定型、非绑定型和计算型 3 种。绑定型文本框链接到表或查询，可以从表或查询中获取需要显示的数据，显示数据的类型包括文本、数值、日期/时间、是/否和备注等；非绑定型文本框不链接到表或查询，主要用于显示提示信息或接受用户输入的数据；计算型文本框主要用于显示表达式的结果。文本框是最常用的控件，因为编辑和显示数据是数据库系统的主要操作。

每个文本框一般需要附加一个标签来说明用途。文本框可包含多行数据，如用文本框显示备注字段数据，因数据太长而超过文本字段宽度的数据会自动在字段边界处换行，如图 6-68 所示。

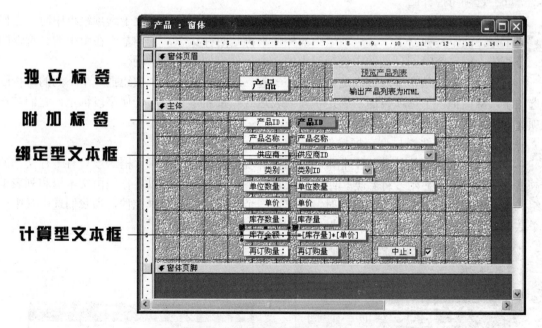

图 6-68　标签和文本框控件

（5）切换按钮、选项按钮和复选框

按钮或复选框可以让用户作出某种选择。切换按钮、选项按钮和复选框都可以做到这一点，但是它们的外观显示却大不相同，切换按钮如图 6-69 所示。单击字母的切换按钮，可以查询出以该字母开始或汉语拼音以该字母开始的产品名称。

这些控件与"是/否"数据类型一起使用，每种控件都分别用来表示两种状态之一："是"或"否"、"开"或"关"以及"真"或"假"。3种控件的外观及状态含义见表6-1。

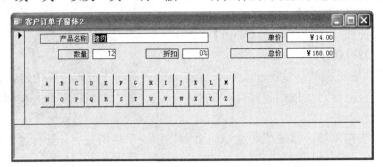

图 6-69　切换按钮控件

表 6-1　按钮控件的显示外观及含义

按钮类型	状 态	外 观
切换按钮	True	按钮被按下
切换按钮	False	按钮被抬起
选项按钮	True	圆圈里面有一个黑圆点
选项按钮	False	空心圆圈
复选按钮	True	正方形中有一个对号
复选按钮	False	空正方形

（6）选项组控件

选项组可包含多个切换按钮、选项按钮或复选框。当这些控件位于选项组框中时，它们一起工作，而不是独立工作。选项组中的控件不再是两种状态，它们基于在组中的位置返回一个数值，同一个时刻只能选中选项组中的一个控件，如图6-70所示。

选项组通常与某个字段或表达式绑定在一起。选项组中的每个按钮把一个不同的值传回选项组，从而把一个选项传递给绑定字段或表达式。按钮本身不与任何字段绑定，它们与选项组框绑定在一起。

（7）组合框控件与列表框控件

组合框与列表框控件功能上非常相似，但外观上有所不同，组合框一般只有一行文本的高度，而列表框要显示多行数据。组合框又称为下拉列表框，可以看作是由文本框和列表框组成的。单击组合框控件下拉按钮时，会出现一个下拉式的列表框控件，当我们选中其中一个数据，选中的数据会显示在文本框中，如图6-71所示的"中国"。

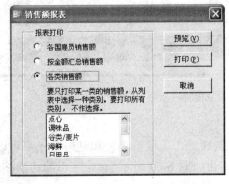

图 6-70　选项组控件

图 6-71　组合框控件

（8）命令按钮控件

在窗体中使用命令按钮控件可以执行某项功能的操作，比如单击按钮可以打开或关闭另一个窗体等。

（9）选项卡控件

选项卡控件是重要的控件之一，因为它允许创建全新的界面，在大多数 Windows 窗体中都包含选项卡，这样看上去显得较为专业。当窗体中的内容较多，窗体的尺寸有限，这时最好使用选项卡。将不同的数据放在不同的选项卡的页上，使用页标题在多个页上切换，如图 6-72 所示。

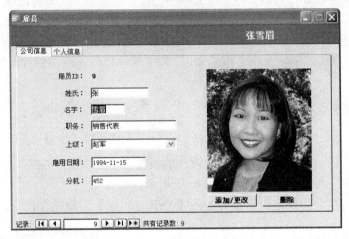

图 6-72　选项卡控件

（10）图像控件

图像控件用于在窗体上显示图片，一是可以美化窗体，二是可以显示表或查询中的图片数据。

任务 7　设置"正式员工档案查询"窗体的布局和格式

任务描述与分析

当初次在窗体上添加控件时，控件的字体、大小、位置、颜色和外观都是系统默认的，不一定满足我们的要求，这就需要对窗体中控件的布局和格式进行调整。本任务要完成选中控件对象、移动控件对象，调整控件尺寸，对齐控件，调整控件的间距，设置控件的外观等操作。任务重点是掌握窗体控件的布局和格式调整。

方法与步骤

1．选中控件对象

要对控件进行调整，首先要选中需要调整的控件对象，控件对象被选中后，会在控件的四周出现 6 个黑色方块，称为控制柄。可以使用控制柄来改变控件的大小和位置，也可以使用属性对话框来修改该控件的属性。选定对象有以下几种操作方法。

（1）如果要选择一个控件，单击该对象即可。

（2）如果要选择多个相邻的控件，可以使用鼠标在窗体的空白处单击鼠标左键，然后拖动鼠标，出现一个虚线框，则虚线框内以及虚线框碰到的控件都被选中。

（3）如果要选择多个不相邻的控件，可以按下【Shift】键，然后单击要选择的控件。

（4）如果要选择窗体中的全部控件，按下【Ctrl+A】组合键。

2．移动控件

移动控件的方法有以下多种。

（1）如果希望在移动控件时，与之相关联的控件一起移动，则先将鼠标移动到控件上面，当鼠标指针的形状变成手型 🖑 时，拖动鼠标到合适的位置，如图 6-73 所示。

（2）如果只想移动选定的控件，而相关联控件不动，则可以将鼠标移动到想移动的控件的左上角，当鼠标指针的形状变成手指型 👆 时，按下鼠标将控件拖动到合适的位置，如图 6-74 所示。

图 6-73　移动控件及相关联控件

图 6-74　单一移动控件

（3）设置控件的属性移动控件。打开控件的属性对话框，在"格式"选项卡中设置"左边距"和"上边距"为合适的数值，如图 6-75 所示。

（4）使用键盘移动控件。选定控件，按【Ctrl+方向键】调整控件位置。

3．调整控件尺寸

调整控件尺寸有以下多种方法。

（1）使用鼠标调整控件尺寸：选中控件，控件周围出现控制柄，将鼠标指针移动到控制柄上，待鼠标指针形状变成双向箭头，拖动鼠标改变控件尺寸。

（2）使用键盘调整控件尺寸：选定控件，按【Shift+方向键】调整控件尺寸。

图 6-75　使用控件属性移动控件

（3）使用控件属性调整控件尺寸：打开控件的属性对话框，在"格式"选项卡中设置"宽度"和"高度"为合适的数值。

4．对齐控件

当窗体上有多个控件时，为了保持窗体美观，应将控件排列整齐。使用"对齐"命令，可快速对齐控件。具体操作步骤如下。

（1）打开窗体的设计视图。

（2）选定一组要对齐的控件。

（3）执行"格式"→"对齐"命令，在弹出的下拉菜单中选择"靠左"、"靠右"、"靠上"、"靠下"或"对齐网格"选项，可设置控件的对齐方式。

5．调整控件的间距

控件的间距调整也可以通过命令来实现，操作步骤如下。

（1）打开窗体的设计视图。

（2）选定一组要调整间距的控件。

（3）选择"格式"→"水平间距"命令，选择"相同"、"增加"或"减少"来调整控件间的水平间距。或单击"格式"→"垂直间距"命令，选择"相同"、"增加"、"减少"来调整控件间的垂直间距。

6．设置控件的外观

控件的外观包括前景色、背景色、字体、字号、字形、边框和特殊效果等多个特性，通过设置格式属性可以对这些特性进行改变。

选择要进行外观设置的一个（或多个）控件，单击工具栏上的属性按钮 ，打开所选控件的属性对话框，如图所示 6-76 所示。

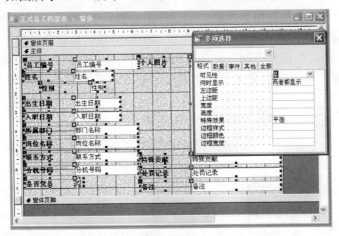

图 6-76 用"属性"对话框设置控件外观

在"属性"对话框中单击"格式"选项卡，其中给出了所有的样式选择，从中可以进行各种设置。

 相关知识与技能

1．控制柄

要对控件进行调整，首先要选中需要调整的控件对象，控件对象被选中后，会在控件的四周出现 6 个黑色方块，称为控制柄。可以使用控制柄来改变控件的大小和位置，也可以使用属性对话框来修改该控件的属性。

2．控件属性中的"格式"选项卡

控件的外观包括前景色、背景色、字体、字号、字形、边框和特殊效果等多个特性，通过设置格式属性可以对这些特性进行更改。

■ 任务 8 美化"正式员工档案查询"窗体

 任务描述与分析

想达到窗体美观漂亮的目的，仅对控件的外观进行调整是不够的，还要对窗体的格式属性进行设置，包括设置窗体的背景、滚动条、导航按钮、分割线、字体等。本任务要完成取消"正式员工档案查询"窗体中导航按钮，将"正式员工档案查询"窗体的背景颜色设置为白色，改变窗体的背景样式为"国际"样式，给窗体背景添加一幅图片等设置，任务的重点是掌握窗体常用属性的设置方法。

方法与步骤

1．设置"正式员工档案查询"窗体的格式属性

在窗体设计视图中，单击工具栏上的属性按钮，打开窗体的"属性"对话框，选择"格式"选项卡，从中可以完成对窗体各种格式属性的设置。

在图 6-76 所示的"正式员工档案查询"窗体中取消导航按钮的操作步骤如下。

（1）打开"正式员工档案查询"设计视图，单击工具栏中的"属性"按钮，打开"属性"对话框，选择"格式"选项卡，在"导航按钮"下拉列表框中选择"否"，如图 6-77 所示。

（2）关闭设计视图并保存，设置后的窗体如图 6-78 所示。

图 6-77　"窗体"属性对话框

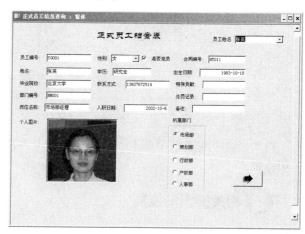

图 6-78　取消导航按钮后的窗体

2．改变"正式员工档案查询"窗体的背景

（1）改变窗体背景色

窗体的背景色将应用到被控件对象占据部分之外的所有区域。由"窗体向导"创建的窗体，其背景色取决于在创建该窗体时选择的特定窗体样式，默认值为银灰色。

如果已经为窗体选择了一幅图片作为背景，那么以后在窗体背景色上的任何改变都将被隐藏在图片之下。如果是创建一个将要打印出来的窗体，深色的背景不但容易模糊，而且会消耗大量的打印机墨粉，同时彩色的背景降低了窗体中文本的可见度，因此用浅色背景为宜。

将图 6-78 所示的"正式员工档案查询"窗体的背景颜色设置为白色的操作步骤如下。

① 打开"正式员工档案查询"窗体的设计视图，单击工具栏上的属性按钮，打开窗体的"属性"对话框，再单击窗体的"主体"节，弹出主体节的"属性"对话框，如图 6-79 所示。

② 在"属性"对话框中，单击"背景色"后面的按钮，显示彩色调色板，如图 6-80 所示。

图 6-79 主体节的"属性"对话框

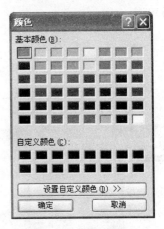

图 6-80 设置窗体的背景色

③ 选择白色,单击【确定】按钮,窗体的背景色就变成了白色,如图 6-81 所示。

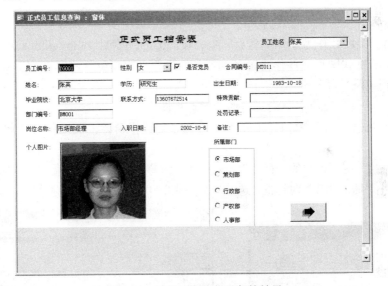

图 6-81 设置了窗体背景色的效果

> **说明**
>
> 由于窗体各个部分的背景色是相互独立的,所以如果想改变窗体中其他部分的颜色,则必须重复这个过程。当窗体的某个部分被选时,在"填充/背景色"调色板上的透明按钮将被禁用,因为透明的背景色是不能应用到窗体中的。

(2)改变窗体的背景样式

改变窗体背景样式的操作步骤如下。

① 打开"正式员工档案查询"窗体的设计视图,选择"格式"→"自动套用格式"命令,或直接单击格式工具栏中的"自动套用格式"命令按钮,打开"自动套用格式"对话框,如图 6-82 所示。

② 选择"国际"样式,单击【确定】按钮,"正式员工档案查询"窗体的背景样式就发

生改变，如图 6-83 所示。

图 6-82 "自动套用格式"对话框

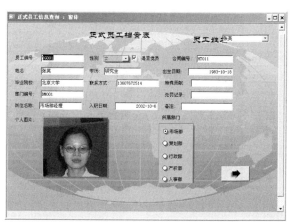

图 6-83 窗体背景样式为"国际"

（3）给窗体背景添加一幅图片

可以使用一幅图片作为窗体的背景，Access 2003 允许使用 bmp、dib、emf、gif、ico、jpg、pcx、png、wmf 格式图形文件作为窗体的背景。设置"正式员工档案查询"窗体的背景为图片的操作步骤如下。

① 打开"正式员工档案查询"窗体的设计视图。

② 双击"窗体设计"窗口左上角的正方形 ■，选择窗体，同时打开"属性"对话框，如图 6-84 所示。

③ 在"属性"对话框中的"格式"选项卡上，选择"图片"属性输入栏，在其后面的 … 按钮上单击，弹出"插入图片"对话框，选择一个图片文件后，单击【确定】按钮，如图 6-85 所示。

图 6-84 设置窗体图片属性

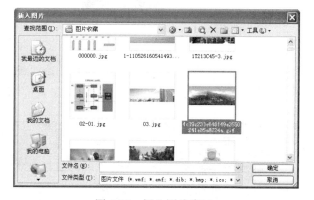

图 6-85 插入图片窗口

④ 这时已经在窗体的设计视图中添加了图片，图片类型、图片缩放模式、图片对齐方式和图片平铺等属性值不变（这些属性及其效果将在后面列表中描述），关闭"窗体"属性窗口。

⑤ 在窗体上添加两个标签，并输入标签内容。根据需要设置文字的字体、字号、颜色和窗体的属性。

⑥ 打开窗体的"属性"对话框，设置滚动条的属性为"两者全无"，记录选择器、导航按钮和分隔线的属性为"否"，如图 6-86 所示。

⑦ 保存窗体为"欢迎窗体"，效果如图 6-87 所示。

图 6-86 窗体属性对话框

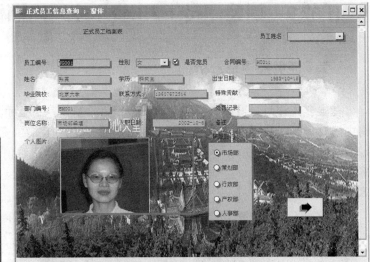

图 6-87 添加背景图片的窗体

 相关知识与技能

1. 设置背景图片相关属性

（1）图片类型

指定将背景图片附加到窗体，可以选择"嵌入"或者"链接"作为图片类型。通常应该使用"嵌入"图片类型，这样表中的图片不依赖于可以被移走或删除的外部文件。如果有多个窗体使用同一幅图片作为窗体背景，则链接背景图片可以节省一些磁盘空间。

（2）图片缩放模式

指定缩放背景图片，可用的选项有"剪裁"、"拉伸"、"缩放"。"剪裁"模式下，如果该图片比窗体大，则剪裁该图片使之适合窗体；如果图片比窗体小，则用窗体自己的背景色填充窗体。"拉伸"模式下，将在水平或者垂直方向上拉伸图片以匹配窗体的大小，拉伸选项允许图片失真。"缩放"将会放大图片使之适合窗体的大小，图片不失真。

（3）图片对齐方式

指定在窗体中摆放背景图片的位置。可用的选项有"左上"、"右上"、"中心"、"左下"、"右下"和"窗体中心"。"左上"将图片的左上角和窗体窗口的左上角对齐，"右上"将图片的右上角和窗体窗口的右上角对齐，"中心"将图片放在窗体窗口的中心，"左下"将图片的左下角和窗体窗口的左下角对齐，"右下"将图片的右下角和窗体窗口的右下角对齐，"窗体中心"在窗体上居中图片。一般背景图片选择"窗体中心"作为图片对齐方式的属性值。

（4）图片平铺

具有两个选项：是或者否。"平铺"将重复地显示图片以填满整个窗体。

2. 删除窗体背景图片

如果想删除一幅背景图片，只需删除在"图片"文本框中的输入，当出现提示"是否从该窗体删除图片"对话框时，单击【确定】按钮即可。

Access 数据库应用项目教程

任务 9　创建"员工/工资"主/子窗体

任务描述与分析

基本窗体称为主窗体，窗体中的窗体称为子窗体。在显示具有"一对多"关系的表或查询中的数据时，主/子窗体非常有用，本任务要创建"员工/工资"主/子窗体。在创建操作中，可以同时创建主/子窗体，也可以先创建"员工"主窗体，再创建"工资"子窗体。本任务的重点是掌握主/子窗体的创建方法和步骤。罗斯文数据库中的示例"产品类别/产品"主/子窗体，如图 6-88 所示。

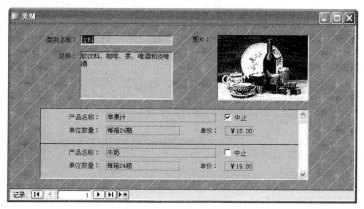

图 6-88　主/子窗体示例

方法与步骤

1. 同时创建主/子窗体

在创建主/子窗体之前，必须正确设置表间的"一对多"关系。"企业人事管理"数据库中的"部门分配表"与"员工工资表"是"一对多"关系，因此可以创建"一对多"关系。

创建"部门分配表"与"员工工资表"的主/子窗体的操作步骤如下。

（1）在打开的"企业人事管理"数据库窗口中，选择"窗体"对象，单击"新建"按钮，打开"新建窗体"对话框，在该对话框中选择"窗体向导"，在"请选择该对象数据的来源表或查询"下拉列表中选择"部门分配表"（即"一对多"关系中"一"方对应的表），如图 6-89 所示。

（2）单击【确定】按钮，打开"窗体向导"的第一个对话框，在对话框中，将"部门分配表"中的"部门编号"、"部门名称"、"部门负责人"字段添加到"选定的字段"列表框中，如图 6-90 所示。

（3）在"表/查询"下拉列表中选择"员工工资表"，在"可用字段"列表中，选择将"员工工资表"除"部门编号"外的全部字段添加到"选定字段"列表框中，如图 6-91 所示。

（4）单击【下一步】按钮，打开"窗体向导"的第二个对话框，选择"请确定查看数据的方式"为"通过员工"，同时选中"带有子窗体的窗体"单选按钮，如图 6-92 所示。

166

图 6-89 "新建窗体"对话框

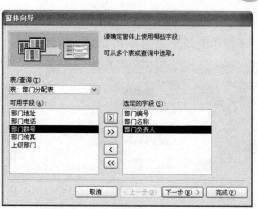

图 6-90 "窗体向导"的第一个对话框

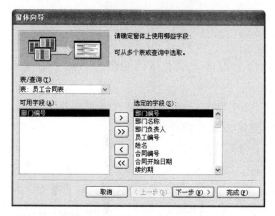

图 6-91 选择窗体中的字段

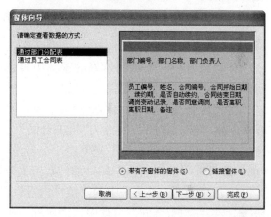

图 6-92 "窗体向导"的第二个对话框

（5）单击【下一步】按钮，打开"窗体向导"的第三个对话框，选择子窗体的布局为默认值"数据表"，如图 6-93 所示。

（6）单击【下一步】按钮，打开"窗体向导"的第四个对话框，选择窗体使用的样式为"国际"，如图 6-94 所示。

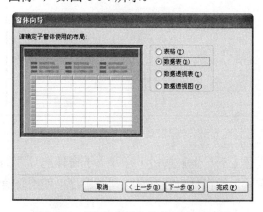

图 6-93 "窗体向导"的第三个对话框

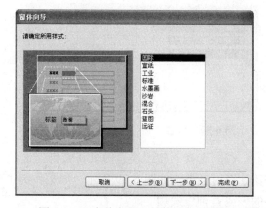

图 6-94 "窗体向导"的第四个对话框

（7）单击【下一步】按钮，打开"窗体向导"的第五个对话框，输入窗体和子窗体的标题，本例采用默认值，如图 6-95 所示。

（8）单击【完成】按钮，完成创建"部门分配表"和"员工工资表"的主/子窗体，该主/子窗体的效果如图 6-96 所示。

图 6-95　窗体向导的第五个对话框

图 6-96　"部门分配表"和"员工工资表"的主/子窗体

2．单独创建子窗体

有时需要在一个已创建好的窗体中再创建一个子窗体，或者在已创建好的两个窗体之间，根据它们的关系确定主/子窗体。

在"企业人事管理"数据库中，"部门分配表"和"员工合同表"是"一对多"的关系，要求创建"部门分配"（主）/"员工合同"（子）窗体，具体操作步骤如下。

（1）利用"窗体向导"先创建一个名为"部门/合同"的窗体，包含"部门分配表"中的"部门编号"、"部门名称"和"部门负责人"等字段，如图 6-97 所示。

（2）选中"工具箱"中的"控件向导"按钮，单击"工具箱"中的"子窗体/子报表"按钮🔲，在"部门/合同"窗体中拖动鼠标，确定"子窗体"的位置。这时 Access 2003 自动打开"子窗体向导"的第一个对话框，如图 6-98 所示。

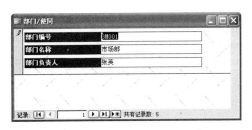

图 6-97　包含"部门"表内容的窗体

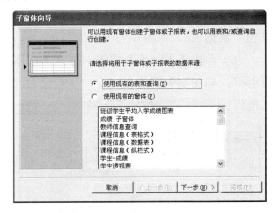

图 6-98　"子窗体向导"的第一个对话框

（3）选择"使用现有的表和查询"选项，单击【下一步】按钮，打开"子窗体向导"的第二个对话框，如图 6-99 所示。如果作为"子窗体"的窗体已经存在，则要选择"使用现有的表或查询"选项。

（4）在对话框中的"表/查询"列表中，选择"员工合同表"，在"可用字段"列表中，选择"员工编号"、"姓名"和"性别"等字段，并添加到"选定字段"列表框中，单击【下一步】按钮，打开"子窗体向导"的第三个对话框，如图 6-100 所示。

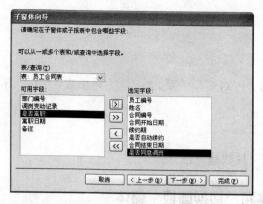

图 6-99 "子窗体向导"的第二个对话框

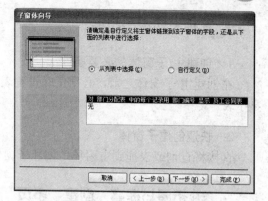

图 6-100 "子窗体向导"的第三个对话框

（5）选择"从列表中选择"选项，单击【下一步】按钮，打开"子窗体向导"的第四个对话框，如图 6-101 所示。

（6）在对话框中输入子窗体的名称，单击【完成】按钮，完成"部门分配"（主）/"员工合同"（子）窗体的创建，其设计视图如图 6-102 所示。"部门分配"（主）/"员工合同"（子）窗体的运行视图效果如图 6-103 所示。

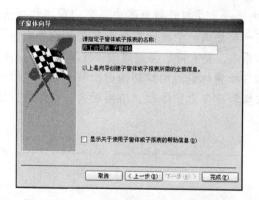

图 6-101 "子窗体向导"的第四个对话框

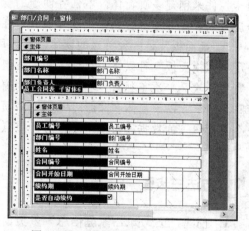

图 6-102 "部门/合同"窗体设计视图

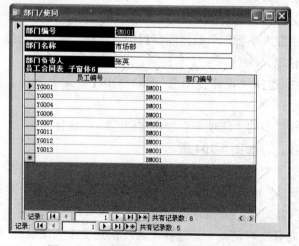

图 6-103 "部门/合同"窗体的窗体视图

相关知识与技能

1．创建主/子窗体的必要条件

在创建主/子窗体之前，必须正确设置表间的"一对多"关系。"一"方是主表，"多"方是子表。

2．快速创建子窗体

直接将查询或表拖到主窗体是创建子窗体的一种快捷方法。

拓展与提高　创建"多页"窗体和"切换面板"窗体

任务描述与分析

创建主/子窗体可以将多个存在关系的表（或查询）中的数据在一个窗体上显示出来。若想在一个窗体中查询并显示出多个没有关系的表或查询，就要使用多页窗体。一般要使用选项卡控件来创建多页窗体。本任务创建的窗体分两页，分别显示正式员工、家庭等信息，布局应做到合理并美观。具体实现可以通过在窗体上添加多页框控件来创建多页窗体。

"切换面板"是一种特殊的窗体，它的用途主要是为了打开数据库中其余的窗体和报表，使用"切换面板"可以将一组窗体和报表组织在一起形成一个统一的与用户交互的界面，而不需要一次又一次单独打开和切换相关的窗体和报表。要求将已经创建的"员工信息"窗体、"部门/工资"主/子窗体和"部门/合同"多页窗体 3 个窗体通过创建切换面板联系起来，形成一个界面统一的数据库系统。本任务的重点是掌握创建多页窗体和"切换面板"窗体的方法和步骤。

方法与步骤

1．创建"正式员工/家庭信息"多页窗体

在"企业人事管理"数据库中，建立一个多页窗体，显示"正式员工表"、"家庭信息表"和表中的数据信息。具体操作步骤如下。

（1）在打开的"企业人事管理"数据库窗口中，选择"窗体"对象，单击【新建】按钮，打开"新建窗体"对话框。

（2）在该对话框中选择"设计视图"，然后单击【确定】按钮，打开一空白窗体设计视图。

（3）单击"工具箱"中的"选项卡"控件按钮，在窗体上画一个矩形区域，就在窗体上添加了一个选项卡控件，如图 6-104 所示。

（4）单击"页 1"，"页 1"处于编辑状态，单击"工具箱"中的"列表框"控件按钮，将鼠标指针移动到"页 1"的页面上单击，自动打开"列表框向导"对话框，单击【下一步】按钮，如图 6-105 所示。

（5）在"列表框向导"对话框中，选择"表：正式员工档案表"，单击【下一步】按钮，如图 6-106 所示。

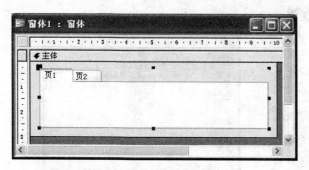

图 6-104　在窗体上添加选项卡控件

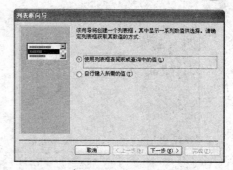

图 6-105　列表框向导

（6）在"列表框向导"对话框中，将"可用字段"列表框中的字段全部添加到"选定字段"列表框中，单击【下一步】按钮，如图 6-107 所示。

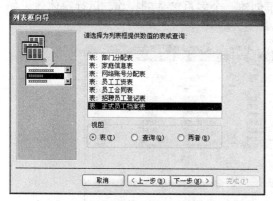

图 6-106　列表框向导

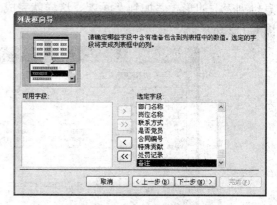

图 6-107　列表框向导

（7）在"列表框向导"对话框中，选择按"员工编号"升序排序，单击【下一步】按钮，如图 6-108 所示。

（8）在"列表框向导"对话框中，采用默认值，单击【下一步】按钮，如图 6-109 所示。

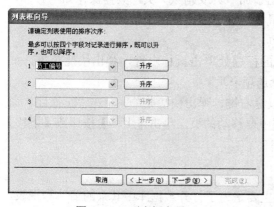

图 6-108　列表框向导

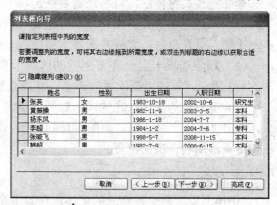

图 6-109　列表框向导

（9）在"列表框向导"对话框中，给列表框命名，单击【完成】按钮，如图 6-110 所示。这样就在选项卡的"页 1"中添加了"正式员工档案表"的列表信息。在"页 1"属性对话框中，选择"格式"选项卡，在"标题"输入文本框中输入"正式员工档案"，如图 6-111。运行窗体时，"页 1"的标题就会显示为"正式员工档案"。

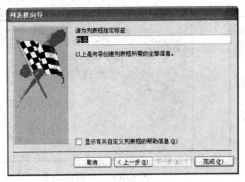

图 6-110　列表框向导

图 6-111　设置"页 1"标题

（10）单击"页 2"标题，"页 2"处于编辑状态，使用同样的方法将"家庭信息表"信息以列表框的形式添加到"页 2"，这样就完成了创建一个多页窗体的操作。运行窗体效果如图 6-112 所示。

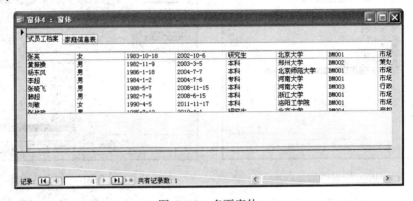

图 6-112　多页窗体

2．增加或删除页

建立完多页窗体后，有时还需要在选项卡上添加一页或删除一页，具体操作如下。

（1）添加选项卡页：在选项卡标题处单击鼠标右键，弹出快捷菜单，如图 6-113 所示。单击【插入页】命令，完成在选项卡中插入一页。

（2）删除选项卡页：在要删除的选项卡页的标题处单击鼠标右键，弹出快捷菜单，如图 6-113 所示。单击"删除页"命令，完成删除选项卡页。

（3）调整页的次序：在选项卡标题处单击鼠标右键，弹出快捷菜单。单击"页次序"命令，弹出"页序"对话框，如图 6-114 所示。选中要移动的页，单击【上移】按钮或【下移】按钮将页移动到合适的位置。

3．创建"切换面板"窗体

"切换面板"是一种特殊的窗体，它的用途主要是为了打开数据库中其余的窗体和报表，使用"切换面板"可以将一组窗体和报表组织在一起形成一个统一的与用户交互的界面，而不需要一次又一次单独打开和切换相关的窗体和报表。

将已经创建的"员工信息"、"部门/工资"主/子窗体和"部门/合同"多页窗体 3 个窗体通过创建切换面板联系起来，形成一个界面统一的数据库系统。创建"切换面板"的操作步骤如下。

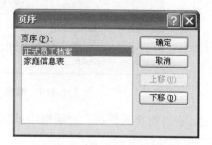

图 6-113　选项卡快捷菜单 　　　　　　　 图 6-114　"页序"对话框

（1）打开的"企业人事管理"数据库窗口，在"工具"菜单中选择"数据库实用工具"，执行"切换面板管理器"命令，如果数据库中不存在切换面板，系统会询问是否要创建新的切换面板，单击【是】按钮，弹出"切换面板管理器"窗口，如图 6-115 所示。

（2）单击【新建】按钮，在弹出的对话框的"切换面板页名"文本框中输入"企业人事管理系统"，如图 6-116 所示。

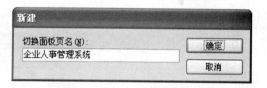

图 6-115　切换面板管理器 　　　　　　 图 6-116　"新建"切换面板对话框

（3）单击【确定】按钮，在"切换面板管理器"窗口中添加了"企业人事管理系统"项，如图 6-117 所示。

（4）选择"企业人事管理系统"，单击【编辑】按钮，弹出"编辑切换面板页"对话框，如图 6-118 所示。

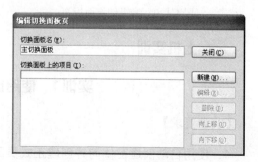

图 6-117　切换面板管理器 　　　　　　　 图 6-118　编辑切换面板页

（5）单击【新建】按钮，弹出"编辑切换面板项目"对话框。在对话框的"文本"输入框中输入"员工信息查询",在"命令"下拉列表中选择"在'编辑'模式下打开窗体",在"窗体"下拉列表中选择"正式员工信息查询",如图 6-119 所示,单击【确定】按钮,回到"切换面板页"对话框。

图 6-119　编辑切换面板项目

（6）此时,在"切换面板页"对话框中就创建了一个项目,重复（4）、（5）步,新建"部门工资查询"和"部门/合同信息"。

（7）重复（4）、（5）步,在"文本"输入框中输入"退出系统",在"命令"下拉列表中选择"退出应用程序"。

（8）此时在"编辑切换面板页"对话框中已经创建 4 个项目,如图 6-120 所示。单击"关闭"按钮。回到"切换面板管理器"窗口。

（9）在"切换面板管理器"窗口选择"企业人事管理系统",单击"创建默认"按钮,使新创建的切换面板加入到窗体对象中,单击"关闭"按钮。

创建切换面板工作到此完成,在"窗体"对象中,双击"切换面板"窗体,运行效果如图 6-121 所示。单击切换面板中不同的项目,会打开不同的窗体。

可以像设计普通窗体一样设计切换面板窗体,即可以在切换面板窗体上加图片、调整窗体布局等来美化窗体。

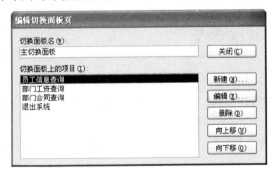

图 6-120　编辑切换面板页

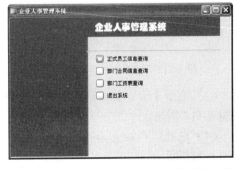

图 6-121　员工人事管理系统切换面板窗体

 上机实训

实训 1　使用窗体向导创建窗体

【实训要求】

1. 使用自动创建窗体向导创建正式员工档案信息窗体

（1）使用自动创建窗体向导,创建"正式员工档案信息 1"的纵栏式窗体。

（2）使用自动创建窗体向导,创建"正式员工档案信息 2"的表格式窗体。

（3）使用自动创建窗体向导,创建"正式员工档案信息 3"的数据表窗体。

2．使用窗体向导创建家庭信息窗体

（1）使用窗体向导，创建"家庭信息 1"的纵栏式窗体。

（2）使用窗体向导，创建"家庭信息 2"的表格式窗体。

（3）使用窗体向导，创建"家庭信息 3"的数据表窗体。

3．使用数据透视表向导创建"员工工资信息"窗体

使用"数据透视表向导"创建"部门表"数据透视表窗体，并分析每个部门员工的基本工资的平均值。

4．使用图表向导创建"员工工资表基本工资（图）"窗体

在"员工工资表"中，创建显示各部门员工岗位工资的平均值的图表。

实训 2　设计视图创建"员工信息"窗体和"部门/工资"主/子窗体

【实训要求】

1．使用设计视图创建"员工信息"窗体

使用设计视图为"正式员工档案表"创建一个窗体（纵栏式）。所创建的窗体上包含员工档案数据表的所有字段，包括照片。

2．使用组合框替换文本框

在创建的"正式员工档案表"纵栏式窗体的基础上，将"员工编号"文本框替换成组合框，可以直接输入员工编号进行定位，也可以从组合框中选择员工编号进行定位。

3．添加按钮

在窗体上添加文本按钮和图片按钮，使窗体上的按钮可以打开一个已创建窗体或者关闭窗体。

4．添加背景

为"正式员工档案表"纵栏式窗体添加背景图片，图片可以是计算机上现有图片，通过系统的"搜索"命令获得。

5．创建主/子窗体

创建"部门分配表"/"员工合同表"的主/子窗体。

实训 3　创建"正式员工/家庭信息/网络账号分配"多页窗体和切换面板窗体

【实训要求】

1．创建多页窗体

建立一个包含"正式员工档案表"等表的多页窗体，显示"正式员工表"、"家庭信息表"和"网络账号分配表"中的数据信息。

2．美化窗体

设置多页窗体没有导航按钮、没有快捷菜单、没有记录选择器，可以通过窗体的属性进行设置。

3．创建主控面板窗体

为"企业人事管理"数据库建立一个主控面板窗体，界面可自己创意。

总结与回顾

本项目主要介绍了 Access 2003 中创建、设计窗体的方法及相关技能。需要理解掌握的知识、技能如下：

1．窗体的分类

按照窗体的功能来分，窗体可以分为数据窗体、切换面板窗体和自定义对话框 3 种类型。

2．窗体视图的种类

Access 2003 中的窗体共有 5 种视图：设计视图、窗体视图、数据表视图、数据透视表视图和数据透视图视图。以上 5 种视图可以使用工具栏上的"视图"按钮 相互切换。

3．创建窗体向导的分类

Access 2003 提供了 4 种创建窗体的向导："窗体向导"、"自动创建窗体（纵栏式、表格式、数据表）"、"图表向导"和"数据透视表向导"。

4．可用字段与选定字段的区别

可用字段是选择数据表中的所有字段，选定字段是要在窗体上显示出来的字段数据。

5．导航按钮

窗体的底部有一些按钮和信息提示，这就是窗体的导航按钮。其作用就是通过这些按钮，选择不同的记录并显示在窗体上。

6．创建纵栏式自动窗体的方法

创建纵栏式自动窗体有两种方法，一是使用"新建窗体"对话框，二是使用"插入"菜单中的"自动窗体"命令。

7．纵栏式、表格式和数据表式窗体的区别

纵栏式窗体用于每次显示一条记录信息，可以通过"导航按钮"来显示任一条记录数据。表格式和数据表式窗体一次可以显示多条记录信息，在窗体上显示表格类数据较为方便，窗体上也有"导航按钮"。

8．数据表式窗体

数据表式窗体就是在表对象中，打开数据表所显示数据的窗体。

9．数据透视表的作用

数据透视表是一种交互式的表，可以进行用户选定的运算。数据透视表视图是用于汇总分析数据表或窗体中数据的视图，通过它可以对数据库中的数据进行行列合计及数据分析。

10．删除汇总项

在数据透视表窗体要删除汇总项，可以右击汇总，在弹出的快捷菜单中选择"删除"命令。

11．图表的类型

图表的类型有柱形图、条形图、饼图等等，根据显示数据的需要，可以选择合适的图表类型。

12．窗体设计窗口

在窗体设计视图中，窗体由上而下被分成 5 个节：窗体页眉、页面页眉、主体、页面页脚和窗体页脚。其中，"页面页眉"和"页面页脚"节中的内容在打印时才会显示。

一般情况下，新建的窗体只包含"主体"部分，如果需要其他部分，可以在窗体主体节的标签上右击鼠标，在弹出的快捷菜单中选择"页面页眉/页脚"或"窗体页眉/页脚"命令即可。

13．Access 2003 工具箱按钮的名字和功能

在工具箱上具有 17 种控件和 3 种其他按钮。

14．设置窗体的属性

窗体和窗体上的控件都具有属性，这些属性用于设置窗体和控件的大小、位置等，不同控件的属性也不太一样。

15．窗体中的控件

控件是窗体、报表或数据访问页中用于显示数据、执行操作、装饰窗体或报表的对象。控件可以是绑定、未绑定或计算型。

16．控制柄

要对控件进行调整，首先要选中需要调整的控件对象，控件对象被选中后，会在控件的四周出现 6 个黑色方块，称为控制柄。可以使用控制柄来改变控件的大小和位置。也可以使用属性对话框来修改该控件的属性。

17．控件属性中的"格式"选项卡

控件的外观包括前景色、背景色、字体、字号、字形、边框和特殊效果等多个特性，通过设置格式属性可以对这些特性进行更改。

18．背景图片相关属性设置

（1）图片类型
（2）图片缩放模式
（3）图片对齐方式
（4）图片平铺

19．删除窗体背景图片

如果想删除一幅背景图片，只需删除在"图片"文本框中的输入，当出现提示"是否从该窗体删除图片"对话框时，单击【确定】按钮即可。

20．创建主/子窗体的必要条件

在创建主/子窗体之前，必须正确设置表间的"一对多"关系。"一"方是主表，"多"方是子表。

21. 快速创建子窗体

直接将查询或表拖到主窗体是创建子窗体的一种快捷方法。

思考与练习

1. 选择题

（1）"切换面板"属于_____。

    A. 表   B. 查询   C. 窗体   D. 页

（2）下列不属于 Access 2003 控件的是_____。

    A. 列表框   B. 分页符   C. 换行符   D. 矩形

（3）不是用来作为表或查询中"是"/"否"值的控件是_____。

    A. 复选框   B. 切换按钮   C. 选项按钮   D. 命令按钮

（4）决定窗体外观的是_____。

    A. 控件   B. 标签   C. 属性   D. 按钮

（5）在 Access 2003 中，没有数据来源的控件类型是_____。

    A. 结合型   B. 非结合型   C. 计算型   D. 以上都不是

（6）在下列关于控件的叙述中，正确的是_____。

    A. 在选项组中每次只能选择一个选项

    B. 列表框比组合框具有更强的功能

    C. 使用标签工具可以创建附加到其他控件上的标签

    D. 选项组不能设置为表达式。

（7）主窗体和子窗体通常用于显示多个表或查询中的数据，这些表或查询中的数据一般应该具有_____关系。

    A. 一对一   B. 一对多   C. 多对多   D. 关联

（8）下列不属于 Access 窗体的视图是_____。

    A. 设计视图   B. 窗体视图   C. 版面视图   D. 数据表视图

2. 填空题

（1）计算控件以_____作为数据来源。

（2）使用"自动窗体"创建的窗体，有_____、_____和_____3 种形式。

（3）在窗体设计视图中，窗体由上而下被分成 5 个节，分别是_____、页面页眉、_____、页面页脚和_____。

（4）窗体属性对话框有 5 个选项卡，分别是_____、_____、_____、_____和全部。

（5）如果要选定窗体中的全部控件，按下_____键。

（6）在设计窗体时使用标签控件创建的是单独标签，它在窗体的_____视图中不能显示。

3. 判断题

（1）罗斯文示例数据库是一个空数据库。   （   ）

（2）数据窗体一般是数据库的主控窗体，用来接受和执行用户的操作请求、打开其他的

窗体或报表以及操作和控制程序的运行。 （　　）

（3）在利用"窗体向导"创建窗体时，向导参数中的"可用字段"与"选定字段"是一个意思。 （　　）

（4）"图表向导"中汇总方式只能是对数据进行求和汇总。 （　　）

（5）窗体背景设置图片缩放模式可用的选项有"拉伸"、"缩放"。 （　　）

（6）"图表向导"中的"系列"也就是图表中显示的图例。 （　　）

（7）直接将查询或表拖到主窗体是创建子窗体的一种快捷方法。 （　　）

（8）在创建主/子窗体之前，必须正确设置表间的"一对多"关系。"一"方是主表，"多"方是子表。 （　　）

（9）窗体的各节部分的背景色是相互独立的。 （　　）

（10）窗体上的"标签"控件可以用来输入数据。 （　　）

4. 简答题

（1）简述窗体的分类和作用。

（2）Access 中的窗体共有几种视图？

（3）创建窗体有哪两种方式，如何创建窗体才能够达到满意的效果？

（4）简述文本框的作用与分类。

项目7 创建与应用报表

在完成"企业人事管理系统"的表、查询、窗体等相关内容创建工作后，该系统已经具备了基本的信息处理功能，但是，还不具备按不同形式和内容显示或打印出表或查询中的数据功能。在 Access 2003 中打印输出的工作要通过创建报表来实现，报表的功能非常强大，报表中的记录可以按照一定的规则进行排序和分组，可以通过放置控件来确定在报表中显示的数据内容、位置及格式，除此之外，还可以运用公式和函数进行计算。本项目将在前面几个项目相关表和查询的基础上，创建不同形式的报表，练习创建和修改报表，掌握在报表中进行计算、汇总以及页面格式设置的方法。

学习内容

- 使用向导创建报表
- 使用报表设计视图创建和修改报表
- 在报表中添加分组和排序
- 在报表中进行计算和汇总
- 报表的页面设置及打印

■ 任务1 使用自动报表和报表向导创建"招聘员工登记表"报表

任务描述与分析

在"企业人事管理系统"中创建报表，可以根据报表的不同要求，选择不同的方法。"自动创建报表"可以方便、快捷地创建纵栏式报表和表格式报表，但灵活性较差。"报表向导"创建的报表，方便快捷，灵活性较强，不但能进行数据记录的分组、排序、汇总等操作，还能进行报表的布局、样式等更多参数的设置，使用"报表向导"还可以创建"图表报表"和"标签报表"等。本任务是使用"自动创建报表"创建"招聘员工登记表"的纵栏式及表格式报表，使用"报表向导"创建"招聘员工登记表"、"招聘员工男女人数"图表报表以及"招聘员工基本信息卡"标签报表等多种类型的报表。

方法与步骤

1. 使用"自动创建报表"创建"招聘员工登记表"报表

（1）在"企业人事管理"数据库窗口中，选择"报表"对象，如图 7-1 所示。单击数据库窗口工具栏上的【新建】按钮，打开"新建报表"对话框，如图 7-2 所示。

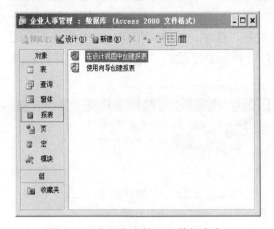

图 7-1　"企业人事管理"数据库窗口　　　　图 7-2　"新建报表"对话框

（2）选择"自动创建报表：纵栏式"选项，并在"请选择该对象数据的来源表或查询"列表中选择"招聘员工登记表"。

（3）单击【确定】按钮，将自动创建纵栏式报表，如图 7-3 所示。

（4）同样可以在步骤（2）中选择"自动创建报表：表格式"选项，并选择"招聘员工登记表"即可快速创建表格式报表，效果如图 7-4 所示。

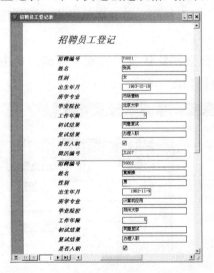

图 7-3　纵栏式的"招聘员工登记表"　　　　图 7-4　表格式的"招聘员工登记表"

2. 使用"报表向导"创建"招聘员工基本信息"报表

说明

　　"自动创建报表"中报表的数据来源是单一的表或者查询，表或查询中的每条记录的每个字段都包含在报表中，纵栏式报表每个字段占报表一行，表格式报表的每条记录占报表的一行。

　　使用自动创建报表，会在报表的页眉中自动添加标题，在页脚中添加日期和页码。

（1）在"企业人事管理"数据库窗口中，选择"报表"对象，单击数据库窗口工具栏上的【新建】按钮，打开"新建报表"对话框。

（2）在"新建报表"对话框中，选择"报表向导"选项，选择"招聘员工登记表"为数据源，如图 7-5 所示，单击【确定】按钮，打开选择报表字段的"报表向导"对话框，如图 7-6 所示。

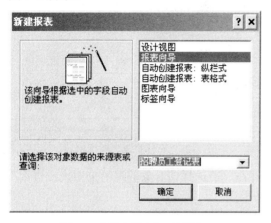

图 7-5　"新建报表"对话框

图 7-6　"报表向导"对话框

（3）在图 7-6 所示对话框中，提示确定报表上使用哪些字段，此处将"可用字段"列表框中所有字段都选到"选定的字段"列表中，单击【下一步】按钮，打开添加分组级别的报表向导对话框，如图 7-7 所示。

（4）在图 7-7 所示对话框中，提示是否添加分组级别，默认按"性别"分组，单击【下一步】按钮，打开设置排序和汇总的报表向导对话框，如图 7-8 所示。

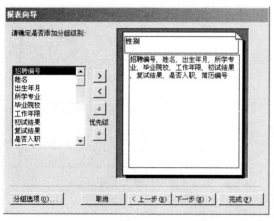

图 7-7　添加分组级别对话框

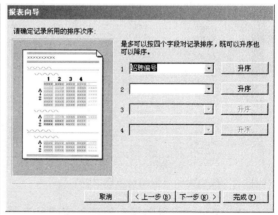

图 7-8　设置排序和汇总对话框

（5）在图 7-8 所示对话框中，提示是否排序及确定排序的方式，此处选择按"招聘编号"升序排序，不设置汇总选项，单击【下一步】按钮，打开确定报表布局方式的"报表向导"对话框，如图 7-9 所示。

（6）选择报表布局方式为"递阶"，方向为"纵向"，具体设置如图 7-9 所示，单击【下一步】按钮，打开确定所用样式的报表向导对话框，如图 7-10 所示。

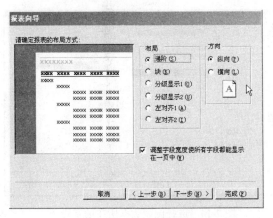

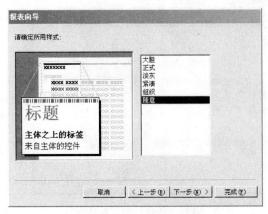

图 7-9　确定报表布局方式对话框　　　　图 7-10　确定所用样式对话框

> **提示**
>
> 　　如果报表中的各字段总长度较大，无法在报表的一行中显示所有字段，多余字段将显示在另一页上，可选中"调整字段的宽度以便所有的字段都能在一页中显示"复选框进行调整，也可以选择纸张方向为"横向"进行调整。

　　（7）在如图 7-10 所示对话框中，提示确定报表所用的样式，并在左边显示样式的效果，选择"随意"选项，单击【下一步】按钮，打开为报表指定标题的报表向导对话框，如图 7-11 所示。

　　（8）输入"招聘员工登记报表"作为标题，选择"预览报表"，单击【完成】按钮，按性别分组的"招聘员工登记表"报表创建完成，如图 7-12 所示。

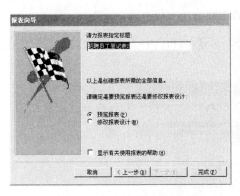

图 7-11　为报表指定标题对话框　　　　图 7-12　按性别分组的"招聘员工登记表"

3．使用"图表向导"创建"正式员工登记图表"报表

　　（1）在"企业人事管理"数据库窗口中，选择"报表"对象，单击工具栏上的【新建】按钮，打开"新建报表"对话框，如图 7-13 所示。

　　（2）选择"图表向导"，在"选择该对象数据的来源表或查询"列表框中选择"正式员工登记表"，单击【确定】按钮，打开需要选择图表数据所在字段的图表向导对话框，如图 7-14 所示。

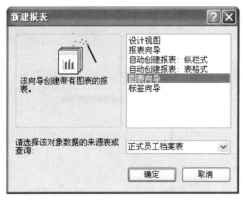

图 7-13 "新建报表"对话框

图 7-14 选择图表数据所在的字段

（3）将"部门编号"和"性别"两个字段添加到对话框右侧"用于图表的字段"列表中，单击【下一步】按钮，打开选择图表类型的图表向导对话框，如图 7-15 所示。

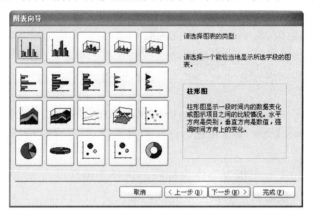

图 7-15 选择图表的类型

（4）选择常用的"柱形图"图表类型，单击【下一步】按钮，打开指定数据在图表中的布局方式的图表向导对话框，如图 7-16 所示。

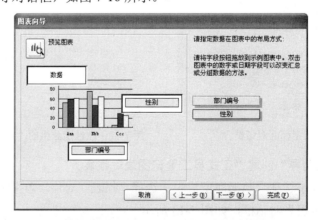

图 7-16 指定数据在图表中的布局方式

（5）设置以"部门编号"为横坐标，以"性别"人数数据为纵坐标，然后单击【下一步】按钮，打开指定图表标题的图表向导对话框，如图 7-17 所示。

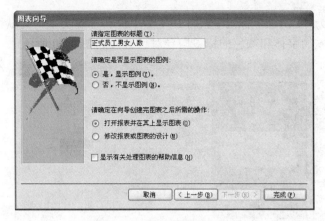

图 7-17　指定图表的标题

（6）输入标题"正式员工男女人数"，单击【完成】按钮，"正式员工男女人数"图表创建完成，效果如图 7-18 所示。

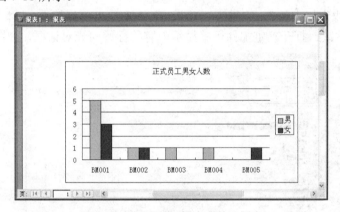

图 7-18　"正式员工男女人数"图表

4．使用"标签向导"创建员工基本信息卡

（1）在"新建报表"对话框中，选择"标签向导"，在"选择该对象数据的来源表或查询"列表框中选择"正式员工档案表"，然后单击【确定】按钮，打开指定标签尺寸的标签向导对话框，如图 7-19 所示。

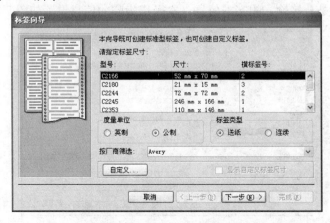

图 7-19　指定标签尺寸的标签

（2）选择型号为"C2166"标准型尺寸，度量单位和标签类型均为默认，单击【下一步】按钮，打开选择文本的字体和颜色的标签向导对话框，如图 7-20 所示。

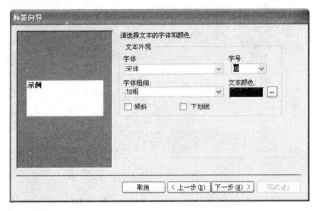

图 7-20   选择文本的字体和颜色

（3）选择字体为"宋体"、字号为"10"、字体粗细为"加粗"，文本颜色为"黑色"，单击【下一步】按钮，打开确定邮件标签显示内容的标签向导对话框，如图 7-21 所示。

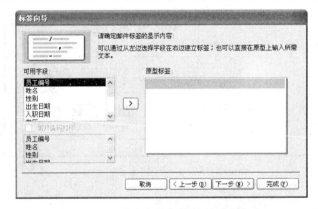

图 7-21   确定邮件标签的显示内容

（4）标签中的固定信息可以在"原型标签"框中直接输入，标签中来自表中的信息可从左边的"可用字段"列表框选择。在"原型标签"中，用大括号"{}"括起来的就是表中的字段，未括起来的是直接输入的文本信息。本操作步骤的信息设置如图 7-22 所示。

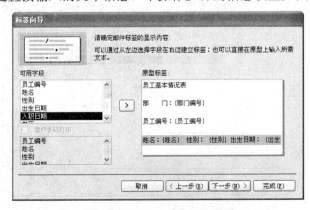

图 7-22   标签中的信息设置

（5）设置完成后，单击【下一步】按钮，打开"请确定按哪些字段排序"的标签向导对话框，如图 7-23 所示。

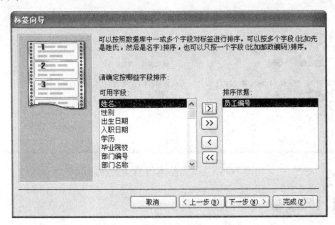

图 7-23　确定按哪些字段排序

（6）设置标签排序所依据的字段为"员工编号"字段，然后单击【下一步】按钮，打开"指定报表的名称"向导对话框，如图 7-24 所示。

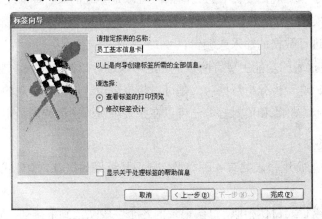

图 7-24　指定报表名称

（7）输入报表标题"员工基本信息卡"，单击【完成】按钮，"员工基本信息卡"标签图表创建完成并以"打印预览"视图打开，如图 7-25 所示。

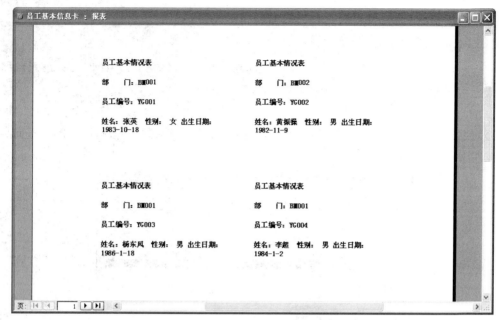

图 7-25 "员工基本信息卡"报表

相关知识与技能

1．报表的功能

在 Access 2003 中，报表能十分有效地以打印的格式表现数据库中的数据，用户可以设计报表上对象的大小和外观，报表中的数据来源可以是基础的表、查询或 SQL 查询，报表中的信息通过控件来实现，也可以设置页面及其他打印页面的属性。报表只能打印或显示数据，而不能像窗体那样进行数据的输入或编辑。

Access 2003 中报表的功能主要有两点：一是可以进行数据的比较、排序、分组、计算和汇总，从而帮助用户进一步分析数据；二是可以将报表设计成格式美观的表格、花名册、成绩单、胸卡、信息卡、标签和信封等，还可以在报表中嵌入图像或图片丰富数据显示形式。

2．报表的分类

Access 2003 中的常用报表共有 4 种类型，分别是纵栏式报表、表格式报表、图表式报表和标签式报表。

纵栏式报表与纵栏式窗体相似，每条记录的各个字段从上到下排列，左边显示字段标题，右边显示字段数据值，适合记录较少、字段较多的情况。

表格式报表显示数据的形式与数据表视图十分相似，一条记录的内容显示在同一行上，多条记录从上到下显示，适合记录较多、字段较少的情况。

图表式报表显示数据与图表式窗体类似，它可以将库中的数据进行分类汇总后以图形的方式表示，使得统计更加直观，适合于汇总、比较及进一步分析数据。

标签式报表可以用来在一页内建立多个大小和样式一致的卡片式方格区域，通常用来显示姓名、电话等较为简短的信息，一般用来制作名片、信封、产品标签等。

任务 2 使用设计视图创建和修改 "正式员工档案查询" 报表

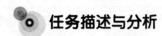 **任务描述与分析**

使用 "自动创建报表" 和 "报表向导" 创建报表较为方便快捷，但报表内容、布局、格式及效果等方面会存在一些不足，且实用性稍差，因此 Access 2003 提供了用设计视图创建和修改报表的方法，以满足用户更多的需要。利用设计视图创建和修改报表，就是使用控件手工设计报表的数据、布局、页眉页脚、标题、页码等，使其形式和内容符合用户的需求。在报表的设计视图中，可以直接通过添加控件来创建新的报表，也可以修改用 "自动创建报表" 和 "报表向导" 创建的报表。报表中的数据源可来源于表、查询或 SQL 查询。本任务是使用设计视图创建基于 "正式员工档案查询" 的 "员工档案查询" 报表，并设置字段、控件的格式，添加页眉、页脚、标题、页码、时间及日期等。

方法与步骤

1. 使用设计视图创建 "正式员工档案查询" 报表

（1）在 "企业人事管理" 数据库窗口，选择 "报表" 对象，单击窗口工具栏上的【新建】按钮，打开 "新建报表" 对话框，在 "新建报表" 对话框中，选择 "设计视图"，并选择 "正式员工档案查询" 作为数据源，然后单击【确定】按钮，打开报表设计视图，同时 "正式员工档案查询" 的 "字段列表" 窗口和工具箱也出现在窗口中，如图 7-26 所示。

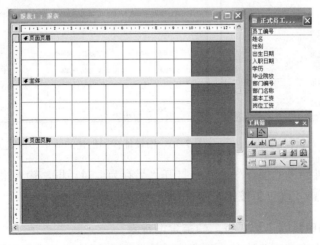

图 7-26 报表设计视图

（2）从 "正式员工档案查询" 字段列表中将 "部门名称" 和 "部门编号" 以外的其他所有字段拖到设计视图的 "主体" 节中，拖放字段的时候，会自动创建一个文本框和字段名对应，在文本框前会自动添加一个标签控件，标签控件的标题自动以字段名称命名，结果如图 7-27 所示。

（3）选中所有标签控件，然后选择 "格式" → "对齐" → "靠右" 命令将标签控件设置为右对齐，再选择"格式"→"垂直间距"→"相同"命令，使各标签控件平均分配间距，以同样的方法设置文本框控件为左对齐，垂直平均分配间距，结果如图 7-28 所示。

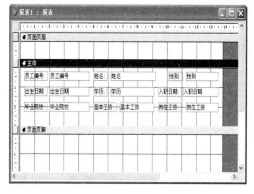

图 7-27 把字段添加到报表视图的主体节

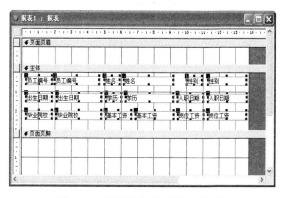

图 7-28 设置控件的对齐方式及间距

（4）单击"工具箱"中的"标签"控件，在"页面页眉"节中拖动鼠标添加"标签"控件，然后输入文字"正式员工档案查询"作为标签的标题。右键单击"正式员工档案查询"标签，在弹出的快捷菜单中选择"属性"，打开标签属性对话框，在"格式"选项卡中选择"字体名称"为黑体，"字号"为 16，具体设置如图 7-29 所示。

（5）单击数据库窗口中的"预览"工具按钮，可以看到用设计视图创建的简单报表，如图 7-30 所示。

图 7-29 "标签"属性对话框

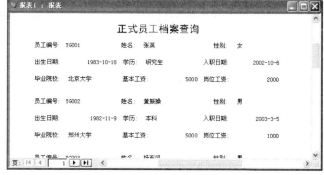

图 7-30 用设计视图创建的简单"正式员工档案查询"报表

（6）选择"文件"→"保存"命令，打开"另存为"对话框，输入报表名称"正式员工档案查询报表"，单击【确定】按钮，至此报表创建完成。

2. 在设计视图中修改"正式员工档案查询报表"

（1）在"企业人事管理"窗口中选择"报表"对象下的"正式员工档案查询报表"，再单击数据库窗口中的【设计】按钮，打开"正式员工档案查询"的设计视图。

（2）在正式员工档案查询设计视图中，将报表"主体"中第一列标签全部选中并剪切到报表的"页面页眉"节中，并放置在靠近"页面页眉"的下部，排列成水平一行，删除标签中的冒号，将该行作为报表的列标题。将"主体"节中的所有文本框水平排列成一行，并与"页面页眉"中的标签一一对应，在排列的过程中可以使用"格式"→"对齐"中的命令或

"格式"→"水平间距"中的命令来调整这些标签或文本框的布局和对齐方式，结果如图 7-31所示。

图 7-31 对标签和文本框的布局进行调整

（3）选择"页面页眉"中的"员工编号"、"姓名"、"性别"标签，并单击鼠标右键，弹出如图 7-32 所示的快捷菜单，选择"属性"命令，打开如图 7-33 所示的标签属性对话框。在该对话框中选择"格式"选项卡，设置"字号"为"11"，"字体粗细"为"加粗"，为保证标签中的文字能完全显示，可以适当调整标签的宽度和位置。

图 7-32 "标签"快捷菜单

图 7-33 "标签"属性对话框

（4）选择"主体"中的所有文本框，并在属性对话框"格式"选项卡中设置其"字号"为"11"，其他格式采用默认设置，设置完成后，根据需要调整文本框大小和位置以保持与列标题的对应关系，结果如图 7-34 所示。

（5）在"页面页眉"节的"标签"控件的上方和下方，分别使用"工具箱"中的"直线"控件各添加一条水平直线，在"主体"节的"文本框"下方添加一条水平直线，在"页面页眉"节的标签之间添加垂直竖线，在"主体"节的各个文本框之间也添加垂直竖线，为整个报表添加表格线，具体操作如图 7-35 所示。

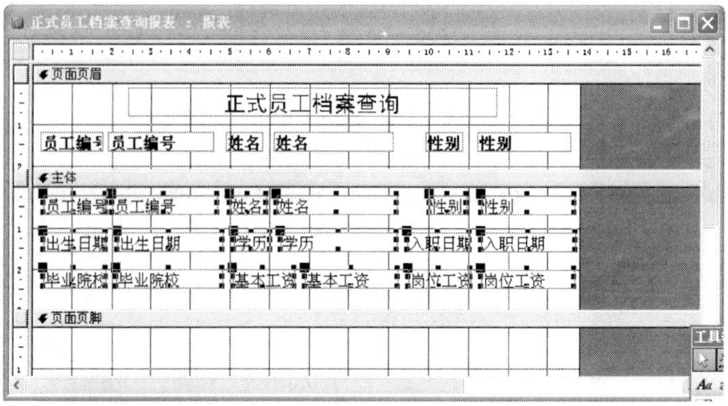

图 7-34　调整"标签"控件和"文本框"控件的属性及位置

图 7-35　为报表添加线条

 提示

在画直线时按住【Shift】键，可保证直线水平或垂直。

在添加线条时，可以将分节栏距加大，表格线添加完成后，再将其调小。

在添加线条时，可暂时关闭"网格"显示，并不断预览和调整。

（6）拖动"页面页脚"节和"主体"节的分节栏，分别向上移动到合适位置，最后结果如图 7-36 所示。

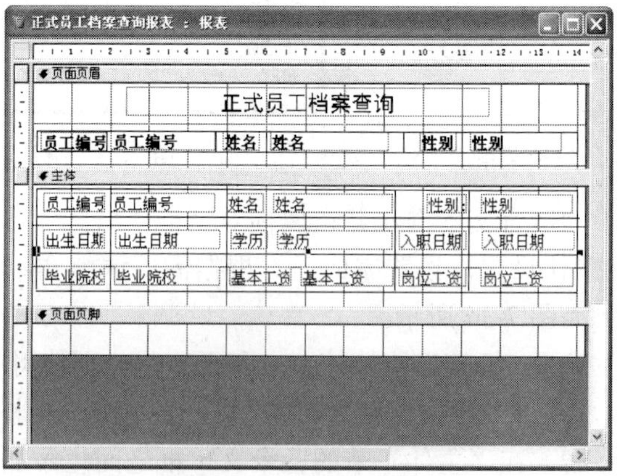

图 7-36　添加表格线后的最终结果

（7）单击数据库窗口中的【预览】按钮，在报表预览视图中预览修改后的"正式员工档案查询报表"，结果如图 7-37 所示。

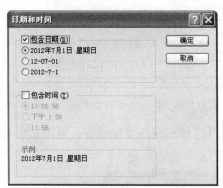

图 7-37 修改后的表格式"正式员工档案查询报表"

3. 在设计视图中修饰"正式员工档案查询报表"

（1）为报表添加日期和时间

在报表中添加日期和时间有两种方法。

【方法 1】使用菜单插入日期和时间

① 在"企业人事管理"数据库窗口中选择"报表"对象，在列表中选择"正式员工档案查询报表"，再单击数据库窗口中的【设计】按钮，打开"正式员工档案查询"的设计视图。

② 选择"插入"→"日期和时间"命令，打开"日期和时间"对话框，如图 7-38 所示。

③ 选择"包含日期"，并选择合适的日期显示格式，单击【确定】按钮，在视图中会插入一个日期文本框。将插入的日期文本框移动到"页面页眉"节中合适的位置，如图 7-39 所示。

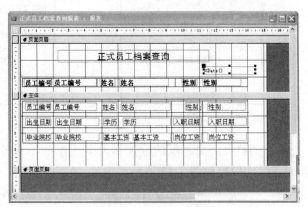

图 7-38 "日期和时间"对话框   图 7-39 日期文本框在报表中的位置

④ 对插入的日期文本框，同样可以设置其字体、字号等文本框属性。报表中日期添加完成后的效果如图 7-40 所示。

【方法 2】使用日期和时间表达式添加日期和时间

① 在"设计视图"中打开"正式员工档案查询报表"。

② 使用工具箱在设计视图的"页面页眉"节中添加一个文本框控件，删除前面自动添

加的标签，在文本框控件中输入日期函数表达式"=date()"，如图 7-39 所示，最终效果如图 7-40 所示。

图 7-40　添加日期的报表效果

（2）为报表添加页码

一般的报表可能会有很多页，因此需要在报表中加入页码，以方便排列报表中页的先后顺序，添加页码的方法有两种。

【方法 1】使用菜单插入页码

① 在"设计视图"中打开"正式员工档案查询报表"。

② 单击"插入"→"页码"命令，打开"页码"对话框，如图 7-41 所示。

③ 在"页码"对话框中选择格式为"第 N 页，共 N 页"，位置为"页面底端"，对齐方式为"右"，单击【确定】按钮，在视图的相应位置插入一个页码文本框，如图 7-42 所示。

图 7-41　"页码"对话框

图 7-42　在页面页脚处插入的页码文本框

④ 调整页码文本框的位置和大小，并对页码文本框进行相应的属性设置，报表页码添加完成后的效果如图 7-43 所示。

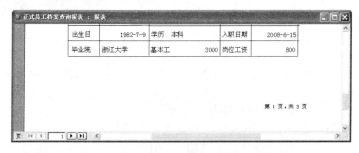

图 7-43　添加页码的报表局部效果

【方法 2】使用页码表达式添加页码

使用页码表达式添加页码与使用日期表达式添加日期的操作基本相同，只不过是将函数表达式换为相应的页码表达式即可，效果如图 7-43 所示。

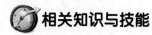 相关知识与技能

1．报表的结构

报表的设计视图如图 7-44 所示。可以看到，报表被分成多个部分，这些组成部分被称为"节"，完整的报表有 7 个节，一般常见的报表有 5 个节，分别是"报表页眉"、"页面页眉"、"主体"、"页面页脚"和"报表页脚"，在分组报表中，还会有"组标头"和"组注脚"两个节。

节代表着不同的报表区域，每个节的左侧都有一个小方块，称为节选定器，单击节选定器、节栏的任何位置、节背景的任何位置都可选定节。

使用设计视图新建报表时，空白报表只有 3 个节，分别是"页面页眉"、"主体"和"页面页脚"，而"报表页眉"和"报表页脚"可以通过"视图"菜单或报表快捷菜单添加或隐藏，如图 7-45 所示。

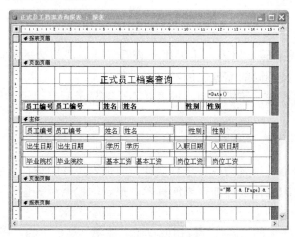

图 7-44　报表的设计视图

图 7-45　报表快捷菜单

报表的内容由节来划分，每一个节都有其特定的目的，而且按照一定的顺序显示或打印在页面及报表上，也可以通过放置工具箱中的控件来确定在每一节中显示的内容及位置。

（1）报表页眉和报表页脚

一个报表只有一个"报表页眉"和一个"报表页脚"，报表页眉只在整个报表第一页的开始位置显示和打印，一般用来放置徽标、报表标题、图片或其他报表的标识物等。报表页脚只显示在整个报表的最后一页的页尾，一般用来显示报表总结性的文字等内容。

在空白的报表中，如果要向报表上添加报表页眉/页脚，单击"视图"菜单上的"报表页眉/页脚"，或者从报表的快捷菜单中选择"报表页眉/页脚"命令。当报表上已具有报表页眉/页脚，执行上述命令，可删除报表页眉/页脚以及其中已存在的控件。报表页眉和报表页脚只能作为一对同时添加或删除。

（2）页面页眉和页面页脚

页面页眉显示在整个报表每一页的最上方，用来显示报表的标题，在表格式报表中可以

利用页面页眉来显示列标题。页面页脚显示在整个报表中每一页的最下方，可以利用页面页脚来显示页码、日期、审核人等信息。

如果要向报表上添加页面页眉或页面页脚，单击"视图"菜单上的"页面页眉/页脚"，或者在报表快捷菜单中选择"页面页眉/页脚"命令。当报表上已具有页面页眉或页面页脚，执行上述命令，可删除页面页眉、页脚以及其中的控件。同样，页面页眉和页面页脚也只能作为一对同时添加和删除。

（3）主体

主体节包含了报表数据的主体，报表的数据源中的每一条记录都放置在主体节中。如果特殊报表不需要主体节，可以在其属性表中将主体节"高度"属性设置为"0"。

2．报表的视图

Access 2003 的报表有 3 种视图方式，分别是设计视图、打印预览视图和版面预览视图。在报表设计视图中，单击报表设计工具栏上的 按钮右侧的三角按钮，可以查看打印预览视图和版面预览视图。

设计视图可以创建新的报表或修改已有报表，在设计视图中可使用各种工具设计报表。使用控件工具箱中的工具可以向报表中添加各种控件，如标签和文本框，使用"格式"工具栏可以更改字体或字体大小、对齐文本、更改边框或线条宽度，或者应用颜色和特殊效果，使用标尺工具可以对齐控件。

打印预览视图按照报表打印的样式来显示报表，主要用于查看设计完成报表的打印效果。使用"打印预览"工具栏按钮可以按不同的缩放比例对报表进行预览。

版面预览视图可以查看报表的版面设置，该视图中，报表并不全部显示所有记录，只显示几个记录作为示例。

3．报表及控件的属性

在使用设计视图创建报表时，主要是对报表的控件进行设计，而报表控件的设计主要就是报表控件的属性设置，而对整个报表的整体设计如报表的标题、报表的数据源等也主要通过报表属性设置来实现。

在报表设计视图中，单击常用工具栏上的"属性"按钮或单击"视图"菜单下的"属性"命令，即可打开如图 7-46 所示的"正式员工档案查询报表"的属性对话框。

图 7-46　报表属性对话框

图 7-47　报表属性对话框的数据选项卡

从该对话框中可看到，一个报表对象及其中包含的控件的属性可以分为 4 类，分别是"格式"、"数据"、"事件"、"其他"，并在属性对话框中分列于 4 个选项卡上，单击某一个选项卡，就可以打开相应类别具体的属性，欲对报表或报表中的某个控件设置属性，就先选中报表或报表中的控件，然后打开属性对话框，在对应的选项卡上进行属性值的设置。

（1）报表的常用格式属性及其值的含义

① 标题

标题的属性值为一个字符串，在报表预览视图中，该字符串显示为报表窗口标题，在打印的报表上，该字符串不会打印出来，不设定标题属性值，系统会自动以报表的名称作为报表窗口标题。

② 页面页眉与页面页脚

其属性值有"所有页"、"报表页眉不要"、"报表页脚不要"、"报表页眉页脚都不要" 4 个选项，它决定报表打印时的页面页眉与页面页脚是否打印。

③ 图片

其属性值为一图形文件名，指定的图形文件将作为报表的背景图片，结合关于图片的其他属性来设定背景图片的打印或预览形式。

（2）报表的数据属性及其值的含义

① 记录源

记录源的属性值是本数据库的一个表名、查询名或者一条 SELECE 语句，它指明该报表的数据来源，记录源属性还可取为一个报表名，被指定的报表将作为本报表的子报表存在。

② 筛选和启动筛选

筛选的属性值是一个合法的字符串表达式，它表示从数据源中筛选数据的规则，比如筛选出"岗位工资"小于 3000 的人员，属性值可以写为"岗位工资<3000"。启动筛选属性值有"是"、"否"两个选项，它决定上述筛选规则是否有效。

③ 排序依据及启动排序

排序的属性值由字段名或字段名表达式组成，指定报表中的排序规则，比如报表按"出生日期"排序，则属性值为"出生日期"即可。启动排序属性值有"是"、"否"两个选项，它决定上述排序规则是否有效。

（3）报表中控件的常用属性及其值的含义

报表工具箱中的控件有不同的作用，所以其属性也有一定的差别，但与窗体中的控件属性基本相同，在此不再赘述。

4．日期、时间与页码表达式

在报表中添加日期、时间、页码时，可以通过控件使用表达式来完成，表 7-1 和表 7-2 中列出了常用的日期、时间表达式和页码表达式。

表 7-1　常用日期和时间表达式及显示结果

日期和时间表达式	显 示 结 果
=New()	当前日期和时间
=date()	当前日期
=time()	当前时间

表 7-2　常用页码表达式及显示结果

页码表达式	显 示 结 果
=[Page]	1, 2, 3
="第" & [Page] & "页"	第 1 页, 第 2 页, 第 3 页
="第" & [Page] & "页,共" &[Pages] & "页"	第 1 页,共 10 页 ， 第 2 页,共 10 页

任务3　对"正式员工档案查询报表"进行基本操作

任务描述与分析

　　报表设计完成后，如果报表中的记录非常多且杂乱无序，那么查找、分析数据仍然十分不便。使用 Access 2003 提供的排序分组功能，可以将记录按照一定规则进行排序或分组，从而使数据的规律性和变化趋势都非常清晰，另外，在报表中还可以对数据进行计算和汇总，使报表能提供更多的实用信息，方便用户的使用。本任务将对"正式员工档案查询报表"按出生日期和姓名排序，按部门名称分组，使用计算和汇总功能在报表中添加新的总数和平均数字段并计算，使用函数完成部门人数及各部门基本工资平均值的汇总。

方法与步骤

1．对"正式员工档案查询报表"按出生日期进行排序

　　（1）在"企业人事管理"数据库窗口中，选择"报表"对象下的"正式员工档案查询报表"，单击数据库窗口的"设计"按钮，打开"正式员工档案查询报表"的设计视图。

　　（2）单击工具栏上的"排序与分组"按钮，或单击"视图"→"排序与分组"命令，打开"排序与分组"对话框，如图 7-48 所示。

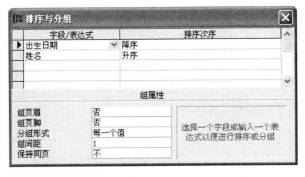

图 7-48　"排序与分组"对话框排序属性设置

　　（3）单击"字段/表达式"列的第一行，从下拉列表中选择字段名"出生日期"或直接输入"出生日期"，选择"降序"。在"字段/表达式"列的第二行的下拉列表中选择字段名"姓名"或直接输入"姓名"，在"排序次序"中选择"升序"，排序字段设置完成。

　　（4）在"排序与分组"对话框下部的"组属性"栏中，因为只排序不分组，所以"组页眉"和"组页脚"属性设置为"否"，其他属性采用默认值。

　　（5）单击工具栏中的"视图"按钮，显示排序后的"正式员工档案查询报表"，如图 7-49

所示。此时报表中的各记录先按"出生日期"从高到低顺序排列,"出生日期"相同时按"姓名"顺序排列。

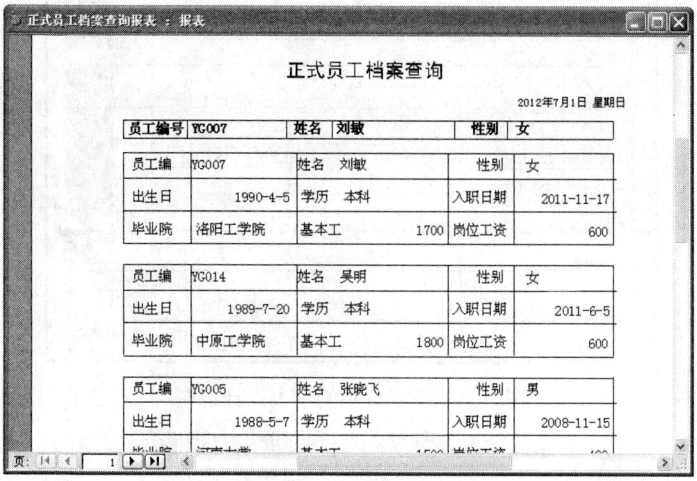

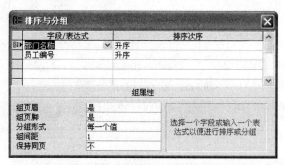

图 7-49 排序后的"正式员工档案查询报表"

2. 对"正式员工档案查询报表"按部门名称进行分组

(1)选择"报表"对象下的"正式员工档案查询报表",单击数据库窗口的【设计】按钮,打开"正式员工档案查询报表"的设计视图。

(2)单击工具栏上的"排序与分组"按钮,或选择"视图"→"排序与分组"命令,打开"排序与分组"对话框,如图 7-50 所示。

图 7-50 "排序与分组"对话框组属性设置

(3)在"排序与分组"中,单击"字段/表达式"列的第一行,选择"部门名称",第二行选择"员工编号",排序次序均选择为"升序"。在对话框下部的"组属性"栏中"组页眉"和"组页脚"属性均设置为"是",设置结果如图 7-50 所示。

(4)设置分组后,在报表设计视图中分别添加了"部门名称页眉"节和"部门名称页脚"节,如图 7-51 所示。单击数据库窗口的"预览"按钮,显示分组后的"正式员工档案查询报表",效果如图 7-52 所示。

(5)为使报表更加美观,在分组的节中添加分组信息。在设计视图中将"正式员工档案查询报表"字段列表中的"部门名称"字段拖到"部门名称页眉"节,会自动添加一个标签控件和一个文本框控件,设置这两个控件的"字号"为"11","倾斜字体"值为"是",调整其位置和大小,结果如图 7-53 所示。

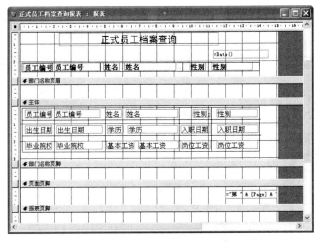

图 7-51　设置分组的报表设计视图

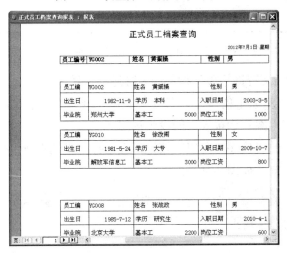

图 7-52　分组后的报表预览

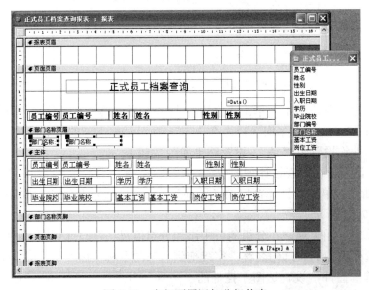

图 7-53　在组页眉添加分组信息

（6）将报表中页面页眉中的列标题标签控件剪切到"部门名称页眉"节中，放置在分组信息的下一行，调整其位置，再分别调整各节之间的距离，结果如图7-53所示。

（7）设置完成以后，单击工具栏中的"视图"按钮或单击数据库窗口中的【预览】按钮，显示分组后的报表效果，如图7-54所示。

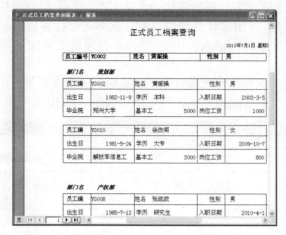

图7-54 分组后的"正式员工档案查询报表"

3．在"正式员工档案查询报表"中计算员工应发工资总数

（1）选择"报表"对象下的"正式员工档案查询报表"，单击数据库窗口的"设计"按钮，打开"正式员工档案查询报表"的设计视图。

（2）在"部门编号页面页眉"节的列标题"部门名称"标签控件后添加两个文本框，标题分为"基本工资平均值"和"基本工资之和"，设置其属性与前面的标题属性相同。

（3）在文本框控件中分别输入表达式："=sum（基本工资）"和"=avg（基本工资）"，设置文本框属性与前面字段的文本框属性相同，分别修改横线的长度和添加竖线并调整位置。

（4）单击"打印预览"工具按钮或工具栏中的"视图"按钮，切换到"打印预览"视图，可以看到，报表显示结果多出了"基本工资之和"和"基本工资平均值"的计算值，效果如图7-55所示。

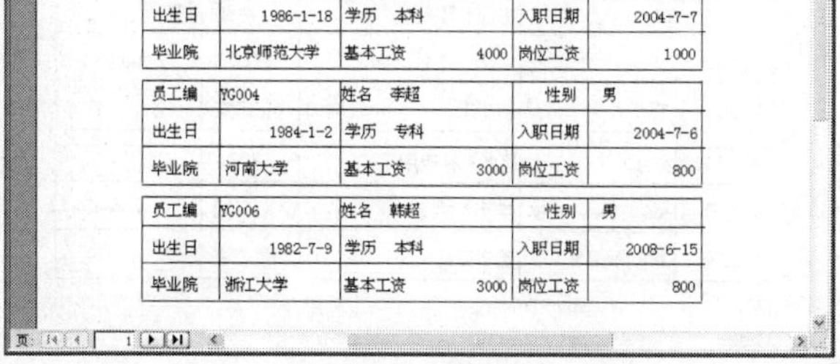

图7-55 添加计算值之后的报表

4. 对"正式员工档案查询报表"进行汇总

（1）选择"报表"对象下的"正式员工档案查询报表"，单击数据库窗口的"设计"按钮，打开"正式员工档案查询报表"的设计视图。

（2）在"部门名称页脚"中添两个标签，第一个标签标题为"人数："，第二标签标题为"岗位工资平均值："，在第一个标签后添加一个文本框，删除自动添加的标签，在文本框内输入表达式"=Count（*）"，用来计算部门人数，在第二个标签后添加一个文本框，同样删除自动添加的标签，在文本框内输入表达式"=Avg（[岗位工资]）"，表示计算各部门"岗位工资"平均值。

（3）将上一步添加的标签和文本框复制一份粘贴到"报表页脚"中，就会计算报表中总的员工数和全体员工岗位工资的平均值，设置结果如图 7-56 所示。

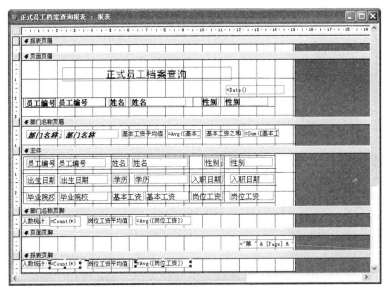

图 7-56　在报表设计视图设置汇总项目

（4）调整各节的间距，修改相应的标签后，单击"打印预览"工具按钮或工具栏中的"视图"按钮，切换到"打印预览"视图，可以看到对报表中所有记录和分组记录进行汇总计算的结果，如图 7-57 所示。

图 7-57　设置了汇总的报表

相关知识与技能

1．排序与分组

（1）排序

在使用 Access 2003 "报表向导" 创建报表的过程中，可以设置记录的排序，但最多只能按 4 个字段排序，而使用 "排序与分组" 对话框对记录进行排序时，最多可按 10 个字段进行排序，并且可按字段表达式排序。

在使用 "排序与分组" 对话框对记录进行排序时，第一行的字段具有最高的排序优先级，第二行则具有次高的排序优先级，依此类推。即首先对数据按照第一个排序字段的值进行排序，对于第一个排序字段值相同的那些记录再按照第二个排序字段的值进行排序等。对字符型字段进行排序时，英文字符按 ASCII 码进行比较，而汉字字符按汉字的首字母排列顺序进行比较。

（2）分组及组属性

在 Access 2003 中，可以利用数据库中不同类型的字段对记录进行分组。例如可以按照 "日期/时间" 字段进行分组，也可以按照 "文本"、"数字" 和 "货币" 字段分组，但不能按 "OLE 对象" 和 "超级链接" 字段分组。

组属性可以在如图 7-58 所示的对话框中进行设置，组的属性主要有 "组页眉"、"组页脚"、"分组形式"、"组间距"、"保持同页" 5 种，下面分别介绍这 5 种属性及含义。

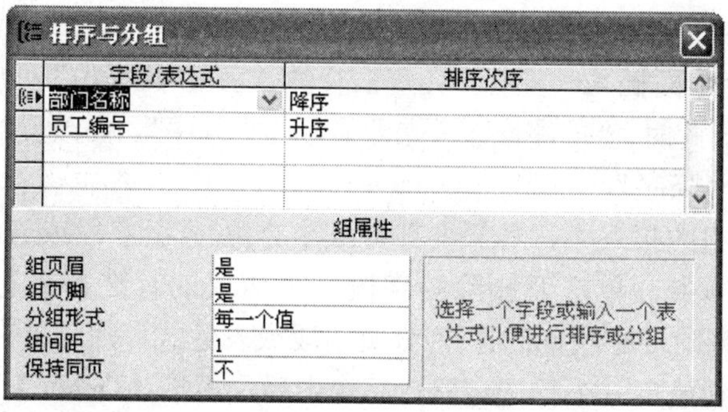

图 7-58　排序与分组

组页眉：用于控制是否为当前字段添加该组的页眉。组页眉中的内容会出现在每个分组的顶端，通常用来显示分组的字段信息。其属性值有两个，分别是 "是" 和 "否"，选择 "是" 为添加组页眉，选择 "否" 则删除组页眉。

组页脚：用于控制是否为当前字段添加该组的页脚。组页脚中的内容会出现在每个分组的底端，通常用来显示分组后的汇总信息。其属性值也分别是 "是" 和 "否"，选择 "是" 为添加组页脚，选择 "否" 则删除组页脚。

分组形式：指定对字段的值采用什么方式进行分组。不同数据类型的字段其属性的选项也不同。表 7-3 中列出了分组字段的数据类型和相应的属性选项。

组间距：为分组字段或表达式的值指定有效的组间距。例如：分组字段为日期类型时如果分组形式设置为周，而组间距设置为 2，表示每 2 周为一组。

保持同页：设置是否在一页中打印同一组中的所有内容，其属性值有 3 个，"不"，不把同组数据打印输出在同一页，而是按顺序依次打印；"所有的组"，是将组页眉、主体、组页脚打印在同一页上；"用第一个主体"，只在同时可以打印第一条详细记录时才将组页眉打印在页面上。

表 7-3　分组字段的数据类型和属性选项

字段数据类型	设　置	记录分组方式
文本	（默认值）每一个值	字段或表达式中的相同值
	前缀字符	前 n 个字符相同
日期/时间	（默认值）每一个值	字段或表达式中的相同值
	年	同一历法年内的日期
	季	同一历法季度内的日期
	月	同一月份内的日期
	周	同一周内的日期
	日	同一天的日期
	时	同一小时的时间
	分	同一分钟的时间
自动编号、货币及数字型	（默认值）每一个值	字段或表达式中的相同值
	间隔	在指定间隔中的值

（3）改变报表的排序与分组顺序

当需要改变报表的排序与分组顺序时，只需在图 7-58 所示的对话框中重新选择"字段/表达式"及其"排序次序"。

在已经排序或分组的报表中，如果要插入其他排序/分组字段或表达式，则需在图 7-58 "排序与分组"对话框中，单击要插入新字段或表达式的行选器（行前的方块），然后按 【Insert】键，在当前行上面插入一空行，在空白行的"字段/表达式"列中选择要排序的字段，或者输入一个表达式，此时，"排序次序"立即显示为"升序"，要改变排序次序，可以在"排序次序"列表中选择"降序"。

在已经排序或分组的报表中，如果要删除某个排序/分组字段或表达式，则需在图 7-58 "排序与分组"对话框中，单击要删除的字段或表达式的行选器（行前的方块），然后按 【Delete】键，如果要删除多个相邻的排序/分组字段或表达式，则可单击第一个行选定器，按住鼠标左键不放，拖到最后一个行选定器，都选中后，再按【Delete】键即可。

2．计算和汇总

在报表中进行计算时，如果对报表中的每一条记录的数据进行计算并显示结果，则要把控件放在"主体"节中，如果要计算所有记录或组记录的汇总值或平均值，则要把计算控件添加到报表页眉/报表页脚或添加到组页眉/组页脚中。

在报表中对全部记录或分组记录的汇总计算时，其计算表达式中通常要使用一些聚合函数，常用的函数有以下几种。

Count()：计数函数，如统计人数，在相应的控件中输入表达式为："＝Count（*）"。注意在统计时，空白值，即长度为零的字串计算在内，但无值或未知值不计算在内。

Sum()：求和函数，如汇总"基本工资"总和，表达式为："＝Sum（[基本工资]）"。

Avg()：求汇总字段的平均值函数，如求"岗位工资"平均值，表达式为："＝Avg（[岗位工资]）"。

在报表中进行计算和汇总时，文本框控件中的计算表达式除可以直接在控件中输入外，还可以在文本框控件属性对话框"数据"选项卡的"控件来源"属性中输入表达式，如

图 7-59 所示，或单击"控件来源"右侧的按钮 ┉ 通过表达式生成器生成表达式，如图 7-60 所示。

图 7-59 "文本框"控件属性对话框　　　　图 7-60 "表达式生成器"对话框

任务 4　打印"正式员工档案查询报表"

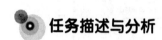

任务描述与分析

报表创建设计完成后，除可以将数据信息显示在屏幕上外，一般情况下主要是将报表打印输出到纸上，便于信息的传递。打印报表时，首先要进行报表页面等格式的设置，包括页边距、打印方向、纸张大小等，设置完成后应进行打印预览，预览效果满意符合打印需要后再打印报表。本任务将学习设置页面参数的方法，掌握预览和打印"正式员工档案查询报表"的一般方法。

方法与步骤

1. 对报表进行页面设置

（1）在"企业人事管理"数据库窗口中，选择"报表"对象中的"正式员工档案查询报表"。

（2）单击"文件"→"页面设置"命令，打开"页面设置"对话框，如图 7-61 所示。

（3）在"页面设置"对话框的"边距"选项卡中，设置页边距上、下为"23"，左右为"24"，不选择"只打印数据"复选框；在"页"选项卡中，设置打印方向为纵向，纸张大小为"A4"和"默认打印机"，具体设置如图 7-62 所示。在"列"选项卡中，列数、列尺寸和列布局均为默认。设置完成后，单击【确定】按钮，页面设置完成。

2. 预览和打印"正式员工档案查询报表"

（1）预览"正式员工档案查询报表"

"预览报表"就是将设计完成准备打印的报表的最终效果显示在屏幕上，核对是否是用户最终需要的样式，以便确认是打印输出还是进一步修改。预览操作步骤如下。

① 在数据库窗口中，单击【报表】按钮，选择需要预览的"正式员工档案查询报表"。

图7-61 "页面设置"对话框

图7-62 "页面设置"对话框"页"选项卡

② 单击数据库窗口工具栏的【预览】按钮，或单击"文件"→"打印预览"命令，即可预览"正式员工档案查询"的打印效果，如图7-63所示。

图7-63 "正式员工档案查询"预览效果

（2）打印"正式员工档案查询报表"

① 在数据库窗口中，单击【报表】按钮，选择需要打印的"正式员工档案查询报表"。

② 选择"文件"→"打印"命令，打开如图7-64所示的"打印"对话框。

③ 如果系统安装有多台打印机，则在图7-64所示的"打印"对话框的"名称"列表框中选择相应的打印机，单击【属性】按钮，可打开"打印机属性"对话框，进行布局等相关设置，不同类型的打印机，打印机属性选项不同。

④ 在"打印"对话框的"打印范围"中选择"全部内容"，"打印份数"默认为1，设置完成后，单击【确定】按钮，便开始从选定的打印机上打印输出报表。

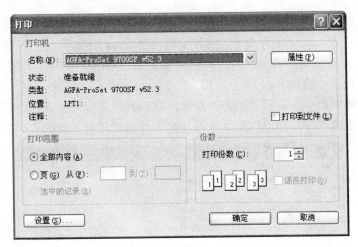

图 7-64 "打印"对话框

相关知识与技能

1. "页面设置"对话框

"页面设置"对话框中有"边距"、"页"、"列"3 个选项卡。

"边距"选项卡：设置打印报表时的页边距，可根据报表的大小进行调整，在示例栏中可以简单地看到调整的效果。"只打印数据"选项，确定只打印报表中的数据，而不打印线条、矩形、图片等控件，如图 7-65 所示。

"页"选项卡：设置打印的方向，当报表较宽时，可将打印方向设置为横向。此选项卡中还可以选择纸张的大小，如图 7-66 所示。

"列"选项卡：报表较窄时可以在一张纸上打印多列，在此选项卡中设置列数、每列的尺寸，如图 7-67 所示。

图 7-65 "边距"选项卡

图 7-66 "页"选项卡

图 7-67 "列"选项卡

2. 报表快照

在 Access 2003 中提供了一种称作"报表快照"的功能，报表快照是一个扩展名为 .snp 的文件，它包含了 Access 报表中每一页的高精度副本，保留了报表的布局、数据、图形以及其他嵌入的对象。使用报表快照不用复印和邮寄已打印好的纸质 Access 报表，只需通过电子邮件或 Web 浏览器进行快照文件分发和发布，用户就能迅速查看和使用报表，并打印自己需要的内容。

报表快照文件使用 Snapshot Viewer 程序打开，它是专门用于查看、打印、邮寄报表快照的程序，在没有安装 Access 的环境下也能用它使用 Access 的报表。在首次创建报表快照时，Access 会自动安装 Snapshot Viewer 程序，但要保证原始 Office 安装程序存在。

报表快照的创建步骤如下。

（1）在数据库窗口中，选择"报表"对象，在列表中选择需要保存为报表快照的报表。

（2）选择"文件"→"导出"命令，打开报表导出对话框，如图 7-68 所示。

图 7-68　报表导出对话框

（3）在对话框中选择保存位置，输入导出文件名，在"保存类型"下拉列表框中选择"快照格式"，如果选择"自动启动"复选框，则可以保存报表快照后自动启动 Snapshot Viewer 程序来显示报表快照，最后单击【导出】按钮，即可导出报表快照文件。

需要注意的是，创建报表快照，必须安装打印机。

 拓展与提高　创建"员工工资报告单"

"员工工资报告单"主要包括员工基本信息和员工工资两部分内容，它实际上是一个包含有子报表的报表，包含子报表的报表被称为主报表，子报表本身可以是独立的报表，创建带有子报表的报表一般有两种方法。

方法 1：先创建主报表，然后通过子报表向导在主报表中创建子报表。

方法 2：将已有的报表添加到其他已有报表中来创建报表和子报表。

本项目使用方法 1 创建带有子报表的"员工工资报告单"报表，操作步骤如下。

1．创建基于正式员工档案查询的主报表

（1）在项目四中，已经建立了"正式员工档案查询"，在此我们对该查询略作修改，将"联系方式"和"照片"两个字段分别添加到新查询当中，得到如图 7-69 所示的新的查询，查询名称仍为"正式员工档案查询"。

（2）基于图 7-69 所示查询，创建一个"正式员工档案查询"的纵栏式简单报表，命名为"员工工资报告单"，然后在设计视图中打开，如图 7-70 所示。

（3）在如图 7-70 所示的设计视图中对报表进行修改。首先将"员工工资报告单"标签字号变小，并设为斜体，放置在"页面页眉"节的右侧，然后删除"报表页眉/页脚"；在"主

体"节添加标签"工资单",设置为较大字体,将"姓名"文本框复制一份放在标签"工资单"之前,设置为合适大小的隶书;调整"主体"节中标签及文本框的位置和大小,将文本框的边框设置为透明,并添加横线条,设置结果如图 7-71 所示。

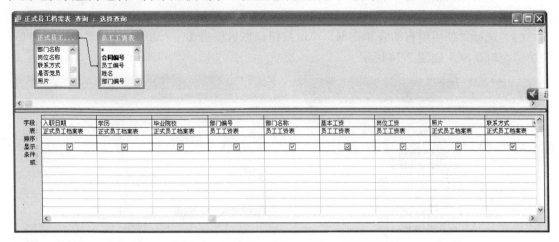

图 7-69 "正式员工档案查询"设计视图

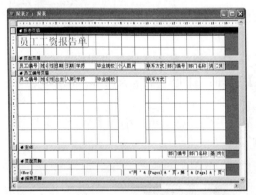

图 7-70 "员工工资报告单"报表修改前

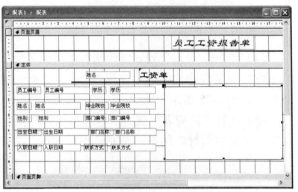

图 7-71 "员工工资报告单"报表修改后

"员工工资报告单"主报表的预览结果如图 7-72 所示。

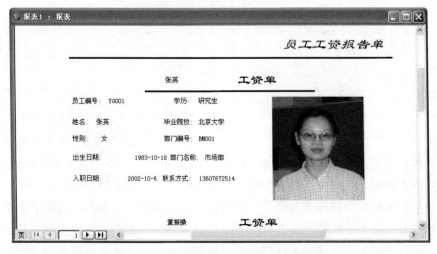

图 7-72 "员工工资报告单"报表的预览效果

2．创建基于"员工工资报告单"的子报表

（1）在"设计"视图中打开"员工工资报告单"。

（2）单击工具箱中的"子窗体/子报表"工具按钮，在报表设计视图"主体"节的下部单击，这时打开"子报表向导"的第一个对话框，如图 7-73 所示。

（3）选择"使用现有的表和查询"单选按钮，然后单击【下一步】，打开"子报表向导"的第二个对话框，如图 7-74 所示。

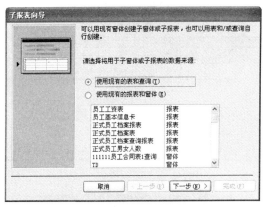

图 7-73 "子报表向导"第一个对话框　　　图 7-74 "子报表向导"第二个对话框

（4）在"表/查询"列表框中选择"员工工资表"，并选择"基本工资"、"岗位工资"、"工龄工资"等字段作为"选定字段"，单击【下一步】按钮，打开"子报表向导"的第三个对话框，如图 7-75 所示。

（5）选择"从列表中选择"单选按钮，并在列表框中选择第一项，单击【下一步】按钮，打开"子报表向导"的第四个对话框，如图 7-76 所示。

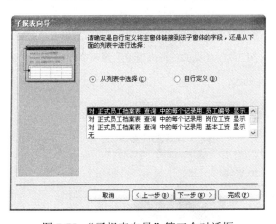

图 7-75 "子报表向导"第三个对话框　　　图 7-76 "子报表向导"第四个对话框

（6）在"请指定子窗体或子报表的名称："的文本框中，输入"员工工资表子报表"，然后单击【完成】按钮，这时将在报表中添加子报表控件，如图 7-77 所示。

（7）在子报表控件中删除"考勤奖"标签和"医疗保险"文本框，删除子报表标题，在子报表的"报表页眉"上部和"报表页脚"上部中各添加一条横线作为装饰，调整字段的字体和间距。带有子报表的"员工工资报告单"报表创建完成，效果如图 7-78 所示。

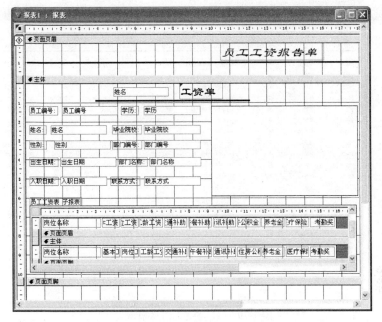

图 7-77 插入子报表的设计视图

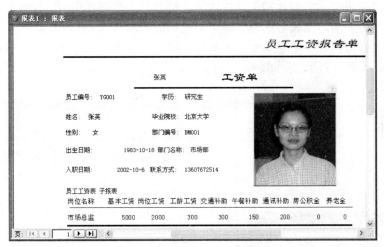

图 7-78 带有子报表的"员工工资报告单"报表

 **上机实训**

实训1 使用向导创建"正式员工基本信息"报表

【实习要求】

（1）在"企业人事管理"数据库中，使用"自动创建报表"向导分别创建基于"正式员工档案表"的"纵览式"和"表格式"报表，名称分别为"正式员工基本信息表 1"和"正式员工基本信息表 2"。

（2）使用"报表向导"创建基于"招聘员工登记表"的报表，报表按"性别"分组，按"工作年限"升序排序，左对齐，横向打印，报表名称为"招聘员工信息报表"，效果如图 7-79所示。

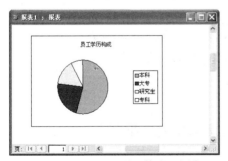

图 7-79　"招聘员工信息报表"

（3）使用"图表向导"创建基于"正式员工档案表"的图表报表，图表只包含"学历"字段，图表类型为饼图，图表名称为"员工学历构成报表"，如图 7-80 所示。

（4）使用"标签向导"创建基于"正式员工档案查询表"的标签报表，标签中包含：姓名、性别、出生日期、学历、毕业院校、部门名称等信息，标签名称为"员工档案标签报表"，如图 7-81 所示。

图 7-80　"员工学历构成"图表　　　　　　图 7-81　"员工基本信息"标签

实训 2　使用设计视图创建并修饰"员工基本信息"报表

【实习要求】

（1）使用设计视图创建按所属部门分组的"员工基本信息表"，"正式员工档案表"已与"部门分配表"建立有关系，分别设计报表各节的内容，其中"页面页眉"节设置为"员工工龄信息表"，"主题"节中包含员工基本信息表所有字段。

（2）用报表设计视图修改并美化报表，报表中所有字段都能完整显示，在报表中添加报表的横竖线。

（3）在"员工基本信息表"中创建对"正式员工档案表"的计算和汇总报表，计算内容为"工龄"，并实现按部门进行人数汇总。

提示：计算工龄的表达式："=year（date()）-year（[参加工作时间])"。

（4）分别在"版面预览"和"打印预览"视图中查看报表结果，效果如图 7-82 所示。

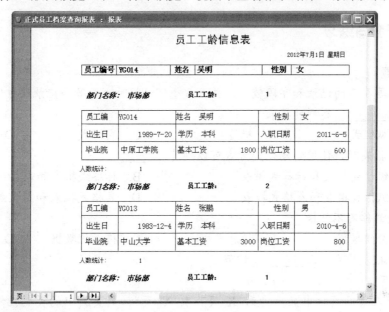

图 7-82 "员工工龄信息表"

总结与回顾

1．报表的概念

报表是 Access 2003 中常用的数据库对象之一，主要作用是将数据库中的表、查询的数据信息进行格式化布局或排序、分组、计算和汇总后，显示或打印输出，报表没有交互功能。

常用的报表有 4 种类型：表格式报表、纵栏式报表、标签式报表和图表式报表。

报表由报表页眉、报表页脚、页面页眉、页面页脚、组页眉、组页脚、主体共 7 个节组成，实际应用中可根据需要添加或删除节，节代表着报表中不同区域，可以在节中放置控件来确定在每一节中显示的内容及位置。

报表有 3 种视图：分别是设计视图、打印预览和版面预览。

2．报表的创建及编辑

报表的创建一般有 3 种方法：一是自动创建报表；二是用报表向导创建；三是使用报表设计视图创建。自动创建报表可以创建包含表或查询中所有字段和记录的纵栏式或表格式报表。使用报表向导创建报表，将根据向导的提示创建报表，并能确定分组、排序及布局等。使用报表设计视图创建报表，就是在报表中手动添加工具箱中的控件，用户自己设计报表。设计报表一般先用报表向导创建一个简单的报表，然后根据需要在报表设计视图中进行编辑。编辑主要包括设置报表基本属性、插入页码、图片、日期、时间，绘制直线和矩形等。

3．报表的排序、分组与计算

报表中的记录可按照一定的规则进行排序或分组。

报表中除了可以显示表或查询已有的数据外，还可以根据需要运用表达式进行计算或汇总，为用户提供更多的信息。

当报表中需要同时显示多个数据源中的数据时，可以使用主报表和子报表。主报表可根据需要无限量地包含子报表，但最多只能包含两级子报表。

思考与练习

1．选择题

（1）如果要显示的记录和字段较多，并且希望可以同时浏览多条记录及方便比较相同字段，则应创建_____类型的报表。

    A．纵栏式   B．标签式   C．表格式   D．图表式

（2）创建报表时，使用自动创建方式可以创建_____。

    A．纵栏式报表和标签式报表   B．标签式报表和表格式报表

    C．纵栏式报表和表格式报表   D．表格式报表和图表式报表

（3）报表的作用不包括_____。

    A．分组数据   B．汇总数据   C．格式化数据   D．输入数据

（4）每个报表最多包含_____种节。

    A．5   B．6   C．7   D．10

（5）要求在页面页脚中显示"第 X 页，共 Y 页"，则页脚中的页码控件来源应设置为_____。

    A．="第" & [pages] &" 页，共" & [page] &" 页"

    B．="共" & [pages] &" 页，第" & [page] &" 页"

    C．="第" & [page] &" 页，共" & [pages] &" 页"

    D．="共" & [page] &" 页，第" & [pages] &" 页"

（6）报表的数据源来源不包括_____。

    A．表   B．查询   C．SQL 语句   D．窗体

（7）标签控件通常通过_____向报表中添加。

    A．工具栏   B．属性表   C．工具箱   D．字段列表

（8）要使打印的报表每页显示 3 列记录，应在_____设置。

    A．工具箱   B．页面设置   C．属性表   D．字段列表

（9）将大量数据按不同的类型分别集中在一起，称为将数据_____。

    A．筛选   B．合计   C．分组   D．排序

（10）报表"设计视图"中的_____按钮是窗体"设计视图"工具栏中没有的。

    A．代码   B．字段列表   C．工具箱   D．排序与分组

2．填空题

（1）常用的报表有 4 种类型，分别是表格式报表、_____、_____、_____。

（2）Access 2003 为报表操作提供了 3 种视图，分别是_____、_____、_____。

（3）在报表"设计视图"中，为了实现报表的分组输出和分组统计，可以使用"排序与分组"属性来设置＿＿＿＿＿＿＿区域。在此区域中主要设置文本框或其他类型的控件用以显示＿＿＿＿＿＿＿。

（4）报表打印输出时，报表页脚的内容只在报表的＿＿＿＿＿＿＿打印输出；而页面页脚的内容只在报表的＿＿＿＿＿＿＿打印输出。

（5）使用报表向导最多可以按照＿＿＿＿＿＿＿个字段对记录进行排序，＿＿＿＿＿＿＿（可以/不可以）对表达式排序。使用报表设计视图中的"排序与分组"按钮可以对＿＿＿＿＿＿＿个字段排序。

（6）在"分组间隔"对话框中，＿＿＿＿＿＿＿字段按照整个字段或字段中前 1 到 5 个字符分组。＿＿＿＿＿＿＿字段按照各自的值或按年、季、月、星期、日、小时分组。

（7）在报表中，如果不需要页眉和页脚，可以将不要的节的＿＿＿＿＿＿＿属性设置为"否"，或者直接删除页眉和页脚，但如果直接删除，Access 2003 同时删除＿＿＿＿＿＿＿。

（8）对计算型控件来说，当计算表达式中的值发生变化时，将会＿＿＿＿＿＿＿。

（9）Access 2003 中新建的空白报表都包含＿＿＿＿＿＿＿、＿＿＿＿＿＿＿和＿＿＿＿＿＿＿ 3 个节。

3. 判断题

（1）一个报表可以有多个页，也可以有多个报表页眉和报表页脚。　　　　　（　　　）

（2）表格式报表中，每条记录以行的方式自左向右依次显示排列。　　　　　（　　　）

（3）在报表中也可以交互接收用户输入的数据。　　　　　（　　　）

（4）使用自动报表创建报表只能创建纵栏式报表和表格式报表。　　　　　（　　　）

（5）报表中插入的页码其对齐方式有左、中、右 3 种。　　　　　（　　　）

（6）在报表中显示格式为"页码/总页码"的页码，则文本框控件来源属性为"=[Page]/[Pages]"。　　　　　（　　　）

（7）整个报表的计算汇总一般放在报表的报表页脚节。　　　　　（　　　）

4. 简答题

（1）什么是报表？报表和窗体有何不同？

（2）报表的主要功能有哪些？

（3）Access 2003 的报表分为哪几种类型？它们各自的特征是什么？

（4）报表的版面预览和打印预览有何不同？

（5）标签报表有什么作用？如何创建标签式报表？

项目 8　创建与应用数据访问页

随着网络应用的快速发展，利用网络进行数据信息管理必将成为一种趋势，"企业人事管理系统"若能在网络上应用，会更加方便。Access 2003 作为数据库管理软件，提供了创建"数据访问页"的功能，使 Access 2003 的数据库与互联网联系成为可能。使用"数据访问页"可以将数据库中的数据通过 Internet 发布，用户可以随时通过 Web 浏览器输入、编辑和查看数据库中的数据信息，从而更广泛地实现数据资源共享。本项目将创建和修改基于"企业人事管理"数据库中表和查询的数据访问页，帮助学习者掌握创建、修改、使用"数据访问页"的方法，了解"数据访问页"的一些基本理论知识。

学习内容

- 使用向导创建数据访问页
- 使用设计视图创建数据访问页
- 修改和修饰数据访问页
- 使用数据访问页
- 数据访问页的概念及特点

任务 1　使用向导创建"正式员工档案"数据访问页

任务描述与分析

Access 2003 提供了两种快速创建数据访问页的方法，分别是"自动创建数据页"和利用"数据页向导"创建数据访问页。"自动创建数据页"是利用单个数据来源中的所有字段创建纵栏式的数据访问页，而利用"数据页向导"创建数据访问页，可以选择多个数据源中的多个字段，并能进行分组、排序以及格式的设置。本任务将利用"自动创建数据页"和"数据页向导"快速创建基于"正式员工档案表"的"正式员工信息"数据访问页。

方法与步骤

1. 使用"自动创建数据页"创建"正式员工档案"数据访问页

（1）在"企业人事管理"数据库窗口中选择"页"对象，在工具栏上单击"新建"按钮，打开"新建数据访问页"对话框，如图 8-1 所示。

（2）在该对话框中选择"自动创建数据页：纵览式"，在"请选择对象的来源表或查询"列表框中选择"正式员工档案表"作为数据源，单击【确定】按钮，这时 Access 2003 就会自动创建数据访问页，如图 8-2 所示。

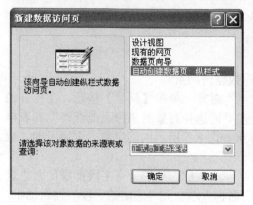

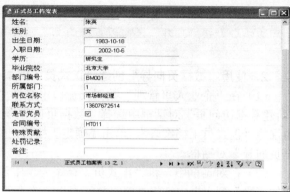

图 8-1 "新建数据访问页"对话框　　　　图 8-2 自动创建的数据访问页

（3）单击工具栏上"保存"按钮，弹出如图 8-3 所示的"另存为数据访问页"对话框。

图 8-3 "另存为数据访问页"对话框

（4）指定保存位置为"D:\企业人事管理系统"，文件名称为"正式员工档案"，单击【保存】按钮，弹出如图 8-4 所示的提示信息。该信息提示，如果数据访问页要通过网络连接到数据库，还必须指定一个网络路径。单击【确定】按钮，则将数据访问页以指定文件名保存到指定的位置。

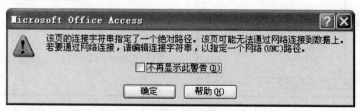

图 8-4 保存时的提示信息

提示

　　数据访问页是以 HTML 格式保存在 Access 数据文件之外的独立文件，在创建数据访问页时会在数据库窗口中自动添加一个该数据访问页的快捷方式，数据访问页除可以用该快捷方式打开外，还可以直接用浏览器打开。

2．使用"数据页向导"创建"正式员工档案"数据访问页

　　（1）在"企业人事管理"数据库窗口中选择"页"对象，单击【新建】按钮，在打开的"新建数据访问页"对话框中选择"数据页向导"，在"请选择对象的来源表或查询"列表框中选择"正式员工档案表"，单击【确定】按钮，弹出如图 8-5 所示的确定数据页字段的"数据页向导"对话框。

　　（2）在对话框中，将"正式员工档案表"中除"部门名称"外的所有字段都添加到"选定的字段"列表框中，将"部门分配表"中的"部门名称"添加到"选定的字段"列表框中，单击【下一步】按钮，弹出如图 8-6 所示的添加分组级别的"数据页向导"对话框。

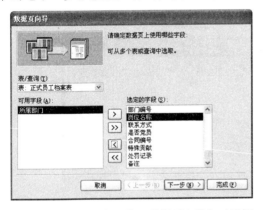

图 8-5　确定数据页字段的"数据页向导"对话框　　图 8-6　添加分组级别的"数据页向导"对话框

　　（3）在如图 8-6 所示对话框中，将"部门名称"作为分组级别字段添加到右边的显示框中，单击【下一步】按钮，弹出如图 8-7 所示的确定排序次序的"数据页向导"对话框。

　　（4）选择按"员工编号""升序"作为排序依据，单击【下一步】按钮，弹出如图 8-8 所示的为数据页指定标题的"数据页向导"对话框。

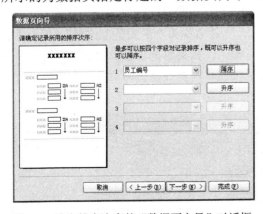

图 8-7　确定排序次序的"数据页向导"对话框　　图 8-8　为数据页指定标题的"数据页向导"对话框

（5）输入数据页标题"正式员工档案信息"，并选中"打开数据页"单选按钮，然后单击【完成】按钮，"正式员工档案信息"数据访问页创建完成，效果如图 8-9 所示。

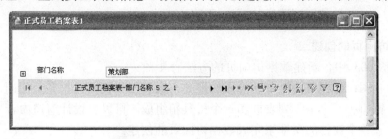

图 8-9 "正式员工档案"数据访问页

（6）图 8-9 所示的数据访问页是按部门名称分组的，在"部门名称"标签前有一个"田"展开指示器，单击该展开指示器，可以看到该组中每条记录的全部内容。在页面底部，自动增加了记录导航工具栏，利用该工具栏可以快速在各记录之间浏览，效果如图 8-10 所示。

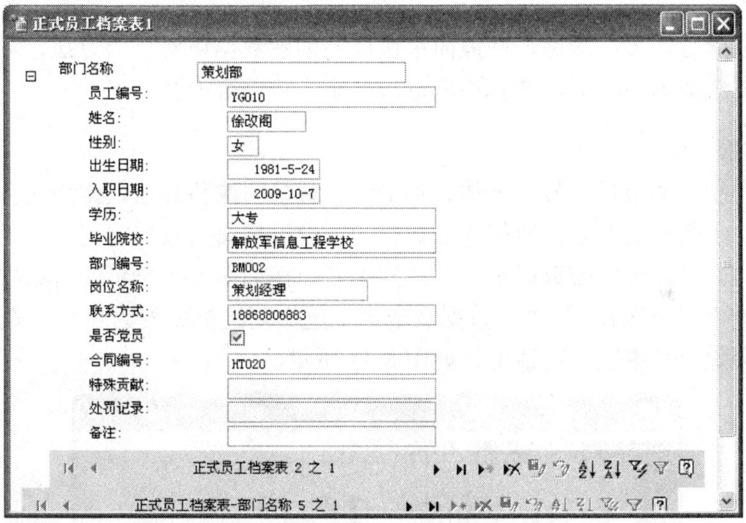

图 8-10 展开的"正式员工档案"数据访问页

（7）单击图 8-10 右上角的"关闭"按钮，在弹出的对话框中进行相应操作，将数据访问页保存在"D:\企业人事管理系统"中，文件名为"正式员工档案表 1"。这时在数据库窗口的"页"对象列表中自动创建"正式员工档案表 1"数据访问页的快捷方式，双击此图标，可打开该数据访问页。

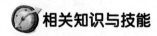 **相关知识与技能**

1. 数据访问页

数据访问页是 Access 2003 提供的一种特殊形式的数据库对象，是一种可以直接与数据库中的数据连接的网页，Access 2003 的数据访问页是以 HTML 格式保存的独立磁盘文件，在 Access 数据库对象中仅保留一个快捷方式。数据访问页的主要功能类似于窗体，用于为使用者提供一个能够通过浏览器访问 Access 数据库的操作界面，使用者可以通过数据访问页对 Access 数据库中的数据进行查看、修改、删除、增加、筛选和排序等操作。

数据访问页的视图有"页面视图"、"设计视图"两种，其中"页面视图"用来查看数据访问页的效果，"设计视图"用来对数据访问页进行修改。视图按钮中的"网页预览"用于在数据库状态下，直接使用浏览器打开数据库访问页。

2．数据访问页的创建

在 Access 2003 中，新建数据访问页的方法有 4 种。

（1）设计视图：数据访问页设计视图的形式与报表设计视图几乎完全相同，它由一个数据访问页设计窗口、一个字段列表框和一个工具箱组成，可以在设计窗口内合理布置工具箱内的控件并设置各个控件的属性来完成数据访问页的创建。

（2）现有的网页：利用已经存在的网页创建数据访问页。可以先用其他网页工具创建一个网页，然后重新设计生成 Access 2003 的数据访问页。

（3）数据页向导：利用向导的提示创建数据访问页。使用数据页向导可以选择多个表或多个查询作数据源，可以设置分组字段并能够进行记录的排序等操作，还能自由选择数据访问页的主题样式。

（4）自动创建数据页：这是一种最简单快捷的创建数据访问页的方法，只能创建基于一个数据源的纵栏式数据访问页，并且不能进行分组、排序等操作。

3．关于主题

主题是一套统一的项目符号、字体、水平线、背景图像和其他数据访问页元素的设计元素和配色方案。主题有助于方便地创建专业化的、设计精美的数据访问页。使用"数据页向导"创建数据访问页，可以为数据访问页选择主题。在如图 8-8 所示的对话框中，选择"修改数据页的设计"单选按钮后，"为数据页应用主题"复选框就变为可用，选中后单击【下一步】按钮就会弹出"主题"对话框，如图 8-11 所示。

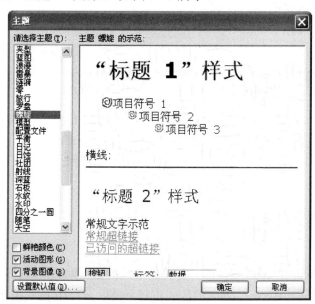

图 8-11 "主题"对话框

在"主题"对话框左侧的列表中选择合适的主题风格后，就可以在右侧看到该主题的预览效果，单击【确定】按钮，Access 2003 就会根据选择的主题样式创建一个数据访问页。

任务 2 使用设计视图创建"招聘员工登记基本信息"数据访问页

任务描述与分析

使用向导创建的数据访问页虽然能基本满足用户的要求，但在内容和形式上不完善，要创建一些内容丰富、富有特色的数据访问页，则需要使用"设计视图"来创建数据访问页。使用设计视图创建数据访问页，将用到数据访问页的工具箱。使用工具箱中的控件可以设计数据访问页的内容，还可以对数据访问页中的数据进行分组、筛选等操作。本任务将使用设计视图创建基于"招聘员工登记表"的数据访问页，并通过设计标题、数据分组、筛选等操作使数据访问页布局合理、内容丰富，功能完善。

方法与步骤

1. 使用设计视图创建基于"招聘员工登记表"的"招聘员工登记信息"数据访问页

（1）在"企业人事管理"数据库窗口中，选择"页"对象，双击"在设计视图创建数据访问页"，打开"数据访问页设计视图"，如图 8-12 所示。

（2）在设计视图右边的字段列表中单击"表"前的展开指示器"⊞"，展开"表"文件夹，再单击"招聘员工登记表"前的展开指示器"⊞"，展开"招聘员工登记表"中的字段，如图 8-12 右侧字段列表框所示。

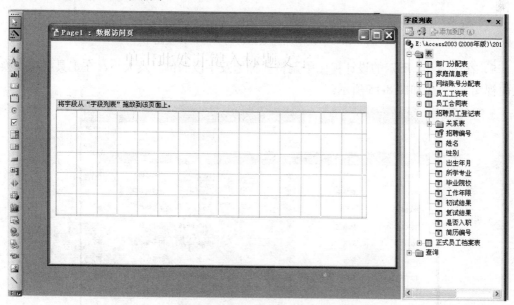

图 8-12 数据访问页设计视图

（3）在"字段列表"框中，选中"招聘员工登记表"中所有字段，单击【添加到页】按钮，弹出"版式向导"对话框，如图 8-13 所示。

版式向导
您希望使用哪种版式?
纵栏式(C)
列表式(T)
数据透视表式(P)
数据透视图式(H)
Office 电子表式(O)
确定
取消

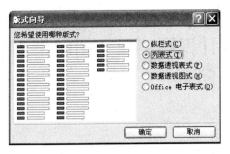

图 8-13 “版式向导”对话框

（4）在对话框中选择“列表式”选项，单击【确定】按钮，所选中的字段就自动添加到数据访问页设计视图中，如图 8-14 所示。

Page1 : 数据访问页
标题: 招聘员工登记表
招聘编号
姓名
性别
出生年月
所学专业
页眉: 招聘员工登记表
导航: 招聘员工登记表
招聘员工登记表 |2 之 |0-|1

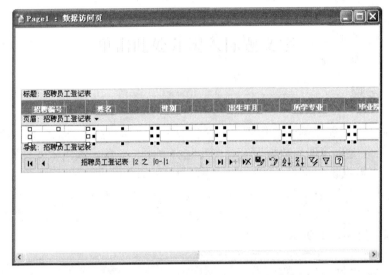

图 8-14 字段添加到数据访问页的设计视图中

（5）在图 8-14 所示的设计视图中调整各标题及字段的位置及大小，在工具栏中切换到“页面视图”，效果如图 8-15 所示。

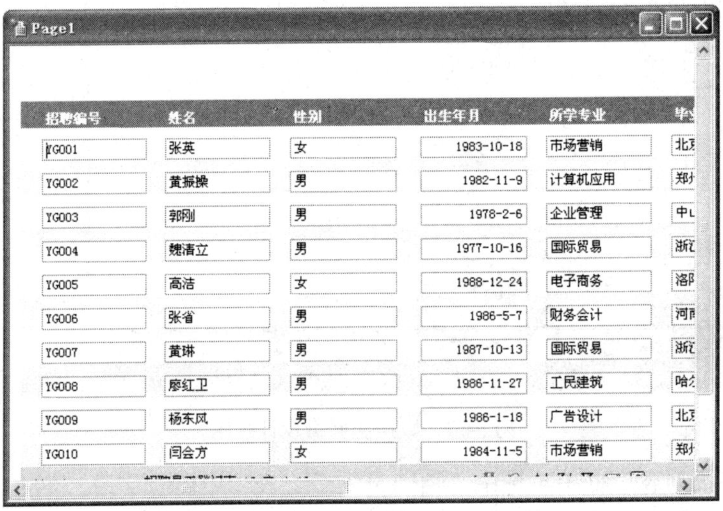

Page1
招聘编号
姓名
性别
出生年月
所学专业
YG001 张英 女 1983-10-18 市场营销
YG002 黄振操 男 1982-11-9 计算机应用
YG003 郭刚 男 1978-2-6 企业管理
YG004 魏清立 男 1977-10-16 国际贸易
YG005 高洁 女 1988-12-24 电子商务
YG006 张省 男 1986-5-7 财务会计
YG007 黄琳 男 1987-10-13 国际贸易
YG008 廖红卫 男 1986-11-27 工民建筑
YG009 杨东风 男 1986-1-18 广告设计
YG010 闫会方 女 1984-11-5 市场营销

图 8-15 “招聘员工登记基本信息”数据访问页

（6）将数据访问页保存在"D:\企业人事管理系统"中，文件名为"招聘员工登记基本信息"。这时在数据库窗口的"页"对象列表中，自动创建"招聘员工登记基本信息"数据访问页的快捷方式，双击此图标，可打开该数据访问页。

2. 对"招聘员工登记基本信息"数据访问页进行修改

（1）为"招聘员工登记基本信息"数据访问页添加标题

① 在"设计视图"中打开"招聘员工登记基本信息"数据访问页。

② 在设计视图中的"单击此处并键入标题文字"处，单击鼠标并输入"招聘员工登记基本信息"。

③ 选中"招聘员工登记基本信息"标题，在标题上单击右键，在弹出的快捷菜单中选择"元素属性"命令，如图 8-16 所示，打开"元素属性设置"对话框。在"格式"选项卡中设置"FontSize"为"large"，将标题设置为合适大小，在对话框中还可以设置标题背景颜色、文字颜色、文字大小等属性，如图 8-17 所示。

图 8-16 快捷菜单

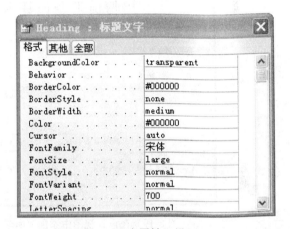

图 8-17 "元素属性"设置对话框

④ 设置完成后，在"页面视图"中浏览，效果如图 8-18 所示。

图 8-18 添加标题的"招聘员工登记基本信息"数据访问页

说明

如果需要添加其他的标题或说明文字，则可以通过添加工具箱中的标签控件来实现。

（2）将"招聘员工登记基本信息"数据访问页按"所学专业"字段分组

【方法1】直接添加"所学专业"字段分组

① 在"设计视图"中打开"招聘员工登记基本信息"数据访问页。

② 将"字段列表"框"招聘员工登记表"中的"所学专业"字段拖动到设计视图的标题行之上，当出现"在招聘员工登记之上新建节"提示后，松开鼠标，就添加一个新的"招聘员工登记表-所学专业"节，如图8-19所示。

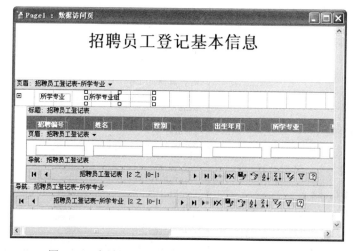

图8-19　在设计视图中添加"所学专业"分组字段

③ 切换到"页面视图"，浏览按"所学专业"分组的数据页效果，通常数据页的分组都以折叠的方式显示数据，如图8-20所示。

图8-20　按"所学专业"分组的预览图

④ 要显示某个分组内的数据,单击组前面的"展开"按钮⊞即可,图 8-21 所示的是展开专业为"国际贸易"的分组数据。

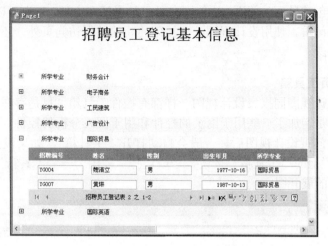

图 8-21 所学专业为"国际贸易"的分组数据

⑤ 在设计视图方式下,选择"所学专业"文本框快捷菜单中的"组筛选控件"命令后,"所学专业"字段会变为下拉列表框,这时创建的数据访问页可以通过"所学专业"分组字段中的下拉列表框,选择显示相应组的数据,如图 8-22 所示。

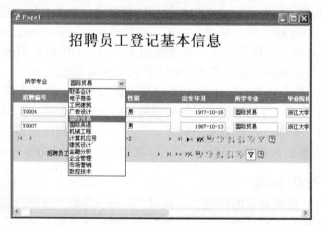

图 8-22 "所学专业"控件变为"组筛选控件"

【方法 2】将"所学专业"字段升级为分组字段

① 在"设计视图"中打开"招聘员工基本信息"数据访问页。

② 选择"所学专业"文本框,单击鼠标右键,在弹出的快捷菜单中选择"升级"命令,就可把该字段升级为分组字段,数据访问页就会按该字段分组显示,效果与图 8-21 相同。

 提示

字段可以升级为分组字段,也可以通过快捷菜单中的"降级"命令降为一般字段,如果该字段已是分组字段,则"升级"菜单为灰色不可用,如果该字段是一般字段,则"降级"菜单为灰色不可用。

相关知识与技能

使用设计视图创建数据访问页，比使用向导更加灵活和方便，它也可以创建出布局合理、富有特色的数据访问页。使用设计视图除直接创建新的数据访问页外，还可以对已创建好的数据访问页进行修改。

1. 数据访问页工具箱

数据访问页设计视图同报表设计视图一样都有控件工具箱，只是存在一些差别，数据访问页的工具箱主要是增加了一些用于网页的控件和用于图表分析的控件。

在进入数据访问页设计视图后，一般会自动打开"工具箱"，如果没有打开则可以单击Access 2003 工具栏上的"工具箱"按钮，或选择"视图"→"工具箱"命令。图 8-23 所示的是控件工具箱的展开图。

图 8-23　数据访问页的控件工具箱

除与窗体、报表工具箱中相同的控件外，数据访问页特有的控件按钮有：

- "绑定范围"按钮：将 HTML 代码与 Access 数据库中的文本或备注字段绑定。
- "滚动文字"按钮：在数据访问页上插入一段滚动的文字。
- "展开"按钮：将展开按钮添加到数据访问页上，以便显示或隐藏已分组的记录。
- "记录浏览"按钮：用于移动、添加、删除或查找记录，功能类似于导航栏。
- "Office 数据透视表"按钮：在数据访问页上插入 Office 数据透视表。
- "Office 图表"按钮：在数据访问页上插入 Office 图表。
- "Office 电子表格"按钮：在数据访问页上插入 Office 电子表格。
- "超链接"按钮：将超级链接添加到数据访问页上。
- "图像超链接"按钮：在数据访问页上插入一个指向图像的超链接。
- "影片"按钮：在数据访问页上插入一段影片，使其成为多媒体网页。

2. 数据访问页的设计视图

数据访问页的设计视图通常由标题节、页眉节和记录导航节 3 部分组成。

标题：用于显示标题信息。刚打开设计视图时，在标题节处有占位符，显示着浅色的文字"单击此处并输入标题文字"，单击后即可输入数据访问页的标题。注意：在标题节中不能显示字段信息。

页眉节：用于显示记录数据和计算结果，是数据访问页中最主要的部分。

记录导航节：用于浏览、排序和筛选数据。这些功能通过记录导航节上的按钮实现。

任务 3　修饰"招聘员工登记信息"数据访问页

任务描述与分析

要使数据访问页形式美观、大方，则需要对数据访问页进行修饰和美化。常用的对数据访问页的修饰和美化操作，主要包括添加滚动文字、添加页面背景图像等，也可以直接通过设置主题来改变页面的效果。本任务通过添加动态文字、背景图像，以及使用主题等内容完成对"招聘员工基本信息"数据访问页的修饰和美化。

方法与步骤

1. 为"招聘员工登记基本信息"数据访问页添加滚动文字

（1）在"设计视图"中打开"招聘员工基本信息"数据访问页。

（2）选择工具箱中的"滚动文字"控件，在大标题下面的空白处画出一个适当的矩形框，这时就建立了一个滚动文字控件，在这个控件里输入文字"欢迎查询招聘员工信息！"，通过工具栏调整字体为"楷体"、字号为"12pt"，文字颜色为蓝色，具体设置如图 8-24 所示。

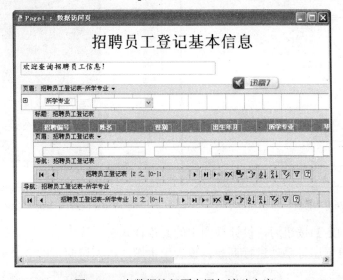

图 8-24　在数据访问页上添加滚动文字

（3）保存添加动态文字的数据访问页，最终效果如图 8-25 所示，其中"欢迎查询招聘员工信息！"几个字从右边移动到左边。

图 8-25　添加滚动文字的数据访问页效果

2. 使用主题修饰"招聘员工基本信息"数据访问页

（1）在"设计视图"中打开"招聘员工基本信息"数据访问页。

（2）选择"格式"→"主题"命令，或者选择设计窗口快捷菜单中的"主题"命令，打开"主题"对话框，如图 8-26 所示。

（3）在"主题"对话框的"请选择主题"列表中，有多个主题样式，选择"涟漪"样式，则在右边的主题示范窗口中给出了该主题的背景、标题、项目符号、横线、超链接等元素的样式和颜色等，如图 8-27 所示。

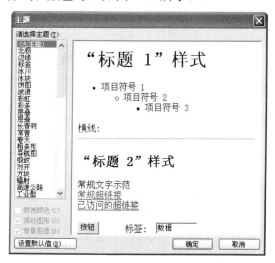
图 8-26 "主题"对话框

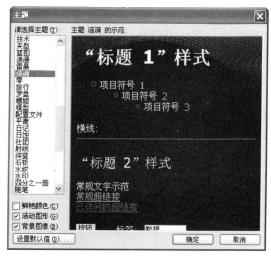
图 8-27 选择"涟漪"主题

（4）单击【确定】按钮后，设计视图中的元素样式会被选中的主题样式替换，对不合适的字体、字形等设置还可手动进行调整，设置了主题的数据访问页的效果如图 8-28 所示。

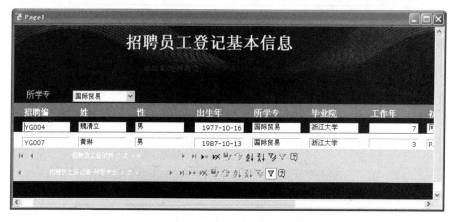
图 8-28 选择主题后的数据访问页

3. 为"招聘员工基本信息"数据访问页添加超级链接

（1）在"设计视图"中打开"招聘员工基本信息"数据访问页。

（2）将光标定位在"招聘员工基本信息"标题后，选择"插入"→"超链接"命令，或者选择工具箱中的"超链接"控件，在大标题后单击鼠标，弹出"插入超链接"对话框，如图 8-29 所示。

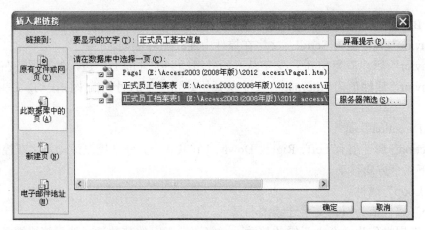

图 8-29 "插入超链接"对话框

（3）在"链接到："列表框中选择"此数据库中的页"，在右侧列表框中选择"正式员工档案表 1"页，单击【确定】按钮，超级链接添加完成，效果如图 8-30 所示。

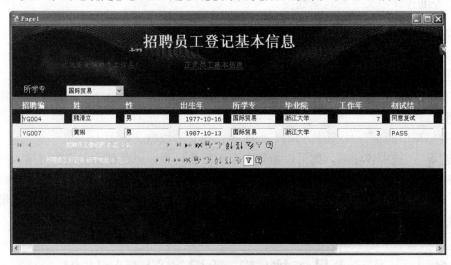

图 8-30 添加"超级链接"的数据访问页

（4）如果需要修改超级链接，只需选中超级链接后单击鼠标右键，在弹出的快捷菜单中选择"编辑超级链接"命令，打开"编辑超级链接"对话框，可对超级链接进行修改。

相关知识与技能

1. 滚动文字

在数据访问页中使用滚动文字控件，可以添加滚动效果的文字。通过对滚动文字属性的设置，可以调整滚动文字的效果，选中滚动文字，单击鼠标右键，即可弹出"Marquee"滚动文字设置对话框，如图 8-31 所示。该对话框的"其他"选项卡中的部分属性，可

图 8-31 "滚动文字"属性对话框

以调整滚动文字的效果。

（1）"Behavior"属性

"Behavior"属性值为 Scroll：文字在控件中连续循环滚动。

"Behavior"属性值为 Slide：文字从开始处滑动到控件的另一边，然后保持在屏幕上。

"Behavior"属性值为 Alternate：文字从开始处到控件的另一端来回滚动，并且总保持在屏幕上。

（2）"Direction"属性

"Direction"属性值有 Left、Right、Down、Up 共 4 个，分别控制滚动文字在控件中向左、右、上、下 4 个方向移动。

（3）"Loop"属性

"Loop"属性值为–1：文字连续滚动显示。

"Loop"属性值为一个大于零的整数：文字滚动指定的整数次，然后停止滚动。

（4）"TrueSpeed"、"ScrollAmount"、"ScrollDelay"属性

"TrueSpeed"属性设置为 True 时，则允许通过设置"ScrollDelay"属性值和"ScrollAmount"属性值来控制控件中文字的运动速度。

2．超级链接

在 Web 页中，超级链接是一种非常重要的对象，在数据访问页中可以添加超级链接，超级链接可以链接到 4 种类型的对象。

"原有文件或网页"：指链接到已有的任何文件或 Web 上，而该文件不需要是数据库中的数据访问页。

"此数据库中的页"：指链接到本数据库中已建立的数据访问页上。

"新建页"：选中该项后，则可以新建一个数据访问页，原数据访问页中将插入一个超级链接，链接到这个新建的页。

"电子邮件地址"：选中该项后，则可以链接到一个电子邮件的收件人地址，还可以指定邮件的默认主题。

任务 4　"正式员工档案"数据访问页的使用

任务描述与分析

数据访问页创建完成后，需要使用数据访问页，也就是在数据访问页视图中和 Web 浏览器中进行数据记录的添加、编辑、删除、保存、排序等多项操作，以实现数据访问页的实际应用。本任务将对"正式员工档案"数据访问页进行数据的添加、编辑、删除、保存、排序、筛选等操作，帮助学习者学会使用数据访问页。

方法与步骤

1．在"正式员工档案"数据访问页中添加、编辑和删除记录

要求在"正式员工档案"数据访问页中添加一条新的员工记录，数据如下：

员工编号：YG014　　　姓名：吴明　　　　　　性别：女

出生日期：1989 年 7 月 20 日　　入职日期　2011 年 6 月 5 日　　学历：本科

毕业院校：中原工学院　　部门编号：BM001 部门名称：市场部　岗位名称：市场专员

联系方式：13514789654　合同编号：HT0077　　　是否党员：是

（1）在"企业人事管理"数据库的"页"对象列表中，双击"正式员工档案"数据访问页快捷方式，打开数据访问页，单击记录导航工具栏上的【新建】按钮，如图 8-32 所示。

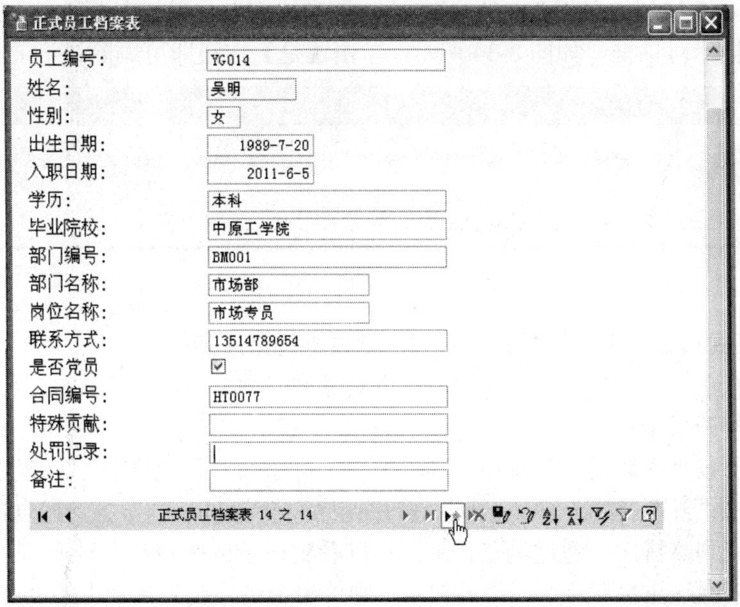

图 8-32　单击数据访问页上的【新建】按钮

（2）这时出现空白页，光标停留在第一个字段的文本框中，输入新记录的字段值，输入完第一个字段值后，按【Tab】键到下一字段，所有字段输入完后，单击记录导航工具栏上的【保存】按钮，即将新记录数据添加到数据访问页中，如图 8-33 所示。

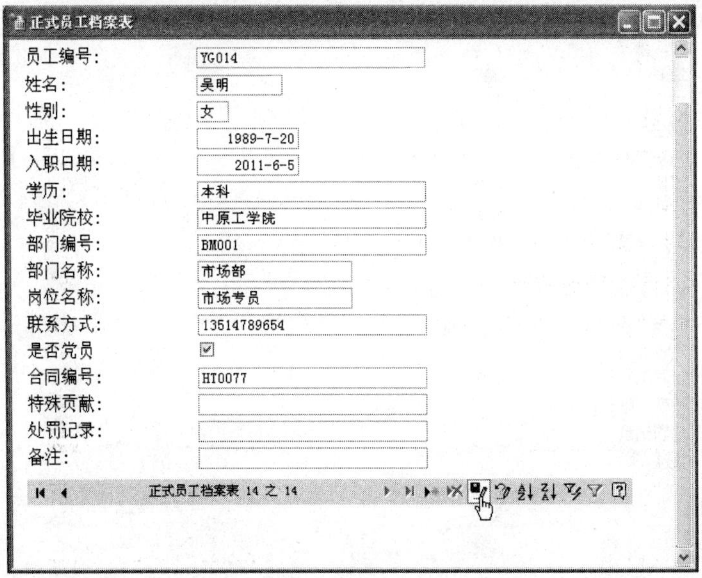

图 8-33　保存新添加的记录

（3）如果要将其中一条记录"刘名辉"的"岗位名称"改为"市场专员"，则单击记录导航工具栏上的"上一个"◀或"下一个"▶按钮，找到姓名为"刘名辉"的记录，单击"岗位名称"字段框，输入新的值"市场专员"，单击记录导航工具栏上的"保存"按钮，把更改后的内容保存，即完成记录数据的修改，同样可以修改其他记录其他字段的数据。

（4）如果要删除"许丹丹"这条记录，则单击记录导航工具栏上的"上一个"按钮◀或"下一个"按钮▶，找到姓名为"许丹丹"的记录，单击记录导航工具栏上的"删除"按钮▶✕，这时弹出删除提示对话框，如图 8-34 所示，单击【是】按钮即可删除该记录。

图 8-34　删除提示对话框

2．对"正式员工档案"数据访问页中的记录进行排序和筛选

（1）在"企业人事管理"数据库的"页"对象列表中，双击"正式员工档案"数据访问页快捷方式，打开数据访问页。

（2）如果要按"入职日期"排序，则单击用于排序的"入职日期"字段文本框，单击记录导航工具栏的"升序排序"按钮或"降序排序"按键，则数据访问页按"入职日期"从高到低或从低到高排序，通过浏览记录，可以看到记录按排序顺序显示。

（3）如果要筛选出性别为"女"的记录，则单击记录导航工具栏上的"上一个"按钮◀或"下一个"按钮▶，找到任意一个"性别"字段值为"女"的记录。

（4）将光标移到"性别"字段的文本框中，单击记录导航工具栏"按选定内容筛选"按钮，则数据访问页只显示"性别"为"女"的记录，如图 8-35 所示，记录总数已是性别为"女"的记录数，而不是总记录数。单击"筛选切换按钮"，可取消筛选。

图 8-35　按"性别"字段进行筛选

3．在浏览器中查看数据访问页

（1）打开网络浏览器，在浏览器窗口的"地址栏"中，输入"正式员工档案"数据访问页的位置和文件名"D:\企业人事管理系统\正式员工档案.htm"，按【Enter】键，则"正式员工档案"数据访问页显示在浏览器的窗口中，如图 8-36 所示。

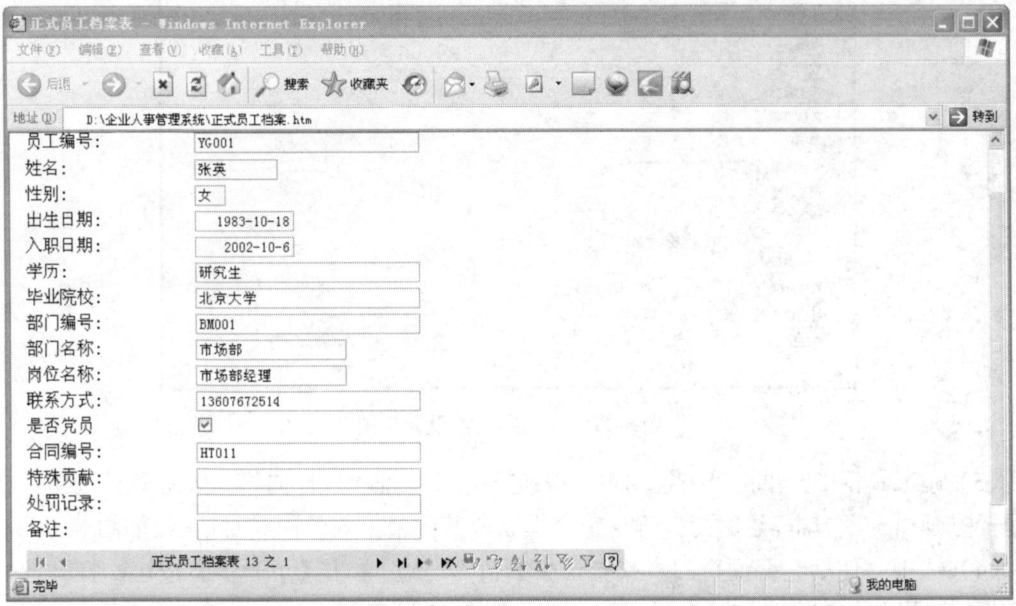

图 8-36　在浏览器中查看数据访问页

（2）在浏览器中通过记录导航栏上的工具按钮，可以对记录进行相应的操作。

相关知识与技能

数据访问页直接和数据库相连，当用户在数据库或浏览器中打开数据访问页后，对其中的数据记录的新增、修改或删除，都会保存在数据库中，并能被其他访问该数据库的用户看到，但在数据访问页中对数据进行的排序、筛选等操作只会影响到其自身所看到的数据，不会保存在数据库中，其他用户看到的该数据访问页的内容不会发生改变。

拓展与提高　创建"正式员工档案查询"的交互式数据页

交互式数据页是把数据访问页当作报表使用。当数据库中的记录较多时，使用分组浏览记录是一种快速获取所需数据的方法。

例如，对于"企业人事管理"数据库，建立一个"正式员工档案查询"交互式数据页，从"部门名称"下拉列表中选择某个部门，则仅显示属于该部门的记录。

（1）在"企业人事管理"数据库窗口中，选择"页"对象，单击"在设计视图中创建数据访问页"，打开数据访问页的设计视图。

（2）在"字段列表"中，展开"正式员工档案表"，选择除"部门编号"和"部门名称"字段外的其他所有字段，单击字段列表窗格中的【添加到页】按钮，把这些字段以"列表式"版式添加到数据访问页中，调整大小及布局，结果如图 8-37 所示。

图 8-37　添加字段到设计视图

（3）在工具箱中，单击"下拉列表"按钮，并保证"控件向导"按钮被选中，在列标题上方画出一个方框，这时打开确定组合框获取其数值方式的向导对话框，如图 8-38 所示。

（4）选中"使用组合框查阅表或查询中的值"，然后单击【下一步】按钮，打开选择为组合框提供数值的表和查询的向导对话框，如图 8-39 所示。

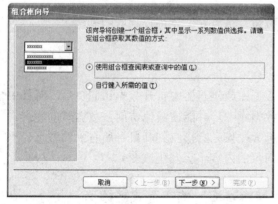

图 8-38　确定组合框获取数值方式　　　　图 8-39　选择为组合框提供数值的表和查询

（5）选择"表：部门分配表"，然后单击【下一步】按钮，打开选择哪些字段含有包含到组合框中的数值的向导对话框，如图 8-40 所示。

（6）选择"班级编号"和"部门名称"到选定字段，然后单击【下一步】按钮，打开指定组合框中列的宽度向导对话框，如图 8-41 所示。

（7）在图 8-41 所示对话框中，按默认设置，单击【下一步】按钮，打开为组合框指定标签的向导对话框，在该对话框中，使用默认的"部门名称"，然后单击【完成】按钮。

（8）在设计视图中，选中"部门名称"组合框，在工具栏上单击"属性"按钮，打开属性对话框，选择"其他"选项卡，设置"Id"属性值为"选择部门"，如图 8-42 所示。

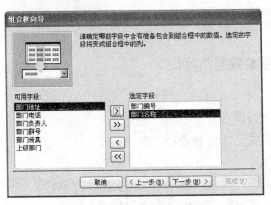
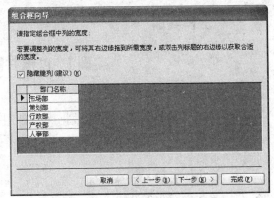

图 8-40 选择哪些字段含有包含到组合框中的数值　　　　　　图 8-41 指定组合框中列的宽度

（9）用鼠标右键单击页眉，在打开的快捷菜单中，单击【组级属性】按钮，打开"组级属性"对话框，设置"GroupFilterControl"的属性值为"选择部门"，设置"GroupFilterField"的属性值为"部门编号"，如图 8-43 所示。

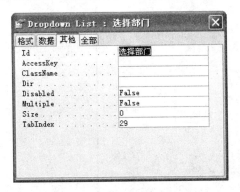
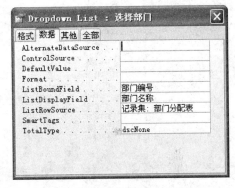

图 8-42 组合框属性设置对话框　　　　　　　　　图 8-43 组级属性设置对话框

（10）设置完成，切换到"页面视图"可以看到交互式报表设计结果，如图 8-44 所示。在图 8-44 所示的数据访问页中，单击"部门名称"组合框，选中"市场部"后，在列表中可以显示出"市场部"的记录。

图 8-44 按部门名称查询的交互式数据访问页

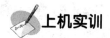 **上机实训**

实训 1 创建并修改数据访问页

【实训要求】

（1）对于"企业人事管理"数据库，使用"自动创建数据页"创建基于"家庭信息表"的"家庭信息"数据访问页和基于项目四中"正式员工信息查询"的"正式员工信息查询"数据访问页。

（2）使用"数据页向导"创建基于项目四中的"员工工资查询"的企业人事查询数据访问页，按"部门名称"分组，按"姓名"排序，并输入"公司员工人事查询"作为标题，效果如图 8-45 所示。

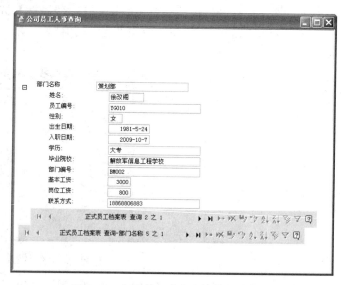

图 8-45 公司员工人事查询数据访问页

（3）使用"设计视图"创建基于项目四中的"部门工资查询"的企业人事查询数据访问页，采用"列表式"版式，添加按"部门名称"分组，添加滚动文字"欢迎进行企业人事查询！"文字从左向右滚动。

实训 2 创建并使用数据访问页

【实训要求】

（1）使用设计视图创建基于"正式员工档案表"的纵栏式数据访问页，并添加标题"员工信息编辑输入"，设置数据访问页的主题为"雷暴"主题。

（2）在"员工信息输入"数据访问页中添加如下数据记录：

员工编号：YG071　　　姓名：李明明　　　　性别：女　　　　出生日期：1976-4-20
入职日期：1998-9-1　是否党员：TRUE 学历：研究生　　岗位名称：人事总监
所属专业：基础部　　　　　联系电话：67676677　在职否：是

（3）在"员工信息编辑输入"数据访问页中，修改"徐改阁"的是否党员为"TRUE"，并删除"韩超"员工记录。

（4）在"员工信息编辑输入"数据访问页中按"出生日期"降序排序。

（5）在"员工信息编辑输入"数据访问页中筛选查找学历为"研究生"的记录数据。

（6）在 IE 浏览器上查看"员工信息编辑输入"数据访问页。

总结与回顾

本项目主要学习数据访问页的相关知识和常用的基本操作。重点学习数据访问页的概念、创建、修饰和使用方法。需要理解掌握的知识、技能如下。

1. 数据访问页

Access 2003 中的数据访问页是一种可以直接与数据库中的数据连接的网页，它以 HTML 格式独立保存在磁盘上。数据访问页可以在数据库中打开，也可以使用浏览器直接打开。

2. 数据访问页的视图

数据访问页的视图有"页面视图"、"设计视图"和"网页预览"3 种，分别用来显示、设计修改和在浏览器中浏览数据访问页。

3. 数据访问页的创建方法

数据访问页的创建有使用"自动创建数据页"、"设计视图"、"现有的网页"、"数据页向导"4 种方法。

4. 数据访问页的修改和修饰

在设计视图中可以对数据访问页的内容、格式、布局进行修改，可以添加标题、滚动文字、线条，可以插入超级链接、设置主题，可以进行分组。

5. 数据访问页的使用

在数据访问页中可以进行数据记录的查找、增加、修改、删除、排序和筛选等。

思考与练习

1. 选择题

（1）在数据访问页中，若要观看滚动的文字效果，则应该在_____下观看。

　　A. 设计视图　　　　　B. 数据表视图　　　　C. 页面视图　　　　D. 图表视图

（2）使用"自动创建数据页"创建数据访问页时，Access 2003 会在当前文件夹下将创建的数据访问页保存为_____格式。

　　A. HTML　　　　　　B. 文本　　　　　　　C. 数据库　　　　　D. Web

（3）使用向导创建数据访问页，最多可按_____个字段对记录进行排序。

　　A. 2　　　　　　　　B. 4　　　　　　　　C. 6　　　　　　　　D. 8

（4）在 Access 2003 中，_____不能对数据进行录入和编辑。

　　A. 数据访问页　　　　B. 窗体　　　　　　　C. 报表　　　　　　D. 表

（5）在默认情况下，IE 浏览器窗口中打开分组数据访问页，下层组级别应该是呈现_____状态。

　　A. 打开　　　　　　　B. 折叠　　　　　　　C. 打开或折叠　　　D. 不确定

2．填空题

（1）数据访问页是 Access 2003 的一个数据库_____，是可以直接与数据库中的数据连接的_____。

（2）数据访问页以_____格式保存在磁盘上，而在 Access 数据库对象中仅保留一个_____。

（3）数据访问页的视图有_____和_____两种。

（4）新建数据访问页的方法有_____、_____、_____、_____4种。

3．判断题

（1）Access 2003 中的数据访问页只能在 Access 2003 数据库中打开。　　　　（　　）

（2）使用"自动创建数据访问页"只能从一个表或查询中选择数据来源。　　（　　）

（3）使用"数据页向导"创建的数据访问页，不能同时进行分组和排序。　　（　　）

（4）在 Access 2003 中可以对数据访问页添加背景图片。　　　　　　　　（　　）

4．简答题

（1）数据访问页的视图有哪几种？它们的主要作用是什么？

（2）新建数据访问页的4种方法各有什么特点？

（3）数据访问页与窗体的控件工具箱有什么不同？

项目 9　使 用 宏

前面已经了解了表、查询、窗体和报表等数据库对象，本项目将介绍 Access 2003 中的另一个重要的数据库对象——宏。宏是 VBA 开发数据库系统的基础，在 Access 中编写宏并不需要编写程序，而利用宏则可以帮助我们自动完成一些重复的操作，进而提高工作效率。由此可以看出宏的重要性，也可以毫不夸张地说，开发任何一个完善的数据库系统都离不开宏。因为宏广泛应用于命令按钮控件、菜单控件、单选按钮控件、复选按钮控件等窗体控件，宏是这些控件能够发挥作用的灵魂，没有宏这些控件就是摆设。

📋 学习内容

- 理解宏的概念
- 掌握宏的创建方法
- 了解宏的执行及调试方法

■ 任务 1　在"企业人事管理"数据库中创建一个宏

◎ 任务描述与分析

宏是 Access 2003 数据库的 6 个对象之一，和其他对象不同的是，宏可以操作其他对象，比如打开表、窗体、报表，为其他对象更名，控制其他对象的数据交换、状态、改变它们的外观显示等。宏在 Access 2003 数据库对象中之所以占有重要地位，最主要的是它使普通用户使用 Access 开发数据库系统成为可能。因为宏可以自动执行重复的任务，这为提高用户的工作效率提供了极大的方便，而且在 Access 中使用宏，无须编程。可以说，正是由于宏，Access 才成为一个比较成熟的数据库系统。通常情况下，打开窗体是在数据库中双击窗体对象，但是在一个数据库系统中，若需要让数据库系统自动打开某些窗体，如"正式员工档案"窗体，这时就必须通过编写宏来实现。编写宏时首先要注意执行宏是否需要设置条件，如果是宏组还要分别为每个宏命名。编写宏最重要的是为宏设置操作参数，不同的宏有不同的操作参数。宏是一连串动作的集合（类似于 DOS 中的批处理文件的功能）。在程序设计中，宏就是子程序（又称过程或函数）。当宏的执行条件为真，宏就自动执行，无须手动启动，自动执行是宏的特点之一。

方法与步骤

（1）在"企业人事管理"数据库中，选择"宏"对象，单击【新建】按钮，如图9-1所示。

（2）打开"创建宏"对话框，在对话框的"操作"下拉菜单中选择 Openform，在"窗体名称"下拉菜单中选择"正式员工档案"窗体，如图9-2所示。

图 9-1　新建宏　　　　　　　　　　　图 9-2　创建宏对话框

（3）单击【保存】按钮，在"另存为"对话框中输入宏的名称。打开"正式员工档案"窗体，单击【确定】按钮，即完成宏的创建，如图9-3所示。

（4）此时在宏面板上可以看到创建好的宏"正式员工档案"窗体，如图9-4所示。

图 9-3　"另存为"对话框　　　　　　　　图 9-4　创建好的宏

（5）双击打开"正式员工档案"窗体宏，即可打开"正式员工档案表"窗体，如图 9-5所示。

图 9-5　打开后的正式员工档案窗体

相关知识与技能

1. 宏与宏组的概念

宏是执行特定任务的操作或操作集合，其中每个操作能够实现特定的功能。只有一个宏名的称为单一宏，包含 2 个以上宏名的称为宏组。创建宏的操作在设计视图完成。

> **提示**
>
> 通过向宏的设计视图窗口拖动数据库对象的方法，可以快速创建一个宏。例如，要创建打开"正式员工档案"窗体宏，就可以把"正式员工档案表"窗体拖到新建的宏的设计窗体中。通过拖动数据库对象方法创建宏，不仅能够在操作列添加相应的操作，而且还自动设置相应的操作参数，所以创建简单的宏可以用这种方法。

2. 宏能做什么

宏具有以下功能。

（1）打开、关闭数据表、报表，打印报表，执行查询；

（2）筛选、查找记录；

（3）模拟键盘动作，为对话框或等待输入的任务提供字符串输入；

（4）显示警告信息框、响铃警告；

（5）移动窗口，改变窗口大小；

（6）实现数据的导入、导出；

（7）定制菜单；

（8）设置控件的属性等。

任务 2 在"企业人事管理"数据库中创建一个宏组

 任务描述与分析

在 Access 中，创建一个宏非常方便，操作类似于创建表，两者所不同的是，需要为创建的宏设置"动作"（操作）和运行参数 。创建宏可分为创建单一宏和创建宏组。宏和宏组的区别是单一宏只有一个宏，宏组可以包含两个以上的宏，但是宏组在使用时，每次只能使用宏组中的一个宏。具体调用格式是："宏组名.宏名 1"或"宏组名.宏名 2"。本任务是采用拖动数据库对象的方法创建宏组。

方法与步骤

（1）新建一个宏，然后打开"窗体"面板，将"正式员工档案表"窗体拖动到新建宏的第一行、第二行、第三行和第四行，并在操作列分别设置操作为 Openform、Maximize、Minimize 和 Restore，如图 9-6 所示。

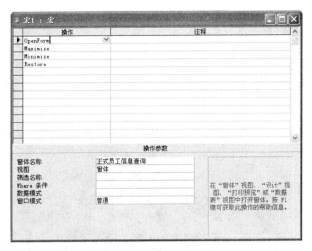

图 9-6　宏的设计视图

图 9-7　工具栏上的"宏名"按钮

（2）分别为以上 4 个宏命名为"打开正式员工档案查询"、"最大化当前窗体"、"最小化当前窗体"和"恢复当前窗体"，操作参数无须设置，如图 9-8 所示。

（3）单击【保存】按钮，打开"另存为"对话框，输入宏组名为"改变窗体大小"，如图 9-9 所示。单击【确定】按钮，完成宏组的创建。

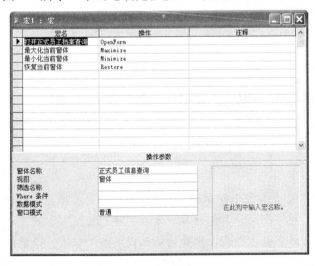

图 9-8　宏组的设计视图

图 9-9　"另存为"对话框

 相关知识与技能

1．创建宏组

宏组由两个以上的宏组成，创建宏组时必须为宏组中的每一个宏命名，因为宏组中的每一个宏都是一个可以单独运行的对象，它们必须有一个唯一的名字，这样在调用宏组中的宏时就可以通过"宏组.宏名"的方式调用。

2. 宏组和宏的区别

宏是一系列操作的集合，宏组是宏的集合。

> **提示**
>
> 在创建了一个宏或宏组后，往往需要对宏进行修改，宏的修改也是在设计视图进行的。比如，要添加新的操作或重新设置操作参数等，都需要对宏进行编辑。如果要删除某个宏操作，在宏的设计视图中选择该行，选择"编辑"菜单中的"删除行"命令，或者单击工具栏中的【删除行 】按钮，删除该行。如果要删除整个宏，可以在宏面板中选择该宏，单击工具栏上的【删除】按钮即可。

任务3 使用命令按钮控件运行宏

任务描述与分析

宏创建完毕后，怎样让宏发挥作用？答案就是运行宏。宏在运行过程中如果出现了错误，就需要对宏进行调试，以保证宏能够按照用户的指令运行。宏可以在设计视图运行，也可以通过窗体、报表或者页面上的控件来运行（如按钮、菜单等控件）。本任务是通过窗体上的命令按钮控件来调用宏组，宏的执行方式是自动执行。在数据库系统中，宏的运行方式都是由控件调用后自动执行的，只有在设计状态即调试时才用双击宏名的方式执行宏。宏的调试，通常采用单步执行的方法，每执行一步，观察宏的运行是否体现了设计意图，如果出现了错误，可以及时发现并纠正。宏的调试在设计状态进行，其目的是观察宏在执行过程中的运行状况是否与预期一致。单步执行可以很好地发现宏设计中出现的错误。

方法与步骤

（1）打开"正式员工档案查询"窗体，在窗体的右下部创建两个命令按钮控件，分别是"最大化窗体"和"恢复窗体"，如图9-10所示。

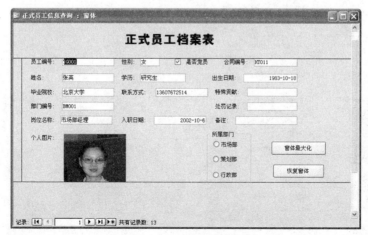

图9-10 正式员工档案信息查询窗体

（2）为【窗体最大化】按钮和【恢复窗体】按钮指定宏。在【窗体最大化】按钮上右击，选择"属性"命令，如图 9-11 所示。

图 9-11　为按钮指定宏操作

（3）在"事件"选项卡中单击"双击"后面"[事件过程]"的下拉菜单，选择"改变窗体大小最大化当前窗体"命令，如图 9-12 所示。

（4）使用同样的方法为【恢复窗体大小】按钮指定宏。所不同的是，在"[事件过程]"下拉菜单中选择"改变窗体大小.恢复当前窗体"。运行"正式员工档案查询"窗体，单击【窗体最大化】按钮，"正式员工档案查询"窗体被最大化，如图 9-13 所示。单击【恢复窗体大小】按钮，窗体又恢复成刚刚打开时的大小。

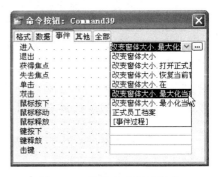

图 9-12　为单击事件选择宏

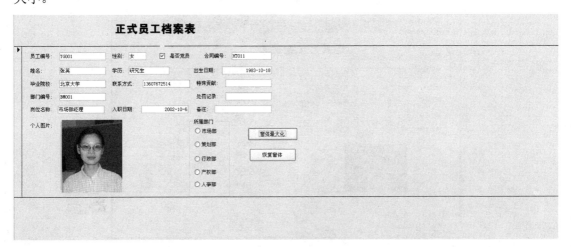

图 9-13　正式员工档案窗体最大化

相关知识与技能

宏的执行方法有以下几种。

（1）直接运行：这种方法一般用于宏的调试，实际应用中并不多见。

（2）将宏绑定到控件上：由控件事件来触发。这是宏的主要调用方法，在实际应用中有广泛应用。本任务就是将宏绑定到命令按钮上，然后通过命令按钮的单击事件来触发。

（3）自动运行宏：自动运行宏在打开数据库时自动运行，宏的名称必须命名为 Autoexec。

（4）在一个宏中调用另一个宏：使用 RunMacro 操作可以在一个宏中调用另一个宏。

提示

宏的执行也可以设置执行条件，当条件满足时，宏就自动执行，无须调用，条件不满足就不执行，这种宏称为"条件宏"。"条件宏"在实际中经常用到。

例如，创建一个名为"TD"的窗体，在窗体中输入一个数值时，判断并显示该数是正数、零或负数，操作步骤如下。

（1）新建一个名为"TD"的窗体，添加一个文本框和一个命令按钮，如图 9-14 所示。

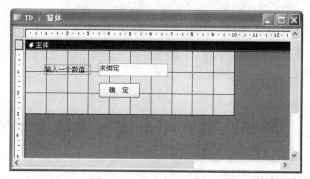

图 9-14　TD 窗体设计视图

（2）再创建一个名为"test"的宏，在宏的设计视图单击工具栏的条件按钮，则宏的设计视图显示条件列，并设置相应的条件，如图 9-15 所示。其中在 3 个 msgbox 操作消息框中分别输入"输入的是一个整数"、"输入的是零"和"输入的是一个负数"。

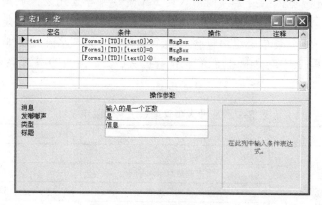

图 9-15　宏 test 的设计视图

（3）设置"TD"窗体【确定】按钮的单击属性为运行宏"test"，如图 9-16 所示。

（4）当打开窗体"TD"时，在文本框中输入一个数值，单击【确定】按钮，显示如图 9-17 所示的信息框。

图 9-16　为【确定】按钮指定宏

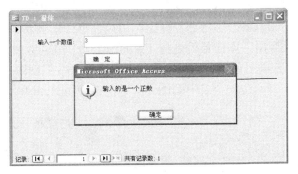

图 9-17　判断输入数据信息框

提示

在设计宏时，一般需要对宏进行调试，排除导致错误或非预期结果的操作。Access 2003 为调试宏提供了一个单步执行宏的方法，即每次只执行宏中的一个操作。使用单步执行宏可以观察到宏的流程和每一个操作的结果，容易查出错误所在并改正它。如果宏中存在问题，将出现错误信息提示框。根据对话框的提示，可以了解出错的原因，以便进行修改和调试。

■ 任务 4　为"企业人事管理系统"设计菜单宏

任务描述与分析

用户在开发数据库系统时，菜单是必不可少的内容，本任务就是为"企业人事管理系统"设计菜单，每一个菜单对应一个菜单宏，每一个菜单宏指定用户单击了菜单后执行的动作，比如打开"员工工资"窗体供财务部门输入员工工资。菜单宏用宏来调用其他宏，它的任务是为系统添加菜单，用户单击菜单时则调用其他宏。菜单宏的设计要求是：有几个主菜单就对应几个菜单宏组，每个菜单宏组中包含若干个菜单宏（对应各个子菜单）。其设计步骤是：先设计菜单宏组，再设计用户单击菜单后执行的宏。"企业人事管理系统"的菜单系统如表 9-1 所示。

表 9-1　"企业人事管理系统"的菜单设计

主菜单名称	子菜单名称	宏操作
信息输入	招聘员工录入登记	Openform
	家庭信息录入	Openform
	正式员工信息录入	Openform
	员工工资录入	Openform

主菜单名称	子菜单名称	宏操作
信息查询	招聘员工查询	Openquery
	家庭信息查询	Openquery
	正式员工查询	Openquery
	员工工资查询	Openquery
	部门分配查询	Openquery
退出系统	退出系统	Quit

方法与步骤

使用宏为"企业人事管理系统"创建菜单栏的操作步骤如下。

（1）确保操作中所需要的窗体已经创建。如果不存在，则要创建并保存。

（2）在"企业人事管理"数据库窗体中选择"宏"选项卡，单击【新建】按钮，打开宏设计视图。

（3）创建"信息输入"、"信息查询"和"退出"3个宏组，每个宏组中包含子菜单操作的宏，每个宏对应子菜单的菜单项，最好宏的名称和子菜单项名一致。图9-18是"信息输入宏组"的示例。

（4）创建宏，打开宏设计视图，在"操作"列中分别添加3个"AddMenu"操作，设置每个操作参数，其中"菜单名称"和"菜单宏名称"中输入相应的参数，如图9-19所示。保存宏为"菜单"。

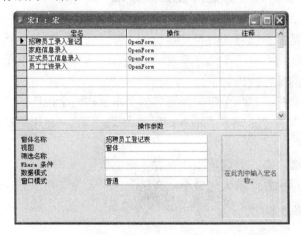

图 9-18　信息输入宏组

图 9-19　菜单宏

（5）打开"企业人事管理"窗体的设计视图，在"属性"对话框中选择"其他"选项卡，在"菜单栏"属性中输入宏名"菜单"，如图9-20所示。这样就会在运行"企业人事管理"窗体时，"菜单"替换了Access 2003的内置菜单，如图9-21所示。

 说明

如果想把窗体中的系统工具栏去掉，可以在"菜单"宏中添加两个宏操作，如图9-19所示。其中两个操作参数中的"工具栏名称"分别为"窗体视图"、"格式（窗体/报表）"，"显示"都设置为"否"。

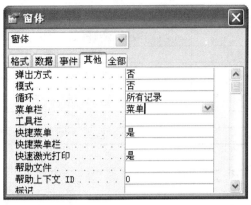

图 9-20 "企业人事管理"窗体属性设置菜单

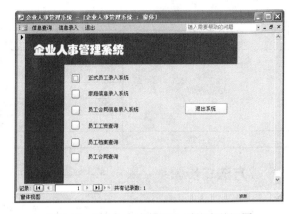

图 9-21 "企业人事管理"系统窗体视图

 **相关知识与技能**

菜单是创建数据库应用系统必须要有的内容，创建菜单可以分为 3 个步骤。

（1）确定系统有几个主菜单，然后创建对应的宏组，有几个主菜单就创建几个宏组。

（2）创建菜单宏并调用创建好的菜单宏组。

（3）设置启动窗体，并在启动窗体的其他属性中设置菜单宏。

 拓展与提高 为"企业人事管理"数据库创建登录宏

登录宏是一个比较特殊的宏，因为它是在系统启动时自动运行的，并且登录宏的名字是固定的，必须为 Autoexec，不能是其他名字，否则它不会在系统启动时自动执行，这样就不能完成系统的登录验证功能。创建登录宏的操作步骤如下。

（1）创建一个窗体，在窗体上添加一个标签、一个带附加标签的文本框和两个按钮。在"全部"选项卡设置文本框的属性，"名称"为"密码"，"输入掩码"为"密码"，如图 9-22 所示。

（2）在窗体的"属性"对话框中，选择"格式"选项卡，设置"导航按钮"、"控制框"、"关闭按钮"、"问号按钮"的属性为"否"，设置"最大化最小化按钮"为"无"，"其他"选项卡中的"快捷菜单"为"否"，设置"模式"为"是"，保存窗体为"系统登录"，运行窗体的效果如图 9-23 所示。

图 9-22 密码框设置

图 9-23 系统登录窗体

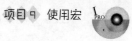

（3）在"系统登录"窗体设计视图中，右键单击【确定】按钮控件，在弹出的快捷菜单中选择"事件生成器"命令，打开"选择生成器"对话框，选择"宏生成器"，单击【确定】按钮，打开宏设计视图，在"另存为"对话框中输入"Autoexec"，单击【确定】按钮，创建一个自动运行的宏。

（4）在宏设计视图中，单击工具栏中的"宏名"按钮🔳和"条件"按钮🔳，使设计视图出现"宏名"和"条件"列。在第一行"宏名"列中输入"打开系统登录窗体"，单击第一行【操作】列下拉按钮，选择"OpenForm"，在"操作参数"区域，从"窗体名称"下拉列表中选择"系统登录"窗体。

（5）在宏设计视图第二行"宏名"列输入"密码验证"，在"条件"列中单击鼠标右键，在弹出的快捷菜单中选择"生成器"命令，打开"表达式生成器"对话框，如图 9-24 所示。

图 9-24 "表达式生成器"对话框

（6）在"表达式生成器"对话框中，双击"窗体"，在展开的"窗体"树中双击"所有窗体"，然后单击"系统登录"，在相邻的列表框中出现该窗体的控件，双击中间列表框中"密码"选项，在上面的"表达式"文本框就会出现"Forms[系统登录]![密码]"，在其后输入"<>'admin'"，完成条件表达式的建立，如图 9-25 所示。单击【确定】按钮后，该条件表达式出现在宏设计视图第二行的"条件"列中。

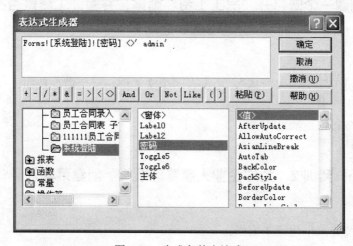

图 9-25 生成条件表达式

（7）如果希望输入的值不等于密码"admin"时能够提出警告，则要在"操作"列中选择"MsgBox"操作，操作参数中的"消息"文本框中输入"输入的密码不正确！"，"类型"文本框中输入"警告！"，"标题"文本框中输入"警告"。

（8）如果输入的值等于密码"admin"就关闭"系统登录窗体"，那么要在宏设计视图的"条件"列的第三行输入条件表达式：Forms[系统登录]![密码]='admin'，在"操作"列中选择"Close"，操作参数中的"对象类型"选择"窗体"，"对象名称"选择"系统登录"，"保存"选择"否"，设置好的宏如图9-26所示。保存建立的宏。

（9）在【确定】按钮的属性对话框中，选择"事件"选项卡，在"单击"下拉列表中，选择"Autoexec.密码验证"宏，保存窗体。

关闭数据库，重新打开，出现系统登录窗体，如果登录密码不正确，则出现如图 9-27 所示的对话框，如果密码正确，则进入系统初始界面。

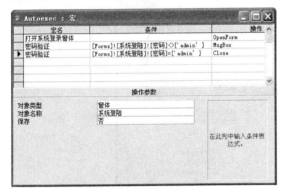

图 9-26　登录宏设计完成界面

图 9-27　登录密码不正确

在实际应用中，还需要在"系统登录"窗体增加一个【取消】按钮，这样用户不知道密码可以单击【取消】按钮退出系统，【取消】按钮需要指定"退出系统.退出系统"宏以退出系统。

 **上机实训**

实训1　创建一个宏打开"员工工资"窗体，并验证工资是否在 2000～3000 之间

【实训要求】
（1）创建"员工工资输入窗体"，至少有一个文本框，一个命令按钮；
（2）为文本框命名；
（3）为命令按钮创建验证宏；
（4）运行窗体。

实训2　为"企业人事管理系统"创建菜单宏

【实训要求】
（1）根据系统要求创建菜单宏组；
（2）创建对应于菜单宏组的菜单宏；

（3）设置窗体属性，使菜单宏生效；

（4）运行窗体。

总结与回顾

本项目主要学习宏对象的基本概念和基本操作，重点学习宏的创建、修改、编辑和运行。需要理解掌握的知识、技能如下。

（1）宏对象是 Access 数据库中的一个基本对象。利用宏可以将大量重复性的操作自动完成，从而使管理和维护 Access 数据库更加简单。宏有 3 种类型：单个宏、宏组和条件宏。

（2）宏的创建、修改都是在宏的设计视图中进行的。

（3）宏的创建就是确定宏名、宏条件和设置宏的操作参数等。

（4）在运行宏之前，要经过调试宏，通过调试宏，发现宏中的错误并及时修改。

（5）运行宏的方法很多，一般是通过窗体或报表中的控件与宏结合起来，通过控件来运行宏。

思考与练习

1．选择题

（1）下列关于宏的说法中，错误的是_____。

    A．宏是若干操作的集合　　B．每个宏操作都有相同的宏操作参数

    C．宏操作不能自定义　　　D．宏通常与窗体、报表中的命令按钮结合使用

（2）宏由若干个宏操作组成，宏组由_____组成。

    A．若干个宏操作　　　　B．一个宏　　　C．若干宏　　　　D．上述都不对

（3）关于宏和宏组的说法中，错误的是_____。

    A．宏是由若干个宏操作组成的集合

    B．宏组可分为简单的宏组和复杂的宏组

    C．运行复杂宏组时，只运行该宏组中的第一个宏

    D．不能从一个宏中运行另外一个宏

（4）创建宏至少要定义一个"操作"，并设置相应的_____。

    A．条件　　　　　　B．命令按钮　　C．宏操作参数　　D．备注信息

（5）若一个宏包含多个操作，在运行宏时将按_____顺序运行这些操作。

    A．从上到下　　　　B．从下到上　　C．从左到右　　　D．从右到左

（6）单步执行宏时，"单步执行宏"对话框中显示的内容有_____信息。

    A．宏名参数　　　　　　B．宏名、操作名称

    C．宏名、参数、操作名称　　　　　　D．宏名、条件、操作名称、参数

（7）在宏设计视图中，_____列可以隐藏不显示。

    A．只有宏名　　　　B．只有条件　　C．宏名和条件　　D．注释

（8）如果不指定参数，Close 将关闭_____。

    A．当前窗体　　　　B．当前数据库　C．活动窗口　　　D．正在使用的表

（9）宏可以单独运行，但大多数情况下都与_____控件绑定在一起使用。

    A．命令按钮　　　　B．文本框　　　C．组合框　　　　D．列表框

（10）使用宏打开表有 3 种模式，分别是增加、编辑和_____。

    A. 修改   B. 打印   C. 只读   D. 删除

（11）打开指定报表的宏命令是_____。

    A. OpenTable   B. OpenQuery   C. OpenForm   D. OpenReport

2. 填空题

（1）在 Access 2003 中，创建宏的过程主要有：指定宏名、_____、_____和_____。

（2）每次打开数据库时能自动运行的宏是_____。

（3）对于带条件的宏来说，其中的操作是否执行取决于_____。

（4）在 Access 2003 中，打开数据表的宏操作是_____，保存数据的宏操作是_____，关闭窗体的宏是_____。

（5）宏分为 3 类：单个宏、_____和_____。

（6）当创建宏组和条件宏时，在宏的设计视图窗口还要添加_____列和_____列。

（7）"OpenTable" 操作的 3 个操作参数是：_____、_____和_____。

3. 简答题

（1）什么是宏？什么是宏组？

（2）宏组的创建与宏的创建有什么不同？

（3）有哪几种常用的运行宏方法？

（4）简述宏的基本功能。

（5）列举 5 种宏操作及功能。

项目 10　保护数据库

数据库保护是应用中的一个重要的课题，因为用户不希望自己的保密数据被其他人看到，更不想让非法用户修改和删除数据库中的重要数据，从而带来巨大的甚至是不可挽回的损失。Access 作为一个比较成熟的数据库系统，本身具有较强的数据库保护措施。数据库的保护问题从数据库诞生之日就产生了，因为人们在使用数据库的过程中发现，数据库通常是为特定群体服务的，而每一个群体成员又需要分配不同的使用权限，群体之外的人则不允许使用数据库数据，要做到这一点，就需要对数据库进行保护，保护的方法可分为权限分配与数据库加密等。

学习内容

- 了解数据库保护的意义
- 熟练掌握压缩和修复数据库的操作方法
- 掌握数据库的备份及还原的操作方法
- 了解同步复制数据库的意义和操作步骤
- 掌握数据库生成 MDE 文件的方法
- 掌握数据库加密和解密的方法
- 了解设定用户与组的权限和账号的方法

任务 1　对"企业人事管理"数据库进行压缩与修复

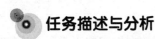

任务描述与分析

数据库在长期使用过程中，由于用户的修改和删除等操作会产生大量的数据库碎片，这些碎片的存在，不仅占用了大量的磁盘空间，同时也严重影响数据库系统的运行速度，所以当数据库使用一定时间后，就需要进行数据库的压缩与修复。另外，用低版本 Access 创建的数据库，在较高版本中打开时会提示数据库格式错误，这时也需要进行数据库的压缩和修复。数据库的压缩和修复一般需要建立一个定期定时的机制，而不是什么时候想起来就什么时候做。在进行数据库的压缩和修复前一定要做好原有数据库的备份，以免在数据库进行压缩和修复时发生意外。

方法与步骤

打开"企业人事管理"数据库，单击"工具"菜单，移动鼠标到"数据库实用工具"的下一级菜单"压缩和修复数据库"，并单击，如图 10-1 所示。此操作可以完成据库的压缩与修复。

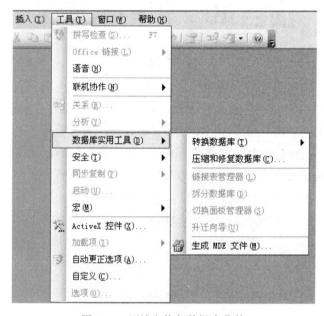

图 10-1　压缩和修复数据库菜单

说明

　数据库的压缩和修复是同时完成的，执行上述操作，一方面对数据库进行了压缩，同时对数据库本身的一些错误自动进行了修复。

 相关知识与技能

对数据库进行压缩与修复的方法有 3 种。

（1）先打开要压缩与修复的数据库，然后执行压缩与修复。

（2）在 Access 中没有打开任何数据库，执行"工具"→"数据库实用工具"→"压缩和修复数据库"命令，这时系统会打开一个如图 10-2 所示的对话框，要求用户选择要执行压缩与修复的数据库，选择好源数据库后，这时会弹出另一个对话框，要求用户为压缩后的数据库选择保存路径和重新命名，这样就会得到数据库的一个副本，如图 10-3 所示。

（3）数据库的压缩还可以自动进行，方法是在打开数据库后，选择"工具"→"选项"命令，打开"选项"对话框，如图 10-4 所示，单击"常规"选项卡，勾选"关闭时压缩"复选框，单击【确定】按钮即可。经过以上的设置后，当前数据库在关闭时会自动进行压缩，有效提高数据库的管理效率。

图 10-2 选择压缩源

图 10-3 选择压缩数据库副本的保存路径

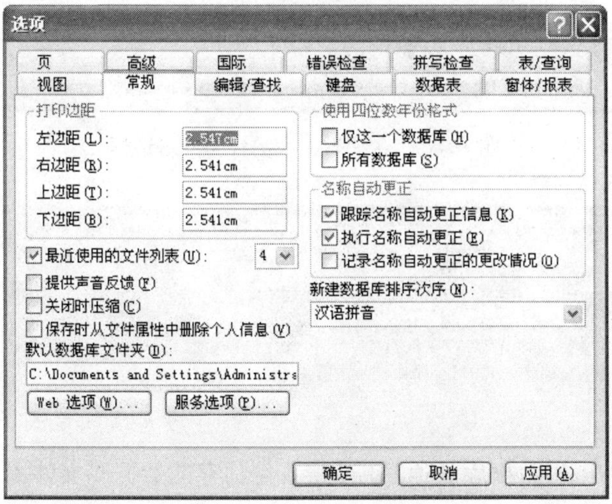

图 10-4 "选项"对话框

任务 2　备份与还原"企业人事管理"数据库

任务描述与分析

数据库在使用过程中，由于种种原因，会造成对数据库的破坏，一般情况下，使用数据库的压缩和修复即可解决此类问题，但是，如果数据库出现了较为严重的破坏，上述方法就无能为力了，因此，必须对数据库进行定期定时的备份才是万全之策。一旦数据库出现严重损坏，用备份文件可以快速恢复。Access 为用户提供了数据库的备份方法。

方法与步骤

1．数据库的备份

打开要备份的数据库文件，选择"文件"→"备份数据库"命令，打开"备份数据库另存为"对话框，如图 10-5 所示。选择备份文件的路径和文件名，单击【保存】按钮即可。如果没有进行选择，系统默认保存在当前数据库的路径下，并且在当前文件名后加上当前的日期。

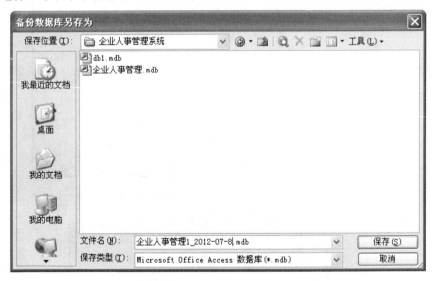

图 10-5　"备份数据库另存为"对话框

说明

数据库的备份也可以使用 Windows 的文件"复制"功能，方法与其他文件的复制相同。

2．数据库的还原

Access 2003 没有提供数据库还原功能，将备份另存的数据库文件覆盖被破坏的文件可还原数据库。

相关知识与技能

数据库的备份既可以采用 Access 提供的方法，也可以使用 Windows 的文件复制功能，比较这两种方法，Windows 的文件复制操作更为简便。

Access 没有提供数据库的还原方法，一般采用 Windows 的文件"复制"、"粘贴"恢复文件。

上述备份和还原是一种静态备份，其缺点是无法及时将备份文件与源数据库同步。实际上，Access 还为用户提供了动态备份功能——同步复制数据库。

同步复制数据库分两步完成，一是创建复制数据库，二是同步数据库。

1. 创建同步复制数据库

首先要打开需要同步复制的数据库，如果在多用户环境中工作，要确保其他用户已经关闭了该数据库。如果数据库使用了密码保护，要删除密码。创建同步复制数据库的步骤如下。

（1）在 Access 中，以独占方式打开"企业人事管理"数据库，如图 10-6 所示。

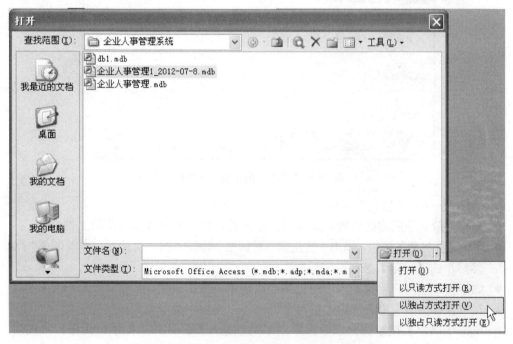

图 10-6　以独占方式打开数据库

（2）选择"工具"→"同步复制"→"创建副本"命令，打开如图 10-7 所示的对话框。

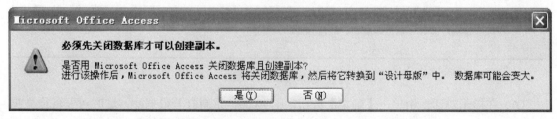

图 10-7　创建副本的第一个对话框

（3）单击【是】按钮，打开下一个对话框，如图 10-8 所示。

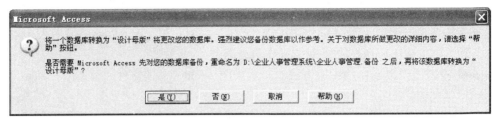

图 10-8　创建副本第二个对话框

（4）该对话框询问在生成副本之前是否为数据库创建备份，单击【是】按钮，弹出"新副本的位置"对话框，如图 10-9 所示。

图 10-9　"新副本的位置"对话框

（5）在"新副本的位置"对话框中，执行下列操作：

- 选择要放置新副本的位置及文件名，本例使用默认的位置和默认的文件名；
- 单击【优先级】按钮，弹出"优先级"对话框，为副本输入优先级，本例选择"默认"，然后单击【确定】按钮；
- 如果不希望用户删除副本中的记录，请选中"禁止删除"；
- 在"保存类型"框选择副本的可见性；
- 单击【确定】按钮，完成数据库副本的创建过程，并弹出提示对话框，如图 10-10 所示。

图 10-10　提示对话框

（6）在提示对话框中单击【确定】按钮，则 Access 重新打开数据库，这时可发现原数据库改变为数据库的"设计母版"，每个对象前面都多了一个小圆盘图标，表示可以实现"同步数据库"，如图 10-11 所示。

图 10-11 源数据库成为设计母版

2. 同步数据库

在数据库的"设计母版"或任何副本中的数据发生改变后，就需要进行同步数据库工作。具体操作步骤如下。

（1）打开需要同步的数据库"企业人事管理"。

（2）选择"工具"→"同步复制"→"立即同步"命令，打开同步数据库对话框，如图 10-12 所示。

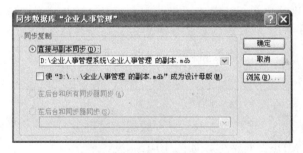

图 10-12 同步数据库对话框

（3）单击【浏览】按钮，选择要与当前数据库同步的数据库副本，单击【确定】按钮，弹出询问对话框，如图 10-13 所示。

图 10-13 询问对话框

（4）单击【是】按钮，Access 开始进行同步处理，同步完成后，弹出"已经成功地完成同步"的提示对话框，如图 10-14 所示。

图 10-14 同步完成提示框

（5）单击【确定】按钮，即完成了同步复制操作。

 说明

只要"设计母版"或副本的任何一方发生了结构或数据的改变，就需要执行数据库的同步操作。数据库同步操作要经常进行，这样才能保证数据库数据的安全性。

任务 3　为"企业人事管理"数据库生成 MDE 文件

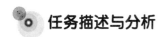 **任务描述与分析**

MDE 文件就是对数据库进行打包编译后生成的数据库文件，MDE 文件的特点是用户不能对数据库的窗体、报表、模块等对象进行编辑，无法进入对象的设计模式，数据库中的 VBA 代码也不能查看，但不影响数据库的正常使用。经过 MDE 打包后的数据库文件有效保护了原作者的著作权，数据库的安全性得到很大提高。一般来说，对于安全性要求较高的数据，要进行 MDE 打包，而对安全性要求不高的数据库文件，没有打包的必要。对数据库的打包操作必须在全部设计完成以后进行，因为打包后的 MDE 文件是无法编辑的。需要注意的是，在对数据库进行打包之前要检查数据库的版本和使用的 Access 是否相同，如果不相同无法生成 MDE 文件，这时可以对数据库进行转换后再生成 MDE 文件，否则操作无法完成。

方法与步骤

（1）启动 Access 2003，选择"工具"→"数据库实用工具"→"生成 MDE 文件"命令，打开"保存数据库为 MDE"对话框，如图 10-15 所示。

图 10-15　"保存数据库为 MDE"对话框

（2）在对话框中输入新的文件名，单击【生成】按钮。

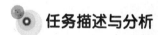

1. 转换数据库格式

在制作 MDE 文件之前，如果发现数据库的格式不是 Access 2003 版本，必须进行格式转换。单击"工具"→"数据库实用工具"→"转换数据库"→"转为 Access 2002-2003 文件格式"可以进行转换。

2. 制作 MDE 文件

单击"工具"→"数据库实用工具"→"生成 MDE 文件"，根据提示操作即可制作需要的 MDE 文件。在 MDB 格式的数据库文件转换为 MDE 文件之前，应对原来的数据库文件进行备份，建立一个副本，以便日后对数据库文件进行维护。

任务 4　对"企业人事管理"数据库进行加密与解密

任务描述与分析

一般情况下，需要对访问和使用数据库文件的用户进行限制，合法的用户可以访问数据库、操作数据库，非法的用户则没有访问和使用数据库的权限，即使打开文件也无法看到数据库的内容。对数据库文件进行加密，通常有两种方法，一种方法是为数据库设置打开密码，另一种方法是对数据库数据进行加密。第一种方法的安全性有一定的局限性，因为 Access 数据库文件可以用其他软件打开（如 Word 或 Excel 等），第二种方法则较为安全，非法用户即使打开了数据库文件，看到的也只是一堆乱码，数据库的安全性能够得以保障。

方法与步骤

数据库的加密方式有两种：一是为数据库设置访问密码，二是对数据库数据加密。

1. 为"企业人事管理"数据库设置密码

（1）启动 Access 2003，以独占方式打开"企业人事管理"数据库。

（2）选择"工具"→"安全"→"设置数据库密码"命令，打开"设置数据库密码"对话框，如图 10-16 所示。

（3）在"设置数据库密码"对话框中，分别在"密码"和"验证"文本框中输入相同的密码，然后单击【确定】按钮，完成密码设置。在下次重新打开这个数据库时，系统自动弹出"要求输入密码"对话框，如图 10-17 所示。只有输入的密码正确，才能打开这个数据库。

图 10-16　"设置数据库密码"对话框

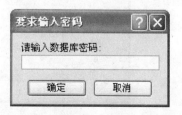

图 10-17　"要求输入密码"对话框

设置密码时应注意：

① 密码是区分大小写的，如果指定密码时混合使用了大小写字母，则输入密码时，输入的大小写形式必须与定义的完全一致。

② 密码可包含字母、数字、空格和符号的任意组合，最长可以为 15 个字符。

③ 如果丢失或忘记了密码，将不能恢复，也无法打开数据库。

2．加密数据库数据

设置数据库访问密码，虽然可以对数据库起到一定的保护作用，但是这种方法的安全性有一定局限性。如可以用 Word、记事本、Excel 等软件打开设置了密码的数据库文件，因此，重要数据库需要采取更好的加密措施——加密数据库数据。具体操作步骤如下。

（1）以独占方式打开要加密的数据库文件"企业人事管理"。

（2）选择"工具"→"安全"→"编码/解码数据库"命令，如图 10-18 所示。

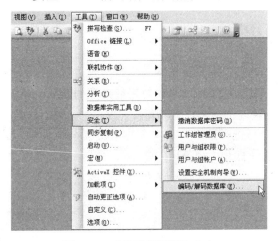

图 10-18 "编码数据库"命令

（3）弹出"数据库编码后另存为"对话框，如图 10-19 所示。

图 10-19 "数据库编码后另存为"对话框

（4）输入编码后的文件名，单击【保存】按钮，系统迅速完成编码。编码后的数据库文件即使用其他软件打开，看到的也是一堆乱码，从而保证了数据库的安全。

 相关知识与技能

数据库的保护措施大体上可分为：压缩和修复数据库、备份和还原数据库、生成 MDE 文件以及加密数据库文件、创建新用户和组并设置用户权限。这些保护数据库安全的方法各有利弊，在实际应用中往往结合起来使用，发挥各种方法的长处。值得注意的是，上述方法是 Access 系统本身提供的安全措施，除此之外，还可以使用其他措施进一步加强数据库的安全性，如数据库打包压缩并设置密码。

拓展与提高 为"企业人事管理"数据库设置合法用户与组

大多数情况下，数据库的操作都是在多用户环境下进行，为了确保数据库的安全，需要为每个用户设置不同的密码和操作权限。

1．创建或加入工作组

工作组文件记录了用户、用户组以及它们的权限等信息，默认的文件名是 system.mdw，我们可以使用"工作组管理员"来创建工作组文件以取代系统默认的 system.mdw，操作步骤如下。

（1）打开"企业人事管理"数据库。

（2）选择"工具"→"安全"→"工作组管理员"命令，打开"工作组管理员"对话框，如图 10-20 所示。

（3）在"工作组管理员"对话框中单击【创建】按钮，弹出"工作组所有者信息"对话框，如图 10-21 所示。

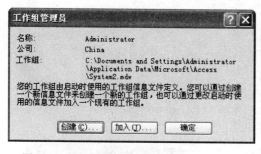

图 10-20 "工作组管理员"对话框

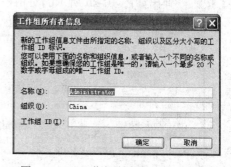

图 10-21 "工作组所有者信息"对话框

（4）在"工作组所有者信息"对话框中输入所有者名称、工作组名称及工作组 ID，单击【确定】按钮，打开如图 10-22 所示的"工作组信息文件"对话框。

（5）如果采用系统默认的新工作组文件名 system1.mdw，直接单击【确定】按钮即可，也可以自定义新工作组文件名，然后单击【确定】按钮，弹出"确认工作组信息"对话框，如图 10-23 所示。

（6）若信息填写无误，单击【确定】按钮，弹出成功创建工作组信息文件提示框，如图 10-24 所示。若需要更改输入的信息，单击【更改】按钮，返回到图 10-21 进行信息更改。

图 10-22 "工作组信息文件"对话框

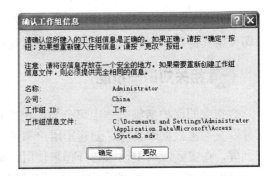

图 10-23 "确认工作组信息"对话框

图 10-24 成功创建工作组信息文件消息框

（7）单击【确定】按钮，完成工作组的创建。

2．设置用户与组的账号

为"企业人事管理"数据库设置用户与组账号的操作步骤如下。

（1）打开"企业人事管理"数据库。

（2）选择"工具"→"安全"→"工作组管理员"命令，在打开的"工作组管理员"对话框中，单击【加入】按钮，加入新创建的工作组信息文件。

（3）选择"工具"→"安全"→"用户与组账号"命令，弹出"用户与组账户"对话框，如图 10-25 所示。

（4）从对话框看出，默认用户只有一个名为"管理员"的用户，要增加新用户，单击【新建】按钮，弹出如图 10-26 所示的对话框。

图 10-25 "用户与组账户"对话框

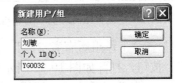

图 10-26 "新建用户/组"对话框

（5）输入用户名和 ID，单击【确定】按钮返回"用户与组账户"对话框，并在用户下拉菜单中显示新增加的用户，如图 10-27 所示。如果要删除一个用户，首先在用户下拉列表中选中该用户，单击【删除】按钮，完成用户删除；选中一个用户，单击【清除密码】按钮，可以清除该用户的登录密码。

图 10-27　"用户与组账户"对话框

　　"组"选项卡用于新建和删除组，系统默认的组有两个，分别是"管理员组"和"用户组"，根据需要可以另外新建其他用户组，如图 10-28 所示。"更改登录密码"选项卡用于更改用户的登录密码，如图 10-29 所示。

图 10-28　组对话框

图 10-29　更改密码对话框

提示

　　一般的用户登录到数据库后，查看"用户与组账号"对话框，看不到"组"选项，而且一些具有管理功能的按钮全部变成了灰色，不能进行创建、删除用户和组的操作。只有管理员才拥有全部的管理权限。

3．设置用户和组的权限

　　为了使数据库更加安全，必须为不同的用户设置不同的权限，操作步骤如下。

　　（1）以管理员身份登录数据库。

（2）选择"工具"→"安全"→"用户与组权限"命令，弹出如图 10-30 所示的对话框。

图 10-30 "用户与组权限"对话框

（3）在"用户名"中选择"刘敏"，在"对象类型"中选取"表"，在"对象名称"中选中"员工工资表"，然后在"权限"中勾选"读取设计"、"读取数据"和"更新数据"，最后单击【确定】按钮，完成对用户"刘敏"的权限设置。对其他对象和其他用户的设置方法与此相同，不再赘述。

> **提示**
>
> 默认情况下，"用户组"的权限是最高的，所有用户的账号都必须属于"用户组"，默认每个用户都具有最高权限，为了使数据库安全，在权限设置中要把"用户组"的权限进行限制，而把"管理员"的权限设置为最高，即全部选中。

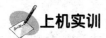**上机实训**

实训 综合运用数据库保护方法来保护"企业人事管理"数据库

【实训要求】

（1）压缩和修复"企业人事管理"数据库；

（2）备份和还原"企业人事管理"数据库；

（3）为"企业人事管理"数据库生成 MDE 文件；

（4）为"企业人事管理"数据库设置登录密码并加密数据库数据；

（5）为"企业人事管理"数据库添加一个新用户"李四"，并设置李四的登录密码、操作权限。

总结与回顾

数据库的保护是实际应用中非常重要的内容，在创建和使用数据库系统时必须考虑数据库系统的安全问题。Access 数据库提供的安全保护措施主要有以下几种方法。

（1）压缩和修复数据库。

（2）备份和还原数据库。

（3）为数据库生成 MDE 文件。

（4）设置数据库登录密码并加密数据库数据。

（5）设置用户组和用户权限。

需要说明的是，以上方法是 Access 本身提供的数据库保护措施，在实际中还可以结合其他方法来进一步加强数据库的保护工作。

思考与练习

1. 判断题

（1）数据库的自动压缩仅当数据库关闭时进行。　　　　　　　　　　（　　）

（2）数据库修复功能可以修复数据库的所有错误。　　　　　　　　　（　　）

（3）数据库经过压缩后，数据库的性能更加优化。　　　　　　　　　（　　）

（4）Access 不仅提供了数据库备份工具，还提供了数据库还原工具。（　　）

（5）数据库文件的 MDB 格式转换成 MDE 格式后，还可以再转换回来。（　　）

（6）数据库文件设置了密码以后，如果密码忘记，可通过工具撤销密码。（　　）

（7）添加数据库用户的操作仅有数据库管理员可以进行。　　　　　　（　　）

（8）一个用户可以修改自己的数据库密码。　　　　　　　　　　　　（　　）

（9）Access 可以获取所有外部格式的数据文件。　　　　　　　　　　（　　）

（10）外部数据的导入操作与链接操作方法基本相同。　　　　　　　（　　）

2. 填空题

（1）对数据库的压缩将重新组织数据库文件，释放那些由于_____所造成的空白的磁盘空间，并减少数据库文件的_____占用量。

（2）数据库打开时，压缩的是_____。如果要压缩和修复未打开的 Access 数据库，可将压缩以后的数据库生成_____，而原来的数据库_____。

（3）使用"压缩和修复数据库"工具不但完成对数据库的_____，同时还_____的一般错误。

（4）MDE 文件中的 VBA 代码可以_____，但无法再_____，数据库也像以往一样_____。

（5）可以通过两种方法对数据库进行加密，一是设置_____，二是对数据库_____。两者有所不同，数据库加密时_____。

（6）管理员通过对用户权限设置，可以限制用户_____，使数据库更加_____。

（7）外部数据导入时，则导入到 Access 表中的数据和原来的数据之间_____。而链接表时，一旦数据发生变化，直接反映到_____。

（8）常用的数据库保护方法有_____、_____、_____、_____。

3. 简答题

（1）数据库保护常用的方法有哪些？

（2）MDE 文件与 MDB 文件的主要区别是什么？

（3）数据库同步复制与数据库有何不同？

（4）数据库加密的常用方法有哪些？

项目 11　设计并建立"企业人事管理系统"

前面已经学习了 Access 2003 数据库的各种对象及其操作方法，具备建立小型 Access 2003 数据库的能力。在本项目中将通过分析企业人事管理系统的管理对象和应用功能，系统建立"企业人事管理系统"数据库，从而完成一个完整小型数据库的设计与建设工作。

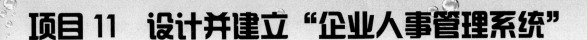 **学习内容**

- 分析"企业人事管理系统"数据库的设计流程
- 创建"企业人事管理系统"数据库中的所有对象
- 数据库应用系统集成的方法
- 数据库应用系统的安全机制设置
- 数据库应用系统的发布方法

■ 任务 1　"企业人事管理系统"的需求分析与设计

◎ 任务描述与分析

企业人事管理系统是一般公司管理员工常用的数据库，是实现办公自动化，提高管理工作效率的有效手段。本任务是在对企业人事管理系统进行基础分析，明确数据库的具体需求，力争使企业人事管理的科学性和有效性更高。需求分析是软件开发的必要阶段，该阶段的工作越细越好。

▐▊ 方法与步骤 ━━━━━━━━━━━━━━━━━━━━━━━━━━━━━■

1．收集企业人事管理系统输出的表格

首先要去企业人事管理部门进行情况了解，获取人事管理的第一手资料，通过调查明确人事管理的难点在哪里，要管理哪些数据，需要哪些功能，并将人事管理最后出的表格收集完整，人事管理系统也应该能够将这些表格打印出来。因此，数据库中应包含表格中所有数据字段，不能有遗漏。

2．确定数据库结构及表间关系

在完成数据表收集后，要确定这些数据所涉及的实体以及实体的属性。实体就是客观存在并相互区别的事物及其事物之间的联系。例如，一个员工、一个家庭、员工的部门调整等都是实体。一般企业人事管理系统的核心是员工档案的管理，所涉及的实体有部门、家庭、合同档案、招聘和工资等。

部门（部门编号、部门名称、部门负责人等）；

合同（合同编号、合同起止日期等）；

招聘员工（招聘编号、姓名、性别、出生年月、初试情况、复试情况、专业、毕业院校、是否党员、备注、照片等）；

工资（员工编号、岗位名称、基本工资、工龄工资、岗位补贴等）；

家庭信息（员工编号、姓名、籍贯、民族、政治面貌、身份证号码、家庭住址等）；

正式员工（员工编号、姓名、性别、出生日期、入职日期、政治面貌、学历、岗位名称、部门名称、联系电话等）。

括号中是该实体的属性。上面这种格式，其实就将实体转换成了关系，关系就是二维表。关系间存在着联系，关系间的联系方式分为一对一、一对多和多对多 3 种。比如员工和合同之间存在一对多的联系，正式员工和部门之间存在一对多的联系，合同和部门存在多对多的联系。下面用实体—联系的方法，表示出个关系之间的联系，如图 11-1 所示。

图 11-1　实体—联系

上面的 5 个关系还是独立的关系，并没有体现出关系之间的联系，所以要针对关系之间不同的联系方式，使用不同的关系体现方式，形成一个完整的、有多个关系组成的关系集合。具体的关系集合如下。

部门（部门编号、部门名称、部门负责人）；

合同（合同编号、合同起止日期）；

招聘员工（招聘编号、姓名、性别、出生年月、初试情况、复试情况、专业、毕业院校、是否党员、备注、照片）；

工资（员工编号、岗位名称、基本工资、工龄工资、岗位补贴）；

家庭信息（员工编号、姓名、籍贯、民族、政治面貌、身份证号码、家庭住址）；

正式员工（员工编号、姓名、性别、出生日期、入职日期、政治面貌、学历、岗位名称、部门名称、联系电话）。

3．企业人事管理系统功能设计

一个数据库系统所需要的操作不外乎数据的插入、删除、修改和查询，根据对企业人事管理系统的需求分析，确定企业人事管理系统能够实现的功能如下。

（1）部门信息管理：实现部门信息的插入、删除、修改和查询。

（2）招聘员工信息管理：实现招聘员工信息的插入、删除、修改和查询。

（3）员工工资管理：实现员工工资信息的插入、删除、修改和查询。

（4）家庭信息管理：实现家庭信息的插入、删除、修改和查询。

（5）正式员工信息管理：实现正式员工信息的插入、删除、修改和查询。

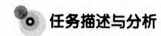 **任务2 建立 "企业人事管理系统" 数据库**

任务描述与分析

首先在 Access 2003 中创建一个名为 "企业人事管理系统" 的空数据库, 然后在该数据库中建立 7 个数据表用于存储数据, 它们分别是: 招聘员工登记表、正式员工登记表、部门分配表、员工工资表、家庭信息表和网络账号分配表。正确建立数据库、数据表, 设置主键、建立表间关系, 这些工作是后续工作的基础。

方法与步骤

1. 创建 "企业人事管理系统" 数据库

（1）打开 Access 2003。

（2）选择 "文件" 菜单中的 "新建" 命令, 打开 "新建文件" 窗格。

（3）单击 "空数据库" 选项, 打开 "文件新建数据库" 对话框。

（4）输入数据库名称 "企业人事管理系统", 选择数据库文件保存的位置, 单击【创建】按钮。

2. 创建数据表

创建数据表的步骤较为简单, 要创建的数据表较多, 步骤大同小异, 这里就不再列出具体创建数据表的步骤, 而是给出数据表的结构, 创建数据表时, 要设置好主键。

（1）创建 "部门分配表" 数据表

字 段 名	数 据 类 型	字 段 大 小
部门编号（主键）	文本型	6
部门名称	文本型	10
部门地址	文本型	50
部门负责人	文本型	10
部门电话	文本型	12
部门传真	文本型	12
部门群号	文本型	8
上级部门	文本型	10

（2）创建 "家庭信息表" 数据表

字 段 名	数 据 类 型	字 段 大 小
员工编号（主键）	文本型	6
姓名	文本型	10
籍贯	文本型	8
民族	文本型	8
身份证号码	文本型	18
家庭住址	文本型	50
家庭联系方式	文本型	20
家庭邮编	文本型	6
紧急联系电话	文本型	20

（3）创建"正式员工档案表"数据表

字 段 名	数 据 类 型	字 段 大 小
员工编号	文本型	6
部门编号	文本型	8
部门名称	文本型	10
姓名	文本型	4
性别	文本型	2
出生日期	日期时间型（短日期）	10
学历	数字型（整形）	10
所学专业	文本型	10
党员否	是/否型	10
岗位名称	文本型	10
特殊贡献	文本型	50
备注	备注型	50
照片	OLE 对象型	10

（4）创建"网络账号分配表"数据表

字 段 名	数 据 类 型	字 段 大 小
员工编号（主键）	文本型	6
网络登录账号	文本型	12
网络登录密码	文本型	2
分配邮箱账号	文本型	20
邮箱密码	文本型	10
使用机器编号	文本型	6
坐位编号	文本型	6

（5）创建"招聘员工登记表"数据表

字 段 名	数 据 类 型	字 段 大 小
招聘编号（主键）	文本型	6
姓名	文本型	4
性别	文本型	1
出生日期	日期时间型（短日期）	10
工作年限	日期/时间型（短日期）	10
初试结果	文本型	5
学历	文本型	4
复试结果	文本型	4
所属专业	数字型	15
联系电话	文本型	15
是否入职	是/否型	

（6）创建"员工工资表"数据表

字 段 名	数 据 类 型	字 段 大 小
合同编号（主键）	文本型	6
姓名	文本型	8
岗位名称	文本型	10
基本工资	数字型（长整型）	6
岗位工资	数字型（长整型）	6
工龄工资	数字型（长整型）	6

续表

字　段　名	数　据　类　型	字　段　大　小
交通补助	数字型（长整型）	6
午餐补助	数字型（长整型）	6
通信补助	数字型（长整型）	6
住房公积金	数字型（长整型）	6
养老金	数字型（长整型）	6
医疗保险	数字型（长整型）	6
考勤奖	数字型（长整型）	6

（7）创建 "员工合同表" 数据表

字　段　名	数　据　类　型	字　段　大　小
员工编号（主键）	文本型	6
合同编号（主键）	文本型	6
合同开始日期	日期/时间型（短日期）	10
续约期	数字型（单精度）	1
是否自动续约	是/否型	1
调岗变动记录		50
是否同意调岗	是/否型	1
是否离职	是/否型	1
离职日期	日期/时间型（短日期）	10
备注		

3．创建表间关系

当数据表创建完毕后，创建如图 11-2 所示的表间关系。

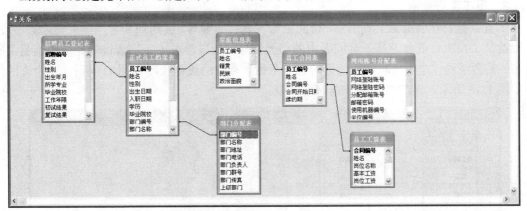

图 11-2　表间关系

■ 任务 3　建立 "企业人事管理系统" 中的查询

●　任务描述与分析

在实际使用中，"企业人事管理系统" 数据库中主要包括两种查询：基本信息查询和员工工资相关查询。

方法与步骤

1. 员工完整信息查询

在正式员工档案表中，并不能完整显示某个员工的完整档案信息，对于用户来说，可以根据员工的编号或者姓名（根据表中设置的不同主关键字段）查询到不同数据表中相应编号和姓名的员工信息，并把这些信息汇总到一张表中。这样比较直观，也便于理解。本例中的员工档案信息分别处在不同的表中，如家庭信息表中显示的有员工家庭关系的数据、网络账号分配表中显示员工分配的公司资源信息。当建立表间关系后，查看完整的员工信息可创建查询。查询的设计视图如图 11-3 所示，查询的结果如图 11-4 所示。该查询应用于员工档案信息查询窗体中。

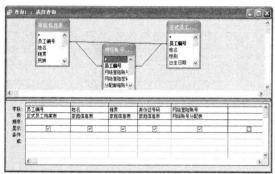

图 11-3　员工档案查询的设计视图　　　　图 11-4　员工档案查询结果

2. 员工工资查询

工资数据表存放员工工资信息，合同数据表有合同编号、续约期和合同结束日期等字段，单独给员工发工资要参考员工合同表中的相关信息。所以，员工工资查询要完成查询员工的姓名、是否续约、是否离职和续约期等相关数据。查询的设计视图如图 11-5 所示，查询的结果如图 11-6 所示。该查询应用于查询窗体中。

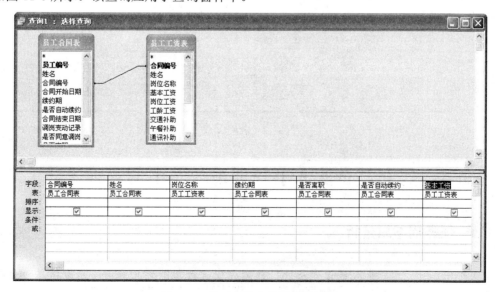

图 11-5　员工工资查询的设计视图

图 11-6 员工工资查询结果

任务 4 建立 "企业人事管理系统" 的窗体

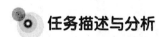 任务描述与分析

"企业人事管理系统" 包含 6 个功能模块, 有一个主窗体和 6 个子窗体。本任务将创建 "正式员工信息录入" 窗体、"家庭信息录入" 窗体、"合同信息录入" 窗体、"员工工资录入" 窗体、"员工档案查询" 窗体、"员工工资查询" 窗体、"主切换面板" 窗体等。

方法与步骤

1. 创建 "正式员工信息录入" 窗体

该窗体完成正式员工信息的录入与编辑, 采用窗体向导创建纵栏式窗体, 然后使用窗体设计视图对窗体进行修改、美化, 并将部门编号和性别设计为组合框, 部门编号组合框的数据源为部门分配表中的部门编号, 性别组合框中的数据有 "男" 和 "女" 两个选项, 窗体的效果如图 11-7 所示。

2. 创建 "家庭信息录入" 窗体

该窗体完成家庭信息的录入与编辑, 采用窗体向导创建纵栏式窗体, 然后使用窗体设计视图对窗体进行修改、美化, 并将政治面貌设计为组合框, 政治面貌组合框中的数据有 "团员"、"党员" 和 "群众" 3 个选项, 窗体的效果如图 11-8 所示。

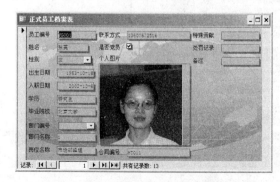

图 11-7 正式员工信息录入窗体

图 11-8 家庭信息录入窗体

3．创建"合同信息录入"窗体

利用主/子窗体创建合同信息窗体。先利用窗体向导创建数据表部门主窗体，将部门编号用组合框的方式表示，再创建合同信息子窗体，实现对部门进行合同管理，展开部门输入合同信息。窗体的效果如图 11-9 所示。

4．创建"员工工资录入"窗体

利用主/子窗体创建员工工资输入窗体。先利用窗体向导创建数据表式部门主窗体，再创建员工子窗体，然后在员工子窗体上再创建工资子窗体，实现对部门员工的工资输入。窗体的效果如图 11-10 所示。

图 11-9　合同信息录入窗体

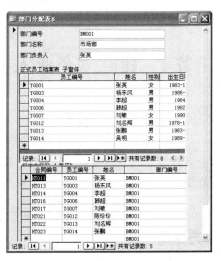

图 11-10　员工工资录入窗体

5．创建"员工工资查询"窗体

利用主/子窗体创建员工工资查询窗体。先利用窗体向导创建数据表式部门主窗体，再创建员工工资子窗体，创建以员工工资查询为数据源的子窗体，实现对部门员工工资查询，展开部门，即可查寻该部门员工的工资。窗体的效果如图 11-11 所示。

图 11-11　员工工资查询窗体

6．创建"合同信息查询"窗体

利用主/子窗体创建合同信息查询窗体。先利用窗体向导创建数据表式员工主窗体，再创建以合同信息查询为数据源的子窗体，实现对员工合同信息查询，展开员工，即可查寻该员工合同的相关信息。窗体的效果如图 11-12 所示。

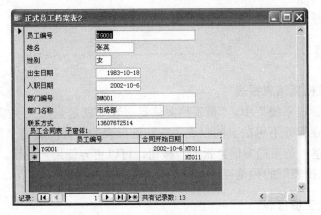

图 11-12 员工合同信息查询窗体

7. 创建"主切换面板"窗体

"企业人事管理系统"窗体是"企业人事管理系统"的主界面窗体，用于版权申明、实现系统内各个功能窗体的调用功能。

"企业人事管理系统"窗体包含 7 个功能按钮，对应系统的 6 个功能模块。单击其中的一个按钮，可以调用一个功能窗体进入运行视图状态。窗体下部的命令按钮为"退出系统"按钮，单击它即可退出"企业人事管理系统"，返回至 Access 2003 数据库的设计视图中。

这个主界面窗体由一个 Autoexec 的宏对象驱动，一旦进入"企业人事管理系统"数据库，宏 Autoexec 即自动执行，并驱动"企业人事管理系统"窗体的运行。

"企业人事管理系统"主窗体视图如图 11-13 所示。

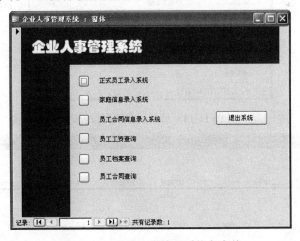

图 11-13 企业人事管理系统主窗体

■ 任务 5 建立"企业人事管理系统"的报表

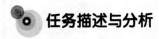 任务描述与分析

本任务将完成"企业人事管理系统"常用报表的创建工作，其中包括"员工档案信息报

表"和"员工工资报表"。

方法与步骤

1. 创建"员工档案信息报表"

在"企业人事管理系统"中，"员工档案信息报表"就是企业人事部门常用的企业员工花名册，是用于企业管理不可缺少的报表之一。该报表的数据源就是"员工档案信息表"，在系统主界面上创建"员工档案信息报表"按钮，可以更方便用户使用。

"员工档案信息报表"的预览视图如图 11-14 所示。

2. 创建"员工工资报表"

"员工工资报表"也是必备报表，该报表的数据源是"员工工资表"，在系统主界面上也要创建"员工工资报表"按钮，报表效果如图 11-15 所示。

图 11-14　员工档案信息报表

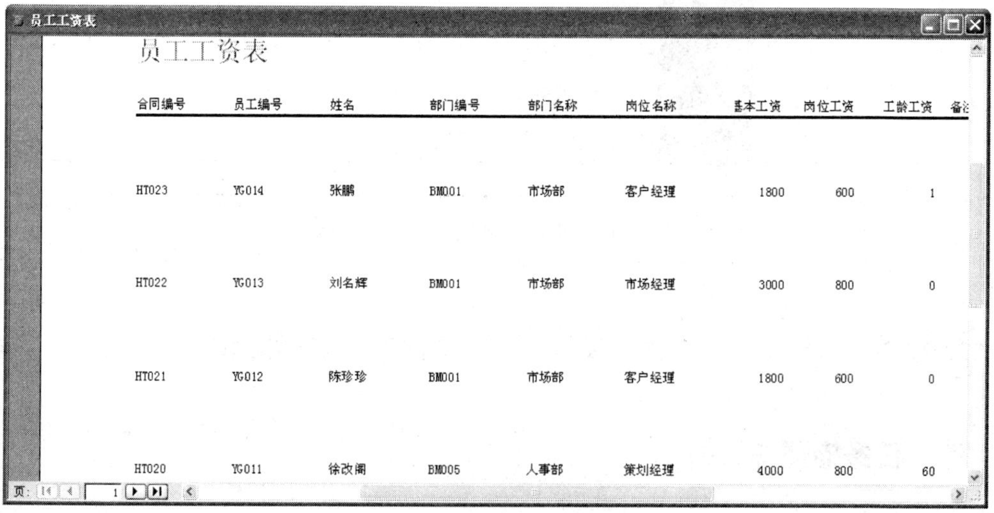

合同编号	员工编号	姓名	部门编号	部门名称	岗位名称	基本工资	岗位工资	工龄工资	备注
HT023	YG014	张鹏	BM001	市场部	客户经理	1800	600	1	
HT022	YG013	刘名辉	BM001	市场部	市场经理	3000	800	0	
HT021	YG012	陈珍珍	BM001	市场部	客户经理	1800	600	0	
HT020	YG011	徐改阁	BM005	人事部	策划经理	4000	800	60	

图 11-15　员工工资报表

任务6 在网络上应用与发布"企业人事管理系统"

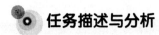 **任务描述与分析**

在"企业人事管理系统"数据库应用系统中，如何实现人事专员和财务专员同时进行员工数据输入、查询和统计？如何让员工能够查询自己的工资？这一系列问题都需要通过计算机网络功能来实现和处理。

Access 2003 数据库系统有较完善的网络功能，关键是如何设计数据库应用系统的共享方式，如何规划数据库应用系统的用户群组及各自的权限，如何保证数据库应用系统中数据和功能的安全可靠。

方法与步骤

1. 为"企业人事管理系统"数据库设置安全机制

Access 2003 提供的安全防范措施是通过为数据库设立安全机制、用户群组及各自的操作权限来实现的。

设立数据库安全机制，就是为数据库设置一个用于存储安全机制信息的工作组信息文件"*.SNP"。在这个工作组信息文件中，存储着用户群组及其操作权限。设置了安全机制的 Access 2003 数据库已经不能够被直接打开，而是必须通过一个与数据库文件同名的链接文件打开。而这个链接文件执行时，会首先要求用户登录，即要求用户输入口令和密码，然后才会打开数据库。被打开的数据库会读取工作组信息内容，并根据用户登录时表明的身份确定该用户所能够进行的操作权限。

设置用户操作权限可在数据库安全机制设立完成后进行。可以逐一为每一个用户设置针对每一个数据库对象的操作权限，从而使得被认可的用户有权访问数据库、调用数据库的相关功能。

"企业人事管理系统"数据库应用系统的用户有 4 类，因此设计数据库应用系统的用户权限如表 11-1 所示。

表 11-1 "企业人事管理系统"用户权限规划

用户类别	用户名	用户口令	权限设定
管理员	Administrator	123	对数据库中的全部对象拥有所有权利
员工	User1	111	进行员工录入、查询和合同信息查询

为了实施用户权限规划，需要设置数据库安全机制。Access 2003 提供了设置数据库安全机制的操作向导，在这个向导的引导下，可以方便地为设计状态下的数据库建立一个完善的安全机制。具体操作步骤如下。

（1）打开"企业人事管理系统"数据库的设计视图，选择"工具"→"安全"→"设置安全机制向导"命令，进入"设置安全机制向导"的第一个对话框，在该对话框中，要求确定是否需要建立一个工作组信息文件，选中"新建工作组信息文件"单选按钮，单击【下一步】按钮，如图 11-16 所示。

（2）进入"设置安全机制向导"的第二个对话框，该对话框要求确定工作组信息文件名及其存储位置。应该在对话框中的"文件名"文本框中填写工作组信息文件标识，其中包括文件存储路径与文件名。由于要求支持网络应用，文件存储路径必须指定为对等网络路径。设置完毕后单击【下一步】按钮，如图 11-17 所示。

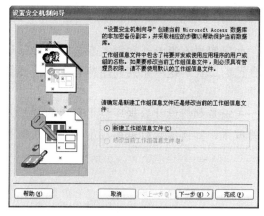

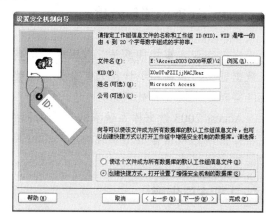

图 11-16 "设置安全机制向导"对话框 1　　　　图 11-17 "设置安全机制向导"对话框 2

（3）在"设置安全机制向导"的第三个对话框中，可以指定需要加入安全机制控制的数据库对象。一般而言，应该将所有数据库对象均置于安全机制控制之下，即对话框中的默认值，单击【下一步】按钮，如图 11-18 所示。

（4）在"设置安全机制向导"的第四个对话框中，可以指定需要添加的用户组。Access 2003 提供了 7 个用户组以供选择，并为每一个用户组设定了操作权限。在对话框中逐一单击各个用户组，即可在对话框的右下部看到该用户组的操作权限说明，如图 11-19 所示。本实例不添加任何用户组，设置完毕后单击【下一步】按钮。

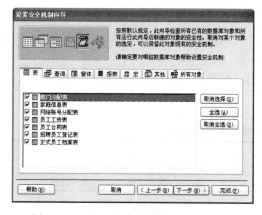

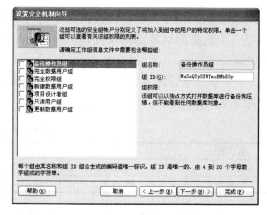

图 11-18 "设置安全机制向导"对话框 3　　　　图 11-19 "设置安全机制向导"对话框 4

（5）在"设置安全机制向导"的第五个对话框中，可以指定默认用户组的操作权限。Access 2003 数据库的默认用户组是提供给任意用户使用的，也就是说任何一个用户登录成功后，都将具有这个默认用户组的权限。因此，给用户组赋予过多的权利极其不利于数据库应用系统的安全。本实例不给这个默认用户组赋予任何权利。设置完毕后单击【下一步】按钮，如图 11-20 所示。

（6）在"设置安全机制向导"的第六个对话框中，可以在默认用户组中添加若干用户。根据预先的规划，此处应该添加两个用户，添加完毕后单击【下一步】按钮，如图 11-21 所示。

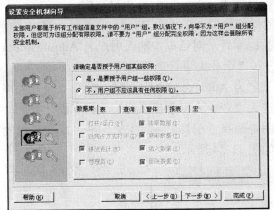

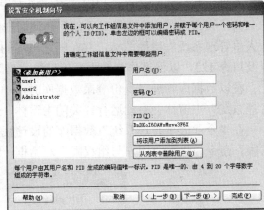

图 11-20   "设置安全机制向导"对话框 5   图 11-21   "设置安全机制向导"对话框 6

（7）在"设置安全机制向导"的第七个对话框中，至少应该将一个用户或用户组设置为管理者用户 Admins，否则，将没有任何一个用户能够重新为其他用户设定操作权限。显然，决不应该设置过多的用户拥有 Admins 权限，这非常不利于安全。基于本例所作的用户权限规划，将 Administrator 用户设定为 Admins 用户，设定完毕后单击【下一步】按钮，如图 11-22 所示。

（8）在"设置安全机制向导"的第八个对话框中，可以为源数据库指定一个备份文件名，这是为了防止拥有 Admins 权限的用户忘记了自己的口令而无法登录数据库进行设计修改操作。Access 2003 默认备份文件名为源数据库文件的原有文件名，可以不加修改而保存，设定完毕后单击【完成】按钮，如图 11-23 所示。

（9）随后出现关于数据库安全机制建立的信息报告，保存它，即完成了一个 Access 2003 数据库应用系统的安全机制设置操作过程。

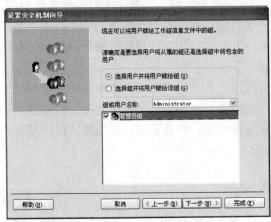

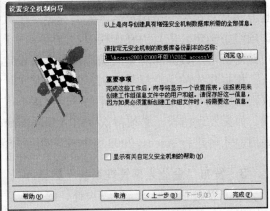

图 11-22   "设置安全机制向导"对话框 7   图 11-23   "设置安全机制向导"对话框 8

这时，在 Windows 桌面上出现了一个与数据库文件同名的快捷方式图标，双击快捷图标即可打开运行"企业人事管理系统"。

2. 为"企业人事管理系统"数据库设置用户操作权限

在设置数据库安全机制的过程中，我们为 Administrator 用户设置了操作权限，因此，除了 Administrator 用户以外的其他用户根本无法运行数据库。根据预先规划的用户权限，还应该逐个设定其他用户的操作权限，而这项工作都只能由 Administrator 用户完成。

为了设定"企业人事管理系统"其他用户的操作权限，必须在 Windows 桌面上双击"企业人事管理系统"快捷图标，并在随之出现的数据库登录对话框中输入用户名 Administrator 以及口令 123，以保证作为数据库管理员身份进入"企业人事管理系统"。

在以数据库管理员身份登录数据库时，由于名为 Autoexec 的宏对象的作用，"企业人事管理系统"主窗体会自动运行。关闭主窗体，进入"企业人事管理系统"数据库设计视图。

在"企业人事管理系统"数据库的设计视图中选择"工具"→"安全"→"用户与组的权限"命令，进入"用户与组权限"对话框，如图 11-24 所示。

图 11-24 "用户与组权限"对话框

在"用户与组权限"对话框中，可以逐一设定各个用户对每一个数据库对象的操作权限。其方法是，选中一个用户名，分类选定一个数据库对象，然后在对话框下端的"权限"多项选项组中确定其应有的操作权限，最后单击【应用】按钮。依次进行这个操作，直至所有用户针对每一个数据库对象的操作权限全部设定完毕。

根据预先的用户权限规划，可以按照实际情况设定各个用户对每一个数据库对象的操作权限。完成所有设置以后，务必要进行逐个用户的检查，保证每一个用户的操作权限准确无误。如果发现错误，必须再次使用 Administrator 身份登录，修改错误。仅当测试权限设置正确后，才可进行 Access 2003 数据库应用系统的发布操作。

3. 发布"企业人事管理系统"数据库

一个数据库应用系统经过设计、测试，证明其功能符合实际应用需要之后，就可以提交使用了。交付使用的数据库应用系统应该具有完备的安全管理机制，甚至数据库管理员也不应该拥有任意修改设计的权利。另外，数据库应用系统必须能够阻止任意一个用户直接打开数据库中的表对象，直接在数据表中进行数据编辑操作。

为了阻止用户直接打开数据库中的表对象修改数据，可以设置 Access 2003 数据库的启动属性，使其在启动之时不显示 Access 2003 数据库设计视图，这样一般用户就不可能直接进入数据表修改数据。

以上这些工作称为 Access 2003 数据库的发布，具体操作步骤如下。

（1）将"企业人事管理系统"数据库转换为 Access MDE 数据库

首先以 Administrator 身份登录"企业人事管理系统"数据库，在"企业人事管理系统"数据库设计视图中，选择"工具"→"数据库实用工具"→"生成 MDE 文件"命令，进入"将 MDE 保存为"对话框。选择合适的存储路径，确定合适的 MDE 数据库文件名，然后单击【保存】按钮，在指定的文件夹中生成一个 MDE 数据库文件。

（2）设置"企业人事管理系统"启动属性

打开刚刚建立的"企业人事管理系统"MDE 数据库的设计视图，选择"工具"→"启动"命令，进入设置数据库"启动"属性的对话框，如图 11-25 所示。

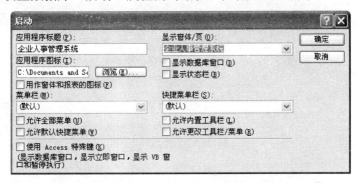

图 11-25　设置数据库"启动"属性对话框

在设置数据库"启动"属性对话框中，有一系列的复选框，有一些呈选中状态。为了彻底关闭 Access 2003 的窗口，应该将对话框中所有的复选框均设置为"未选中"状态，然后单击【确定】按钮。

完成上述设置后，退出 Access 2003。在 Windows 桌面窗口中双击"企业人事管理系统"MDE 数据库文件图标，就可以看到数据库的运行视图。

综合训练　建立"企业人事管理系统"数据库

【实训要求】

综合运用 Access 2003 数据库知识，调查分析日常生活中常见的企业人事管理的数据和工作流程，建立"企业人事管理系统"数据库，完成"企业人事管理系统"中表、查询、窗体、报表的设计与实现，并完成安全机制设置和用户权限设置，形成"企业人事管理系统"的发布版本。

反侵权盗版声明

电子工业出版社依法对本作品享有专有出版权。任何未经权利人书面许可，复制、销售或通过信息网络传播本作品的行为；歪曲、篡改、剽窃本作品的行为，均违反《中华人民共和国著作权法》，其行为人应承担相应的民事责任和行政责任，构成犯罪的，将被依法追究刑事责任。

为了维护市场秩序，保护权利人的合法权益，我社将依法查处和打击侵权盗版的单位和个人。欢迎社会各界人士积极举报侵权盗版行为，本社将奖励举报有功人员，并保证举报人的信息不被泄露。

举报电话：（010）88254396；（010）88258888

传　　真：（010）88254397

E-mail：　dbqq@phei.com.cn

通信地址：北京市万寿路 173 信箱

　　　　　电子工业出版社总编办公室

邮　　编：100036